SAMMLUNG GÖSCHEN BAND 30/30a

KARTOGRAPHIE

von

DR.-ING. VIKTOR HEISSLER
a. o. Professor an der Technischen Hochschule Hannover

Mit 125 Abbildungen und 8 Anlagen

WALTER DE GRUYTER & CO.
vormals G. J. Göschen'sche Verlagshandlung · J. Guttentag, Verlagsbuchhandlung · Georg Reimer · Karl J. Trübner · Veit & Comp.
BERLIN 1962

„Die Anlagen 1-5 wurden freundlicherweise vom Landesvermessungsamt Rheinland-Pfalz, die Anlagen 6 und 7 vom Institut für Angewandte Geodäsie und die Anlage 8 vom Kartographischen Institut Bertelsmann zur Verfügung gestellt. Verfasser und Verlag danken diesen Stellen für ihre großzügige Unterstützung, durch die sie den vorliegenden Göschenband Kartographie in wertvollster Weise bereichert haben."

Inhaltsverzeichnis

1. Einführung

11 Kartographie und Kartenwesen

Die zahlreichen Definitionen der Begriffe „Kartographie“ und „Karte“ zeigen, wie unterschiedlich deren Wesen, Inhalt und Umfang beurteilt werden. Hier soll vorerst die *Kartographie* als jener Wissenszweig bezeichnet werden, der sich vornehmlich mit Entwurf und Herstellung eines Abbildes der Erdoberfläche oder eines ihrer Teile beschäftigt. Damit ist gleichzeitig der wesentliche Inhalt dieses Bandes aufgezeigt, der in den Hauptabschnitten die Geländeaufnahme [2], die Netzentwürfe [3] und den Karteninhalt [4] behandelt. Daß sich die Kartographie — darüber hinaus — mit der graphischen Darstellung von Beobachtungs- und Forschungsergebnissen[1]) der Geowissenschaften befaßt, wird durch den Abschnitt Thematische Karten [6] zum Ausdruck gebracht. Alle weiteren Zweige der Kartographie, wie z. B. die Herstellung von Globen, Reliefs u. dgl. finden keine Berücksichtigung.

Bei den *Karten* werden die astronomischen Karten sowie die See- und Luftfahrtkarten ausgeschaltet. Für die hier vorzugsweise behandelten Landkarten seien aus den zahlreichen Definitionen die folgenden herausgegriffen: *H. Louis*[2]) bezeichnet als Karte „ein orientiertes, in angebbarem Maßstab verkleinertes, verebnetes, möglichst weitgehend ausmeßbar getreues Grundrißbild der Erdoberfläche oder von Teilen der Erdoberfläche, welches mit Hilfe seiner Darstellungselemente eine anschauliche

---

[1]) Bormann, W.: Sollen Lücken in der kartographischen Begriffsbestimmung geschlossen werden? Kartogr. Nachr. 1960; und Schmidt-Falkenberg, H.: Zur Definition und Gruppierung der geodätischen Karten; Allgem. Vermessungsnachr. 1960 mit Schrifttum.

[2]) Nach Fochler-Hauke, G.: Geographie; Fischer-Lexikon 1959.

Vorstellung von dem abgebildeten Gebiet zu vermitteln versucht. Dabei kann sowohl die Gesamtheit der für einen Landstrich bedeutungsvollen Erscheinungen wie auch eine beschränkte Auswahl von Erscheinungen den Gegenstand des Karteninhalts bilden". Nach *R. Finsterwalder*[1]) ist die Karte „die möglichst richtige und vollständige, durch Bezeichnungen erläuterte Darstellung der Landschaft in der zweidimensionalen Papierfläche unter Hervorhebung und Zusammenfassung des Wesentlichen. Feinheit und Hochwertigkeit der Wiedergabe, zugleich aber auch Zweckmäßigkeit und Wirtschaftlichkeit bei der Herstellung und Vervielfältigung sind Kennzeichen und Voraussetzung für eine Karte und ein Kartenwerk". Nach *E. Imhof*[2]) endlich sind Karten „verkleinerte, vereinfachte, inhaltlich ergänzte und erläuterte Grundrißbilder der Erdoberfläche oder von Teilen derselben".

12 Karteneigenschaften

Wie schon z. T. in den Definitionen zum Ausdruck kommt, müssen die Karten bestimmte Eigenschaften aufweisen, um einerseits ihrem Wesen gerecht zu werden und andererseits eine befriedigende praktische Verwendbarkeit zu gewährleisten. *M. Eckert* fordert von der Karte, daß sie „richtig, vollständig, zweckentsprechend, klar und verständlich, lesbar und schön" sei.

Diese Forderungen sind im wesentlichen bei allen topographischen und geographischen Karten berechtigt, verlangen jedoch in den einzelnen Maßstäben eine sinngemäße Auslegung. *Richtigkeit und Vollständigkeit* betreffen die geodätische Seite der Karten. Bei Karten *großen* Maßstabes ist Richtigkeit etwa der Genauigkeit gleichzusetzen, die wir sowohl von der Grundrißzeichnung als auch von der Geländedarstellung fordern. Ihre Grenzen sind durch die Aufnahme- und Zeichengenauigkeit festgelegt. Bei *kleinmaßstäblichen* Karten sind für die Richtigkeit in erster Linie die Vermessungsgrundlagen, aus denen die Karten abgeleitet werden, maßgebend. Daß diese Grundlagen durchaus noch nicht überall

---

[1]) Finsterwalder, R.: Begriffe Kartographie und Karte; Geogr. Taschenbuch 1951/52.

[2]) Imhof, E.: Gelände und Karte; Erlenbach-Zürich 1950.

in ausreichender Güte vorliegen, zeigt Abb. 1, die eine Übersicht über die kartographische Erschließung der Erde wiedergibt.

Die *Vollständigkeit* wird neben der geodätischen Erfassung der topographischen und sonstigen Gegebenheiten vor allem durch den Kartenmaßstab bestimmt. Je kleiner der Maßstab, desto geringer ist die zur Verfügung stehende Fläche, und desto weniger Einzelheiten können wiedergegeben werden. Die Vollständigkeit ist also relativ und hängt wesentlich von einer geschickten Aus-

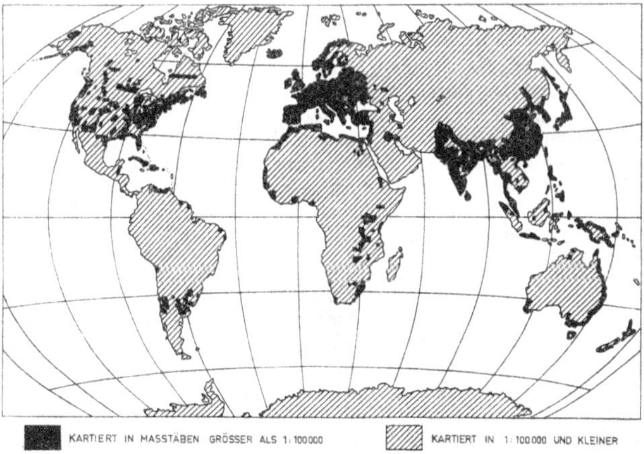

Abb. 1. Kartographische Erschließung der Erde 1960
(Nach Bertelsmann Hausatlas)

wahl ab. Bei den großen Maßstäben wächst der Karteninhalt, und es kommen immer mehr Gegenstände und Erscheinungen zur Darstellung. Nun ist aber die Erdoberfläche, ihre Beschaffenheit und ihre Bedeckung ständigen Veränderungen unterworfen, die durch Naturkräfte und insbesondere durch menschliche Einwirkung ausgelöst werden. Man denke an die Unzahl von Bauwerken aller Art, an die vielfältigen Aus- und Umgestaltungen des Verkehrs- und Gewässernetzes u. v. a. Die Erfassung und Einarbeitung dieser Veränderungen in die Karten bilden das Hauptproblem der amtlichen Topographie und Kartographie. Je größer der Maßstab, um so rascher veralten die Karten, und ihre praktische Brauchbarkeit nimmt ab; sie müssen ständig nachgeführt, d. h. auf den neuesten Stand gebracht werden. Deshalb beeinflußt die Frage, wie die Karten zweckmäßig und wirtschaftlich *nachzuführen* sind, sowohl die inhaltliche Gestaltung der Kartenwerke als auch die Reproduktionsart in hohem Maße.

Karten werden auf den verschiedensten Gebieten und zu unterschiedlichen Zwecken gebraucht. Je nach der Verwendungsart wechseln die Ansprüche, so daß Maßstab, Netzentwurf, innere Gestaltung und Format in erster Linie vom *Zweck* bestimmt werden, dem sie vornehmlich oder ausschließlich zu dienen haben. Aus Zweckmäßigkeitsgründen werden z. B. für technische Aufgaben vielfach Karten in verhältnismäßig großen Maßstäben, in der Geographie dagegen auch solche sehr kleinen Maßstabs gefordert. Bei geographischen Karten wird im Hinblick auf bessere Vergleichsmöglichkeiten die Flächentreue, bei Karten für geodätische, astronomische und nautische Zwecke hingegen die Winkeltreue bevorzugt. Ein und dasselbe Gebiet wird aus Gründen der Zweckbestimmung z. B. als reine topographische Karte anders gestaltet als eine Touristenkarte. Karten für den Feldgebrauch haben zweckmäßig ein handliches, kleines Format, Wandkarten sind verhältnismäßig groß.

Die *Klarheit und Verständlichkeit* einer Karte hängt wesentlich von den Signaturen, von der Farbgebung und von der übersichtlichen Gestaltung ab. Anschauliche Zeichen sind verständlicher als abstrakte; mit der Farbgebung können klare Abgrenzungen von begrifflich Zusammengehörigem gegeben werden. Wird das für den bestimmten Kartenzweck Wesentliche gegenüber dem übrigen Karteninhalt entsprechend hervorgehoben, so ist die Karte übersichtlich und wird damit auch klar und verständlich.

Die *Lesbarkeit* einer Karte hängt einmal von der Größe der Kartenelemente ab, deren kleinste Dimensionen das Auflösungsvermögen des menschlichen Auges nicht unterschreiten dürfen. Sie wird weiter von dem gegenseitigen Abstand der Kartenzeichen beeinflußt; überladene Kartenbilder sind schwer lesbar. Die Lesbarkeit ist endlich von der Anordnung der Zeichen und Schriften und insbesondere auch von der Qualität des Druckes abhängig.

Die *Schönheit* des Kartenbildes, d. h. seine ästhetische Wirkung, wird vom Gesamteindruck geprägt. Voraussetzung ist ein harmonisches Zusammenwirken aller Elemente, eine geschmackvolle Auswahl der Farbtöne, die Anwendung einer sich einordnenden Schriftart und nicht zuletzt eine drucktechnisch einwandfreie Vervielfältigung.

13 Kartenmaßstab

Unter dem Kartenmaßstab wird allgemein das *lineare* Verkleinerungs- oder Verjüngungsverhältnis der Karte gegenüber der Natur verstanden. Bedeutet K eine bestimmte Kartenstrecke und N die ihr entsprechende Naturstrecke, so ist der Maßstab $M = K : N$ oder $M = 1/N : K$. Wird $N : K = \mathfrak{m}$ gesetzt, so erhält man mit

$$M = 1 : \mathfrak{m}$$

die übliche Form der Maßstabsangabe; sie besagt, daß einer Längeneinheit — z. B. 1 mm — in der Karte $\mathfrak{m}$ Einheiten — z. B. $\mathfrak{m}$ mm = $\mathfrak{m}/1000$ m — in der Natur entsprechen. Die Zahl $\mathfrak{m}$ wird Maßstabszahl oder Maßstabsfaktor, mitunter auch Modul genannt. Auf den deutschen amtlichen Kartenwerken ist neben der üblichen Maßstabsbezeichnung zusätzlich angegeben, welcher Kartenstrecke — ausgedrückt in cm — die Naturstrecke von 1 km entspricht. Nach einem Vorschlag von *M. Eckert* heißt die Karte $M = 1 : 25000$ „4-cm - Karte“, $M = 1 : 50000$ „2-cm - Karte“, $M = 1 : 100000$ „1-cm - Karte“ usw.

Die Umrechnung von Kartenmaßen in Naturmaße und umgekehrt kann mit Hilfe der Formeln $N = \mathfrak{m} \cdot K$ und $K = N : \mathfrak{m}$ leicht durchgeführt werden.

Zum *Flächenverhältnis* zwischen Natur und Karte führt folgende Überlegung: Eine beliebig begrenzte Fläche kann man sich in ein Rechteck mit den Seiten a und b verwandelt denken. Die Naturlängen der Rechteckseiten ergeben sich aus den Kartenlängen zu $a_N = \mathfrak{m} \cdot a_K$ bzw. $b_N = \mathfrak{m} \cdot b_K$; die Naturfläche des Rechteckes ist

$$F_N = a_N \cdot b_N = \mathfrak{m} \cdot a_K \cdot \mathfrak{m} \cdot b_K.$$

Da das Produkt $a_K \cdot b_K$ die Kartenfläche F_K darstellt, ist

$$F_N = F_K \cdot \mathfrak{m}^2,$$

d. h., die Naturfläche ist gleich Kartenfläche mal Maßstabsfaktor zum Quadrat.

Die Umrechnung zwischen verschiedenen Maßstäben gestaltet sich wie folgt: Im Kartenmaßstab $M_1 = 1 : \mathfrak{m}_1$ entspricht der

Naturstrecke N die Kartenstrecke $K_1 = N : \mathfrak{m}_1$, im Maßstab $M_2 = 1 : \mathfrak{m}_2$ entspricht derselben Strecke N eine Kartenstrecke $K_2 = N : \mathfrak{m}_2$. Daraus folgt das Verhältnis

$$K_1 : K_2 = \mathfrak{m}_2 : \mathfrak{m}_1 ,$$

d. h., Kartenlängen in verschiedenen Maßstäben verhalten sich umgekehrt wie die entsprechenden Maßstabszahlen. Analog ergibt sich für die Flächen

$$F_{K1} : F_{K2} = \mathfrak{m}_2^2 : \mathfrak{m}_1^2 ,$$

d. h. Kartenflächen in verschiedenen Maßstäben verhalten sich umgekehrt wie die Quadrate der entsprechenden Maßstabszahlen.

Der Maßstab einer Karte ist streng genommen innerhalb eines Kartenblattes verschieden, da es theoretisch keine universell längentreue Abbildung gibt [vgl. 31.3]. Er kann jedoch praktisch bei Karten größeren Maßstabs als konstant angenommen werden. Bei kleinmaßstäblichen Karten, die große Teile der Erdoberfläche zur Darstellung bringen, wird entweder der Mittelpunktsmaßstab oder ein Durchschnittswert angegeben.

14 Kartengruppierung

Karten können nach verschiedenen Gesichtspunkten gruppiert werden. Rein äußerlich unterscheiden wir — je nachdem die Herstellung bzw. Herausgabe von amtlichen oder privaten Stellen erfolgt — zwischen *amtlichen* und *privaten* Karten und je nach Umfang bzw. Anzahl zwischen *Einzelkarten* und *Kartenwerken;* letztere gliedern sich in *Atlanten*, d. s. aufeinander abgestimmte Kartensammlungen, und *Kartenreihen*, die aus gleichartigen Einzelblättern bestehen.

Neben diesen formalen Unterscheidungen sind Gruppierungen nach Kartenmaßstab, Karteninhalt, Verwendungszweck oder Entstehungsart üblich. Solche ermöglichen eine bessere Charakterisierung der einzelnen Kartenarten, doch gehen z. Z. noch die Ansichten über die Abgrenzungen und insbesondere über die Zweckmäßigkeit der bisher angewandten Terminologie und über die Richtigkeit der gegebenen Definitionen je nach Standpunkt stark auseinander.

Vielfach wird noch auf die von *M. Eckert-Greifendorff*[1]) gegebene Karteneinteilung zurückgegriffen, die sich auf die beiden Hauptgruppen Landkarten und Meereskarten stützt. Bei den *Landkarten* werden unterschieden: *geographisch konkrete Karten*, d. h. Karten in großen Maßstäben, die das in der Wirklichkeit Gegebene so naturgetreu wie nur möglich in der Bildebene wiederzugeben versuchen, und *geographisch abstrakte Karten*, d. h. Karten in kleinen Maßstäben, die durch Anwendung von Signaturen das Wesentliche eines Gegenstandes vom Zufälligen absondern, nur dieses Wesentliche darstellen und außerdem alles Unwichtige unterdrücken. Bei ihnen spielt die Generalisierung die Hauptrolle. Auf dieser Grundlage werden unter Berücksichtigung des *Maßstabes* folgende Kartengruppen aufgestellt:

A. Geographisch konkrete Karten.

a) topographische Spezialkarten von den größten Maßstäben bis zu 1 : 25000 und

b) Generalkarten oder Übersichtskarten in den Maßstäben 1 : 50000 bis 1 : 200000.

B. Geographisch abstrakte Karten

a) chorographische Karten, zu denen die physischen oder physikalischen Karten in den Maßstäben von 1 : 1 Million an bis zu den kleinsten Maßstäben gezählt werden, sofern sie noch das orographische Bild der Erde zeigen.

b) angewandte Karten; sie bringen auf der Grundlage einer mehr oder weniger detaillierten chorographischen Karte eine oder mehrere physische, biologische, anthropogeographische, historische oder politische Erscheinungen zur Veranschaulichung. Ihre Maßstäbe sind die gleichen wie die der chorographischen Karten.

C. Die dritte Gruppe bildet den Übergang von den geographisch konkreten zu den geographisch abstrakten Karten; sie bewegen sich in den Maßstäben von 1 : 200000 bis 1 : 500000. Da bei ihnen schon weitgehend Signaturen angewandt werden müssen, entfernen sie sich von der topographischen Basis und leiten allmählich zu den chorographischen Karten über.

Nach der *Zweckbestimmung* unterscheidet die Eckert-Greifendorffsche Einteilung:

---

[1]) Kartenkunde; Berlin 1950; Die Kartenwissenschaft; Berlin und Leipzig 1921; siehe auch: Die Eingrenzung der Kartographie, Pet. Geogr. Mitt. 1937.

A. Die topographischen Spezialkarten. Sie dienen hauptsächlichst Wirtschaftszwecken.

B. Die Landkarten. Sie umfassen die topographischen Übersichtskarten und die chorographischen Karten und ermöglichen eine sichere und schnelle allgemeine Orientierung.

C. Die physischen oder physikalischen Karten, die sich a) in allgemeine und b) in spezielle physikalische Karten gliedern. Zu a) gehören geologische, bodenkundliche, hydrographische und orographische bzw. geomorphologische Karten; zu b) erdmagnetische, meteorologische, klimatologische und ozeanologische bzw. Meereskarten mit Einschluß der Seekarten.

D. Die biologischen Karten; sie zerfallen je nach ihrem Forschungs- und Darstellungsgebiet in tier- und pflanzengeographische Karten.

E. Die anthropo- und kulturgeographischen Karten. Sie beherrschen das größte Gebiet der angewandten Karte. Zu ihnen zählen Sprachen-, Religions-, Rassen- und Völkerkarten, Bevölkerungsdichte- und Siedlungskarten, die verschiedenen Verkehrskarten, politische und historische Karten, die große Zahl der Karten mit den vielfältigen statistischen Angaben u. v. a. m.

Die *Meereskarten* werden in allgemeine Meereskarten und in Seekarten gegliedert. Zu den allgemeinen Meereskarten zählen die ozeanischen Tiefenkarten, die durch Zahlenangaben der tieferen Ozeanteile ein Geländebild des Meeresbodens liefern, weiter die Karten, die sich mit der Physik des Meerwassers beschäftigen (Meeresströmungskarten, Temperatur- und Salzgehaltskarten) und die biologischen und meerwirtschaftlichen Karten (Fischereikarten). Die Seekarte dient der Schiffahrt. In ihr erscheinen neben einem schmalen, der Orientierung dienenden Küstenstreifen alle für die Nautik notwendigen Angaben (Fahrwasser, Tiefenverhältnisse, Watten, Sandbänke, Riffe und Klippen, Seezeichen, zeitliche Hindernisse wie Wracks usw.). Je nach Maßstab und Inhalt werden unterschieden: Übersichtskarten in Millionenmaßstäben bis zur Kleinstgrenze 1 : 2500000, Segel- oder Kurskarten in den Maßstäben 1 : 300000 bis 1 : 700000, Küstenkarten 1 : 100000 bis 1 : 300000 und Sonderkarten der Häfen mit Maßstäben von 1 : 5000 bis 1 : 100000.

Diese Gruppierung ist einseitig, erfaßt nicht den gesamten Kartenbereich und ist auch terminologisch in gewisser Hinsicht anfechtbar.

R. Finsterwalder[1]) unterscheidet folgende Arten:

„1. *Originalkarten.* Sie umfassen alle topographischen Karten und Kartenwerke, welche ein möglichst exakt-maßstäbliches Bild der Landschaft ohne wesentliche Generalisierung in den Maßstäben 1 : 5000 bis etwa 1 : 200000 geben. Sie gehören zum Aufgabenbereich des Vermessungsingenieurs.

2. *Geographische Karten.* Hierbei handelt es sich um Karten kleineren Maßstabs, vor allem in Atlanten, ferner Schulwandkarten u. ä., bei denen die Generalisierung der landschaftlichen Formen und Gegebenheiten eine entscheidende Rolle spielt und weitergehende geographische Kenntnisse erfordert.

3. *Angewandte Karten.* Bei ihnen spielt die topographische Unterlage, die oft nur als beschränktes, der Orientierung dienendes Gerippe erscheint, eine sekundäre Rolle; die Hauptsache stellen Eintragungen spezieller Art, sehr oft statistischen Inhalts und ähnlicher Zweckbestimmung dar. Sie spielen in der Geographie und in vielen anderen Wissenschaften eine große Rolle.

4. *Karten besonderer Art.* Hier sind die Katasterkarten zu nennen, welche vor allen Dingen die Eigentumsverhältnisse festlegen oder erläutern und eigentlich keine topographische Zweckbestimmung haben, aber doch die örtlichen topographischen Verhältnisse so weit erkennen lassen, daß sie spezieller topographischer Eintragungen und Erläuterungen nicht unbedingt bedürfen.“

Auch diese Einteilung ist im Hinblick auf den gesamten Kartenbereich unvollständig; sie umfaßt im wesentlichen das Gebiet der sog. „Landkarten“. Die in Geodätenkreisen eingebürgerten Bezeichnungen „Originalkartographie“ und „Originalkarte“ werden des öfteren mit der Begründung abgelehnt, daß der schöpferische Anteil der Geographen bei der Herstellung geographischer und insbesondere beim Entwurf thematischer Karten ebenfalls als Originalität gewertet werden müsse. Im übrigen widersprächen sie dem Begriff „Original“, wie er im Sinne der technischen Kartenherstellung verwendet wird, nämlich

[1]) Begriffe Kartographie und Karte, Geogr. Taschenb. 1951/52; siehe auch: Kartographie und ihre heutigen Aufgaben, Ztschr. f. Verm.wesen 1937; Die deutsche Originalkartographie, die Entwicklung seit 1919 und ihr heutiger Stand, Ztschr. d. Ges. f. Erdk. 1942; Die kartogr. Darstellung – zur heutigen Lage der Kartographie, Ztschr. f. Verm.-wesen 1950; Zur Terminologie im Vermessungswesen. Ztschr. f. Verm.-wesen 1956.

als der zur Vervielfältigung einer kartographischen Darstellung erforderlichen Unterlage. Die in diesem Zusammenhang vorgeschlagenen Bezeichnungen „Urkarte“ und „Urkartenwerk“ dürften sich wohl kaum durchsetzen.

In dem Bestreben, eine das Gesamtgebiet kartographischer Arbeit umfassende Kartengruppierung zu schaffen, hat in letzter Zeit *H. Schmidt-Falkenberg*[1]) eine Einteilung vorgeschlagen, die sich in der Terminologie nach jenen Fachwissenschaften richtet, die in erster Linie an der Erstellung bzw. Ausrichtung des Karteninhalts maßgebend beteiligt sind. Seine auf dem Inhalt aufbauende und gleichzeitig den Maßstab lose berücksichtigende Gruppierung zeigt folgendes Aussehen[2]):

a) *Geodätische Karten:* Karten bis zu den Maßstäben 1 : 300000/ 1 : 500000, die nach Schmidt-Falkenberg vorwiegend Forschungs- und Beobachtungsergebnisse — richtiger ausgedrückt: *Messungs-* und Beobachtungsergebnisse — der Geodäsie (Katasteraufnahme, Topographie, Stadt-, Forst-, Seevermessung usw.) enthalten. Sie können demnach in Katasterkarten (richtiger Katasterpläne), Topographische Karten, Stadtkarten, Forstkarten, Seekarten usw. gegliedert werden.

b) *Geographische Karten:* Karten in den Maßstäben kleiner als 1 : 300000/1 : 500000, die vorwiegend Forschungs- und Beobachtungsergebnisse der Geographie, Geomorphologie usw. enthalten und auf geodätischen Ausgangsunterlagen aufbauen. Dabei bleibt offen, ob eine weitere Untergliederung notwendig ist, und wie diese vorgenommen werden soll.

c) *Astronomische Karten* (Himmels-, Weltkörperkarten): Karten, die vorwiegend Forschungs- und Beobachtungsergebnisse der Astronomie, Astrophysik usw. enthalten.

d) *Sonderkarten:* Karten, die einen oder mehrere Darstellungsgegenstände im Vergleich zu anderen wesentlich vorrangig behandeln oder graphisch besonders hervorheben. Die Grundlage der Sonderkarten bilden geodätische, geographische oder astronomische Karten.

Dieser z. Z. noch in der Fachpresse diskutierte Gruppierungsvorschlag umfaßt alle Karten, grenzt die ein-

---

[1]) Grundsätzliches zu Geodätischen und Geographischen Karten, Pet. Geogr. Mitt. 1958; Aufgaben der Kartographie und Gruppierung der Karten, Verm.techn. Rundsch. 1959; Begriffe und Erläuterungen zu kart. Darstellungsarten des Geländes, Kart. Nachr. 1960; Zur Definition und Gruppierung der Geod. Karten, Allg. Verm.nachr. 1960.

[2]) Siehe auch Bormann, W., Fußn. S. 7.

zelnen Arten klar gegeneinander ab und dürfte prinzipiell von der beteiligten Fachwelt anerkannt und aufgenommen werden. Gegen die angewandten Bezeichnungen sind jedoch schon berechtigte Einwände laut geworden.

So ist der Begriff „Sonderkarten“ sehr umstritten. In den letzten Jahrzehnten hat sich die Bezeichnung „thematische Karten“ stark eingebürgert. Ihre Anwendung wird durch die Tatsache begründet, daß bei diesen Karten immer ein bestimmtes Thema im Vordergrund steht.

Recht verschieden sind die Ansichten über das Wesen einer *„topographischen“ Karte*. Sie gehen aus den unterschiedlichen Definitionen und insbesondere aus den stark voneinander abweichenden Abgrenzungen hervor. So finden wir den Anfang der topographischen Kartenreihe bei den Maßstäben: größer als 1 : 5000, 1 : 5000, 1 : 10000 und 1 : 20000, das Ende schwankt nach der kleinmaßstäblichen Seite hin zwischen 1 : 100000 und 1 : 1 Million.

Wie aus der Bezeichnung (*topos* = Ort und *graphein* = beschreiben) hervorgeht, handelt es sich bei den topographischen Karten um solche, die einen Ort beschreiben, d. h. ihn in der Karte durch zeichnerische Mittel zur Darstellung bringen. Die Aufgabe ist hauptsächlich vermessungstechnischer Natur. Soll im geodätischen Sinn ein Ort ausreichend beschrieben, d. h. in der Karte einwandfrei wiedergegeben werden, so ist seine Festlegung durch drei Koordinaten erforderlich. Es genügt also nicht allein die Situationszeichnung, vielmehr muß auch die dritte Dimension, die Höhe, zum Ausdruck gebracht werden. Voraussetzung für eine topographische Karte ist somit in erster Linie eine geometrisch einwandfreie Höhendarstellung. Das einzige Mittel hierfür ist heute die Höhenlinie [42.33]. Der Grenzmaßstab einer Höhenliniendarstellung — und damit die von dieser Seite gegebene obere Grenze der topographischen Karten — ist der Maßstab 1 : 500000. Nun wird aber die *lagemäßige* Beschreibung durch die Situationszeichnung gegeben [41]. Bei ihr muß mit kleiner werdendem Maßstab generalisiert [41.12] werden. Durch die Generalisierung geht — wenn wir hier nur die Siedlungen betrachten — zuerst die Grundrißtreue [41.11] und im weiteren Verlauf auch die Grundrißähnlichkeit [41.12] immer mehr verloren. Etwa beim Maßstab 1 : 300000 setzt die Ortssignatur [41.13] ein. Sie gibt Einwohnerzahlen wieder. Mit dem Maßstab 1 : 300000 hat also die zeichnerische Wiedergabe des Siedlungsraumes, d. h. die *topographische Darstellung*, bereits ihr Ende gefunden. Sie wurde abgelöst von der *geographischen Beschreibung*. Nach der großmaßstäblichen Seite hin ist einer topographischen Karte eigentlich keine Grenze gesetzt, sofern die Ausführung es rechtfertigt, sie als Karte zu bezeichnen. Damit ist der äußere Rahmen abgesteckt; jedoch ist der topographische Karteninhalt innerhalb der Maßstabsreihe umfangs- und genauigkeitsmäßig recht verschieden, ein Umstand, der wesentlich die Anwendungsmöglichkeiten der topographischen Karten bestimmt. Die Karten bis etwa 1 : 50000 gestatten es, auf Grund ihres detailreichen topographischen Inhalts einen beliebigen Kartenpunkt auch in der Natur mit einer für viele Zwecke ausreichenden Genauigkeit zu lokalisieren, und sind daher geeignet, als Grundlage für die Durchführung mannigfaltiger technischer Arbeiten zu dienen. Der Inhalt der kleineren Maßstäbe dagegen ist schon wesentlich generalisiert. Die Anwendung dieser Karten beschränkt sich auf jene Gebiete, die sich mit einer weniger detaillierten übersichtlichen Darstellung begnügen.

Im Rahmen dieses Bandes ist der Grenzmaßstab zwischen topographischen und geographischen Karten bei 1 : 200000 gezogen. Mit dieser Abgrenzung stimmt auch die von *H. Louis*[1]) vorgeschlagene Gruppierung überein, die im einzelnen lautet:

1. Topographische Plankarten mit Maßstäben größer als 1 : 10000,
2. Topographische Spezialkarten 1 : 20000 bis 1 : 50000,
3. Topographische Übersichtskarten 1 : 75000 bis 1 : 200000 (in wenig besiedelten Gebieten bis 250000).

---

[1]) Über Kartenmaßstäbe und kartogr. Darstellungsstufen der geogr. Wirklichkeit; Ztschr. f. Verm.wesen 1956.

Außerdem unterscheidet er noch:

4. Generalkarten 1 : 250000 bis 1 : 500000 (max. bis 1 : 1 Mill.),
5. Regional- und Länderkarten 1 : 1 Mill. bis 1 : 10 Mill.,
6. Erdteilkarten ab 1 : 20 Mill.

Die in der Schweiz übliche Gruppierung richtet sich nach den Maßstäben. *E. Imhof*[1]) unterscheidet:

1. Pläne: bis einschließlich 1 : 10000,
2. Topographische Karten oder Detailkarten: kleiner als 1 : 10000, bis einschließlich 1 : 100000,
3. Geographische oder Übersichtskarten: kleiner als 1 : 100000.

2. Die Kartenaufnahme

Der wesentliche Inhalt jeder topographischen Karte [14] ist letztlich das Ergebnis geodätischer Messungen. In einem Teilgebiet, der *Erdmessung*, befaßt sich die Geodäsie mit der Bestimmung der Gestalt und Größe des Erdkörpers und legt damit ein Bezugssystem fest, mit dessen Hilfe die gegenseitige Lage der zu vermessenden Elemente angegeben werden kann. Die *Landesvermessung* schafft durch das Landesdreiecksnetz und das Landeshöhennetz die Grundlage für die *topographische Aufnahme* des Geländes, die entweder nach den klassischen terrestrischen Verfahren oder neuerdings immer mehr mit Hilfe der Photogrammetrie ausgeführt wird.

21 Gestalt und Größe des Erdkörpers

21.1 Bestimmung der kugelförmigen Erde aus Gradmessungen

Nach der primitiven Vorstellung der Naturvölker war die Erde eine Scheibe. Doch bereits *Pythagoras* (um 500 v. Chr.) erkannte die Erde als Kugel. *Eratosthenes* führte 195 v. Chr. die erste geschichtlich beglaubigte Erdmessung durch, indem er mit einfachsten Mitteln, jedoch methodisch einwandfrei, den Breitenunterschied der beiden etwa im Meridian gelegenen Orte Syene (dem heutigen Assuan) und Alexandria durch astronomische Beobachtungen bestimmte und die Entfernung zwischen den beiden

---

[1]) Gelände und Karte.

Orten (den Bogen auf der Erde) aus direkten Messungen ableitete. Eratosthenes hatte beobachtet, daß in Assuan sich die Sonne alljährlich am Mittag des 21. Juli eine kurze Zeit in einem tiefen Brunnen spiegelte, also im Zenit stand. Zur gleichen Zeit maß er mit Hilfe eines Schattenstabes die Sonnenhöhe in Alexandria und erhielt damit den Zentriwinkel γ im Erdmittelpunkt (Abb. 2). Die Entfernung b der beiden Orte leitete er aus der Reisezeit der Kamelkarawane ab. Durch eine einfache Proportion berechnete er aus den Größen b und γ den Erdumfang und erreichte dabei eine Genauigkeit von etwa 16%.

Nach dieser Methode wurden im Altertum noch weitere Erdmessungen durchgeführt. Im Mittelalter fand das Problem keine Beachtung. Die erste Gradmessung zu Beginn der Neuzeit verdanken wir dem französischen Arzt *Fernel*. Er bestimmte 1525 die Länge des Meridianbogens zwischen Paris und Amiens, indem

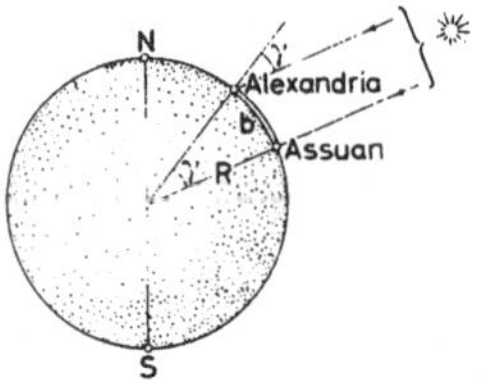

Abb. 2. Erdmessung des Eratosthenes

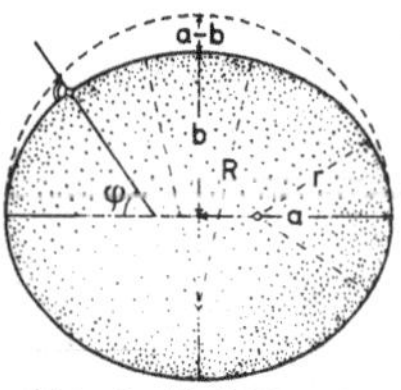

Abb. 3. Erdellipsoid

er die Umdrehungen der Räder seines Reisewagens mit Hilfe einer Klingel zählte. 1617 wandte *Snellius* bei der Messung eines Bogens in Holland erstmalig die Triangulation [22.1] an. *Picard* benutzte 1669 bei den Triangulierungsarbeiten als erster ein Fernrohr mit Fadenkreuz. Die Fortsetzung seiner Erdmessungen übernahm 1683 die Familie *Cassini* und führte sie in vier Generationen weiter.

21.2 Die Erde als Rotationsellipsoid — Erddimensionen

Zweifel an der Kugelgestalt der Erde tauchten auf, als *Newton* (um 1670) das Gravitationsgesetz fand. Die Schwerkraft auf der Erdoberfläche setzt sich zusammen aus der zum Erdinnern weisenden Anziehungskraft und der normal zur Rotationsachse gerichteten Fliehkraft. Da letztere im Äquator am größten ist und nach den Polen zu abnimmt, muß — nach Newton — die Erde im Flüssigkeitsstadium am Äquator eine Aufwölbung erfahren haben. Da die damals vorliegenden Messungen eher das Gegenteil bewiesen hatten, ließ die Pariser Akademie durch zwei Expeditionen den Krümmungshalbmesser eines Gradbogens am Äquator (1735 bis 1741 im heutigen Ekuador, das damals zu Peru gehörte) und in möglichster Nähe des Poles (1736—1737 in Lappland) bestimmen. Das Ergebnis zeigte den gößten Halbmesser am Pol (Abb. 3).

An den in der Folgezeit ausgeführten Gradmessungen, bei denen es in der Hauptsache galt, die Genauigkeit zu steigern, beteiligten sich bald alle Kulturländer. In Frankreich bekamen die Arbeiten einen besonderen Auftrieb durch den Beschluß der Nationalversammlung vom Jahre 1790, den zehnmillionsten Teil des Erdmeridianquadranten als Einheit für das Längenmaß zu wählen [22.21]. Zu diesem Zweck wurde 1792 der Pariser Meridian von Barcelona bis Dünkirchen gemessen. In Deutschland führte der Göttinger Mathematiker *C. F. Gauß* 1822—1824 zwischen dem Inselsberg und Altona eine Gradmessung durch, die wegen der dabei angewandten verbesserten Methoden ein hohes wissenschaftliches Niveau erreichte. Berühmt geworden ist auch die von *Bessel* 1831 ausgeführte Gradmessung in Ostpreußen.

Bessel faßte 1840 alle ihm bekannten Messungen zusammen und errechnete durch Ausgleichung der Messungswidersprüche die Dimensionen eines Erdellipsoids, das der preußischen Landesvermessung und der deutschen Reichsvermessung zugrunde gelegt wurde. In der Folgezeit wurden noch mehrfach Erddimensionen berechnet. Das von *Hayford* gefundene Ellipsoid wurde 1924 zum „Internationalen Ellipsoid“ erklärt und als allgemeine Referenzfläche empfohlen. Das großräumigste Material endlich hat *Krassowskyj* zu den von ihm 1944 veröffentlichten Erddimensionen verarbeitet.

Erddimensionen[1])

Erdmaße	Nach Bessel	Hayford	Krassowskyj
Große Halbachse a	6377397 m	6378388 m	6378245 m
Kleine Halbachse b	6356079 m	6356912 m	6356863,02 m
Abplattung $\alpha = \frac{a-b}{a}$	1 : 299,153	1 : 297	1 : 298,3

[1]) Jordan-Eggert-Kneißl: Handbuch der Vermessungskunde, Bd. IV/1.

21.3 Das Geoid

Schon die ersten Berechnungen der Erddimensionen aus mehreren Gradmessungen zeigten Differenzen, die sich nicht allein durch Messungsungenauigkeiten erklären ließen, und man kam schließlich zu der Überzeugung, daß der mathematische Körper nicht genau durch ein Rotationsellipsoid dargestellt werden kann. Seine Form ist physikalisch bestimmt durch die ruhend gedachte Meeresoberfläche, die man sich auch unter den Kontinenten — etwa durch ein System kommunizierender Röhren — fortgesetzt denken kann. Für diese Fläche hat *Listing* 1873 die Bezeichnung „Geoid“ geprägt. Die Geoidfläche ist eine Niveaufläche, d. h. sie

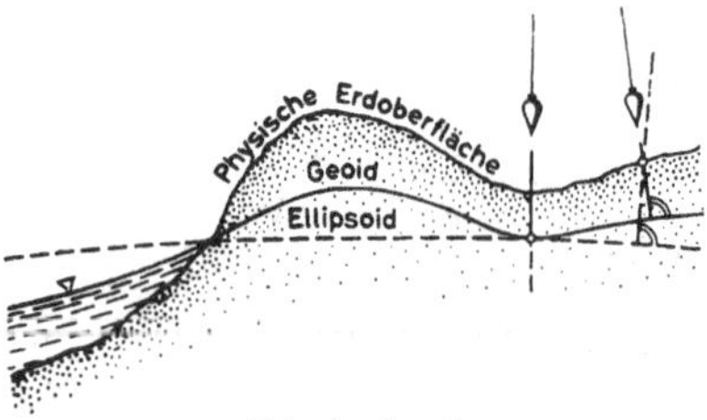

Abb. 4. Geoid

wird in allen Punkten von den Lotrichtungen senkrecht geschnitten. Die Lotrichtungen hängen aber von der Massenverteilung ab, und da die Massen — insbesondere in der Erdkruste — unregelmäßig gelagert sind, ist die Geoidfläche keine glatte, sondern eine schwach gewellte Fläche (Abb. 4). Die Abweichungen des Geoids von einem ihm optimal angepaßten Rotationsellipsoid, die sog. „Geoidundulationen“, sind jedoch gering; sie bleiben mit Sicherheit unter 100 m.

Auf das Geoid beziehen sich die Höhenmessungen; das Ellipsoid ist Rechenfläche für die Bestimmung der Lagekoordinaten einer Landesvermessung über große Bereiche, für kleinere Bereiche kann es durch die Schmiegungskugel ersetzt werden.

22 Das Landesdreiecksnetz

Soll ein größerer Teil der Erdoberfläche — ein Land — zusammenhängend vermessen werden, so wird das ganze Gebiet mit einem Netz von Festpunkten, den „trigonometrischen Punkten“ (TP) überzogen. Dieses Festpunktfeld besteht aus einer großen Anzahl von Bodenpunkten und Hochpunkten. Die Bodenpunkte werden durch Steinpfeiler vermarkt; eine darunterliegende Platte dient als Sicherung (Abb. 5). Hochpunkte sind Kirchturmspitzen (Abb. 6), Fahnenstangen auf Aussichtstürmen usw.

Abb. 5. TP-Vermarkung (Bodenpunkt)

Abb. 6. Trigonometrischer Hochpunkt mit Beobachtungsstand

Die Koordinaten dieser Festpunkte werden in einem rechtwinkligen Koordinatensystem [38] festgelegt. Zunächst wählt man Punkte in einer Entfernung von 30 . . . 50 km aus, die möglichst gleichseitige Dreiecke bilden und wegen der notwendigen gegenseitigen Sicht vornehmlich auf beherrschenden Geländehöhen liegen. Es sind die TP I. Ordnung. Auf jedem Punkt werden die Dreieckswinkel gemessen *(Triangulation)*. Damit ist die Form des Dreiecksnetzes festgelegt. Seinen Maßstab erhält man durch Bestimmung der Länge mindestens *einer* Seite, die man mittels des Basisvergrößerungsnetzes aus einer direkt gemessenen 5 . . . 8 km langen Basis ableitet. Schließlich muß das Dreiecksnetz auf dem Ellipsoid orientiert werden. Zu diesem Zweck werden die geographische Breite φ und die geographische Länge λ von mindestens *einem* Netzpunkt P sowie das Azimut α einer von diesem ausgehenden Dreiecksseite (Winkel zwischen der geographischen Nordrichtung und der Dreiecksseite) durch astronomische Messungen ermittelt (Abb. 7). Jetzt können alle Dreiecksseiten ellipsoidisch berechnet werden; außerdem lassen sich die geographischen Koordinaten aller Netzpunkte durch geodätische Übertragung bestimmen. Da diese jedoch für die Folgemessungen wenig geeignet sind, rechnet man von den Netzpunkten ellipsoidische rechtwinklige Koordinaten (x, y in Abb. 7), die schließlich nach den in [38.1] und [38.2] angegebenen Verfahren in ebene rechtwinklige Koordinaten umgewandelt werden.

Abb. 7. Punktfestlegung auf dem Ellipsoid

Abb. 8. Beobachtungsturm

Das Dreiecksnetz I. Ordnung bildet den großen Rahmen für alle folgenden Messungen. Es wird durch die Netze II. O. (mit Seitenlängen von 10 . . .20 km), III. O. (3 . . . 10 km) und IV. O. (1 . . . 3 km) verdichtet.

22.1 Die Triangulierung

22.11 *Signalisierung der Netzpunkte.* Bei der Triangulierung höherer Ordnung sind weite Sichten notwendig. Um diese zu erreichen und um die für eine genaue Winkelmessung ungünstigen bodennahen Luftschichten zu vermeiden, müssen Beobachtungsstände und Ziele möglichst hoch gelegt werden. Zu diesem Zweck errichtet man über den Bodenpunkten Signaltürme, die eine Höhe von 30 m und mehr erreichen können. Sie werden aus Holz (Abb. 8) und neuerdings aus Stahl hergestellt; letztere werden nach beendeter Arbeit abmontiert. Die Türme bestehen aus zwei getrennten Teilen: einem stabilen Beobachtungsgerüst für die erschütterungsfreie Aufstellung des Theodolits und einem leichteren Gerüst, das mit Leitern und einer Plattform für den Beobachter versehen ist und an der Spitze die Zielmarke (Heliotrop oder Scheinwerfer) trägt. Bei Kirchtürmen ist gewöhnlich der Knauf Zielpunkt, und die Beobachtung wird exzentrisch von Brüstungen oder aufgemauerten Pfeilern aus durchgeführt (siehe Abb. 6).

22.12 *Die Winkelmessung.* In der Geodäsie werden Horizontal- und Vertikalwinkel gemessen. Als Winkeleinheit gilt nach DIN 1315 (Juli 1958) der Grad oder Altgrad (°), gleich dem 90. Teil des rechten Winkels (∟) und das Gon oder der Neugrad (^{g}), gleich dem 100. Teil des rechten Winkels. Der Altgrad wird meist sexagesimal, der Neugrad dezimal unterteilt, so daß die Minute $1' = 1°/60$ und die Sekunde $1'' = 1'/60 = 1°/3600$ bzw. die Neuminute $1^{\mathrm{c}} = 1^{\mathrm{g}}/100$ und die Neusekunde $1^{\mathrm{cc}} = 1^{\mathrm{g}}/10000$ ist.

Abb. 9. Theodolit – Jena 020

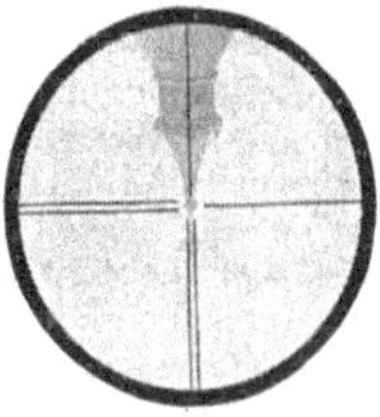

Abb. 10. Strichkreuz

Im Vermessungswesen setzt sich die Neugrad-Teilung immer mehr durch; Astronomie und Geographie behalten die Altgrad-Teilung bei.

Das Instrument für die Winkelmessung ist der *Theodolit* (Abb. 9). Er besteht aus zwei Hauptteilen: dem bei der Horizontalwinkelmessung feststehenden Unterbau und dem drehbaren Oberbau. Zum Unterbau gehören der Dreifuß mit den Fußschrauben und der Horizontal- oder Teilkreis. Der Oberbau besteht aus dem Zeigerkreis[1]) — Alhidade genannt —, den beiden

[1]) Auf ihm befindet sich ein Zeiger, der die Richtung des Fernrohrs am Teilkreis abzulesen gestattet.

Fernrohrträgern und der Kippachse mit dem Fernrohr. Zur Vertikalwinkelmessung ist ein Vertikal- oder Höhenkreis notwendig, der fest auf der Kippachse sitzt.

Das *Fernrohr* kann mit dem Oberbau um die Vertikal- oder Stehachse in horizontaler Richtung gedreht werden; die Kippachse ermöglicht Bewegungen in der Vertikalebene. Das Fernrohr selbst besteht in seiner einfachsten, bereits auf *Kepler* (1611) zurückgehenden Form aus zwei Sammellinsen, einer Objektivlinse mit langer und einer Okularlinse mit kurzer Brennweite. Um es als Meß- bzw. Zielfernrohr benutzen zu können, ist es mit einem Strichkreuz (Abb. 10) ausgestattet.

Bei der Horizontalwinkelmessung muß die Stehachse genau lotrecht gestellt werden. Dazu dient eine auf der Alhidade befestigte *Libelle*, die mit den Fußschrauben zum Einspielen gebracht werden kann.

Die *Teilkreise* sind aus Metall oder neuerdings meist aus Glas gefertigt. Die Teilstriche sind bei Metallkreisen auf einem Silberstreifen graviert, bei Glaskreisen meist geätzt. Der Horizontalkreis ist rechtsläufig (im Sinne des Uhrzeigers) beziffert. Während dieser bei der Winkelmessung feststeht und die Alhidade (der Zeigerkreis) sich bewegt, macht der auf der Kippachse festsitzende Höhenkreis die vertikalen Bewegungen des Fernrohrs mit, und die Höhenzeiger sind fest. Durch Einspielen der Höhenzeigerlibelle werden die Zeiger in die für die Ablesung erforderliche horizontale Lage gebracht. Neuerdings finden wir an Stelle einer Höhenzeigerlibelle einen Kompensator, d. i. eine Einrichtung, mit welcher der Höhenzeiger durch den Einfluß der Schwerkraft automatisch in die richtige Lage gebracht wird. Der Höhenkreis ist so beziffert, daß entweder Höhenwinkel (α) oder meistens Zenitdistanzen ($z = 90° - \alpha$) abgelesen werden.

Um das Fernrohr in horizontaler oder vertikaler Richtung in einer bestimmten Lage festhalten und scharf auf ein Ziel einstellen zu können, sind *Klemmen* und *Feinstellschrauben* notwendig.

Der Theodolit wird beim Feldgebrauch auf einem Stativ befestigt. Vor der Winkelmessung ist die *Horizontierung* (mittels Libelle) und *Zentrierung* (mittels Lot) durchzuführen. Auf Pfeilern und Brüstungen werden die Fußschrauben eingegipst.

Bei der Horizontalwinkelmessung unterscheiden wir die einfache Winkelmessung, die satzweise Richtungsmessung und die Repetitionswinkelmessung[1]).

[1]) Näheres siehe Werkmeister-Großmann: Vermessungskunde II; Slg. Göschen, Bd. 469, 1959.

22.2 Die Basismessung

22.21 *Normalmaße und metrisches Maßsystem*[1]). Ein Normalmaßstab dient zur Abgleichung der bei der Ausführung von Längenmessungen verwendeten Meßwerkzeuge. Man unterscheidet End- und Strichmaßstäbe. Normalmaßstäbe sind stets aus Metall hergestellt. Es muß daher immer bekannt sein, bei welcher Temperatur der Stab die Normallänge besitzt; mit Hilfe des thermischen Ausdehnungskoeffizienten läßt sich die Länge bei anderen Temperaturen berechnen.

Um die Schaffung unseres heutigen Maßsystems haben sich die Franzosen besondere Verdienste erworben. 1766 hatte *Ludwig XV.* den bei der Gradmessung in Peru [21.2] benutzten Maßstab, die „Toise du Perou", zum französischen Normalmaß erklärt. Anfang des 19. Jahrhunderts wurden einige Kopien an andere Staaten ausgegeben und dort als Urmaß für die Längeneinheit verwandt. Aber schon am 8. Mai 1790 hatte die französische Nationalversammlung beschlossen, ein neues Maßsystem zu schaffen, das auf einem Naturmaß als Längeneinheit beruhen sollte. Auf Vorschlag von *Borda* wurde der zehnmillionste Teil des Erdmeridianquadranten als Längeneinheit gewählt und dafür die Bezeichnung „Meter" geprägt. Aus der zu diesem Zweck durchgeführten Gradmessung zwischen Barcelona und Dünkirchen [21.2] zusammen mit der Messung von Peru ergab sich 1 Meter = 443,296 Par. Linien (1 toise = 6 Par. Fuß = 72 Par. Zoll = 864 Par. Linien). Diese als *legales Meter* bezeichnete Einheit wurde mit Gesetz v. 10. 12. 1799 in Frankreich eingeführt und durch einen 25 mm breiten und 4 mm hohen Platinstab festgelegt, dessen Länge bei 0° C das Meter definierte. Der als Endmaß ausgebildete Stab — *Mètre des Archives* genannt — war zu Vergleichsmessungen wenig geeignet und hat daher nie die Bedeutung eines wahren Urmeters erlangt.

Am 8. August 1870 trat auf französische Einladung die „Internationale Meter-Kommission" in Paris unter Beteiligung von 24 Staaten zusammen. Sie mußte zwar infolge des deutsch-französischen Krieges unterbrochen werden; es zeigte sich jedoch hier schon die Neigung, von der früheren natürlichen (auf den Erdkörper bezogenen) Definition des Meters abzugehen, und so wurde auch auf der im September 1872 weitergeführten und von 30 Staaten beschickten Konferenz die Erstellung eines neuen Meterprototyps beschlossen.

[1]) Ledersteger, K.: Das internationale Meter und seine Festlegung; Ztschr. f. Verm.wesen 1956.

Dieser aus einer Legierung von 90% Platin und 10% Iridium bestehende Stab ist als Strichmaß ausgebildet und hat x-förmigen Querschnitt. Bei dem in Abb. 11 dargestellten Profil liegt die Grundfläche, auf der die Strichmarken angebracht sind, in der neutralen Achse. Die Marken selbst — drei feine Parallelstriche in 0,5 mm Abstand — sind auf polierten elliptischen Flächen eingeritzt; das Metermaß war durch den Abstand der beiden Mittelstriche definiert.

Abb. 11. Meter-Prototyp

Die Delegierten der Internationalen Meter-Kommission waren Wissenschaftler und konnten keine bindenden Erklärungen ihrer Regierungen abgeben. Erst durch die am 1. März 1875 zusammengetretene diplomatische Meter-Konferenz konnte der Schlußstein zur Einführung des neuen Maßsystems gesetzt werden. Am 20. Mai 1875 wurde die „Internationale Meterkonvention" von 18 Staaten unterzeichnet.

Von den auf Grund der Konvention hergestellten 30 Maßstäben erwies sich der Stab Nr. 6 in bester Übereinstimmung mit dem Archivmeter. Er wurde zum „internationalen Prototyp" erklärt und stellte bei der Temperatur von 0° C die metrische Längeneinheit dar.

Der Meterprototyp wird im „Internationalen Büro für Maß und Gewicht" in Sèvres bei Paris aufbewahrt. Die übrigen Maßstäbe sind durch Los an die Teilnehmerstaaten verteilt worden. Deutschland erhielt den Stab Nr. 18, Österreich-Ungarn die Stäbe Nr. 15 und Nr. 19. Mit Gesetz vom 26. Mai 1893 wurde das internationale Meter in Deutschland eingeführt.

Der Prototyp Nr. 18 befindet sich heute im Zentralinstitut des Deutschen Amtes für Maß und Gewicht in Ostberlin. Die Bundesrepublik hat im Jahre 1954 den Meterprototyp Nr. 23 vom belgischen Staat erworben. Er erhielt 1955 neue Striche, wurde anschließend im Internationalen Büro für Maß und Gewicht an den internationalen Prototyp angeschlossen und hat folgende Gleichung:

$$\text{Nr. } 23 = 1\text{ m} + 0{,}52\,\mu + (8{,}621\text{ t} + 0{,}00180\text{ t}^2)\,\mu.$$

Der Stab wird bei der Physikalisch-Technischen Bundesanstalt in Braunschweig aufbewahrt.

Im Jahre 1960[1]) wurde die Meterdefinition abermals geändert. Man hat nunmehr ein einwandfrei reproduzierbares Maß als

[1]) Gerke, K.: Über die neue Meter-Definition 1960; Ztschr. f. Verm.-wesen 1961.

Längeneinheit eingeführt. Das Meter ist jetzt „das 1650763,73-fache der Wellenlänge der von den Atomen des Nuklids ^{86}Kr beim Übergang vom Zustand 5 d_5 zum Zustand 2 p_{10} ausgesandten, sich im Vakuum ausbreitenden Strahlung“. Diese Lichtwellenlänge ist unzerstörbar und kann überall und zu jeder Zeit mit höchster Genauigkeit hergestellt werden.

Das Meter (m) wird dezimal vervielfacht bzw. unterteilt. Allgemein gebräuchlich sind die Vielfachen: 100 m = 1 Hektometer (hm) und 1000 m = 1 Kilometer (km) bzw. die Teile: 0,1 m = 1 Dezimeter (dm), 0,01 m = 1 Zentimeter (cm), 0,001 m = 1 Millimeter (mm) und für feinste Messungen 0,001 mm = 1 Mikron (μ).

Als älteres Wegemaß gilt 1 geographische Meile = $^1/_{15}$ Äquatorgrad = 7420,439 m und als nautisches Maß 1 Seemeile (sm) = mittlere Länge der Meridianminute = 1852 m (1 Knoten = 1 sm/Stunde).

Die Quadrate der Längenmaße ergeben die Flächenmaße, die zweckmäßig mit km², m², dm², cm², mm² bezeichnet werden; 1 Ar (a) = 100 m², 1 Hektar (ha) = 10000 m². Einige ältere Flächenmaße sind: 1 preußischer Morgen = 25,53 a = 2553 m², 1 württembergischer Morgen = 3152 m², 1 bayerisches Tagwerk = 3407 m², 1 Wiener Joch = 1600 Qu.-Klafter = 5755 m².

22.22 *Basismeßgeräte und Basismessung.* Für die Messung einer Basis kommen starre Meßgeräte, Meßbänder oder Meßdrähte zur Anwendung. Die starren Basismeßgeräte sind unhandlich und haben den Nachteil, daß der Temperatureinfluß auf der ganzen Länge nicht genau genug erfaßt werden kann. Neuerdings werden Basen mit Bändern oder Drähten gemessen, die aus Invar hergestellt sind. Das Invar — Abkürzung von *invariabel* — ist eine in der Hauptsache aus 36% Nickel und 64% Eisen bestehende Legierung, die einen so geringen Ausdehnungskoeffizienten besitzt, daß der Einfluß von Temperaturschwankungen oder von Unsicherheiten in der Bestimmung der Temperatur vernachlässigt werden kann.

Bei dem auf den Schweden *Jäderin* zurückgehenden Verfahren verwendet man zur Basismessung einen 24 m langen, ungefähr 1,5 mm dicken Invardraht. Die Basis wird in Teilstrecken von nahe 24 m eingeteilt und die Zwischenpunkte mit feinen Strichmarken bezeichnet, die entweder auf besonderen Stativen befestigt sind oder in eingerammte Holzpfähle eingeschraubt werden. An den Drahtenden sind Maßstäbe mit mm-Teilung angebracht (Abb. 12). Die Drähte werden über Spannböcke entweder durch

Gewichte von 10 kg oder mit einer Zugkraft von 10 kg so gespannt, daß die Maßstäbe über den Marken schweben. Der Meßvorgang ist aus Abb. 13 ersichtlich. Die Höhenunterschiede der Marken

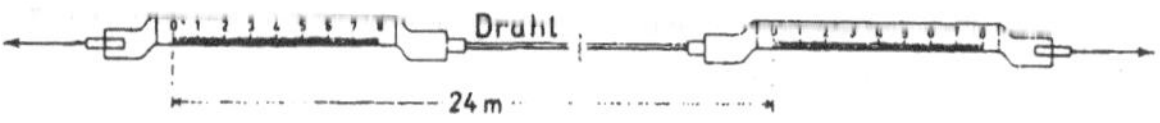

Abb. 12. Invardraht

und ihre seitlichen Abweichungen aus der Flucht sowie der Durchhang und die Temperatureinflüsse werden rechnerisch berücksichtigt.

Die Länge der Basismeßgeräte wird auf besonderen Komparatoren durch Vergleich mit einem Normalmaßstab oder durch Messung von Vergleichsstrecken, die mit sehr hoher Genauigkeit bekannt sind, bestimmt. Insbesondere müssen Invardrähte vor und nach der Messung geeicht werden, da Invar zu sprunghaften Änderungen neigt. Um dadurch entstehenden Fehlern vorzubeugen, werden bei Basismessungen mit Invardrähten immer mehrere Drähte verwendet.

Abb. 13. Basismessung

Die bei Basismessungen erzielte Genauigkeit ist sehr groß. Erfahrungsgemäß liegen die mittleren Fehler bei Messungen mit guten Stangengeräten bei etwa $\pm 1{,}0$ bis $\pm 1{,}5$ mm pro km, bei Drahtmessungen $\pm 0{,}3$ bis $\pm 0{,}5$ mm pro km[1]).

22.23 *Das Basisvergrößerungsnetz.* Die Basen werden in möglichst ebenem und offenem Gelände angelegt. Wegen der Konvergenz der Lotrichtungen muß die Basislänge auf das Geoid reduziert werden. Die Übertragung der Länge einer direkt gemessenen Basis auf eine Dreiecksseite I. O. geschieht auf trigonometrischem Wege durch das Basisvergrößerungsnetz, das in der Regel aus einem einfachen oder einem Doppelrhombus besteht. Gemessen werden alle Winkel in den Rhomben. Abb. 14 zeigt das klassische Netz der Preußischen Landesaufnahme von 1880 mit der südlich von Göttingen gelegenen Basis.

[1]) Jordan-Eggert-Kneißl: Handb. der Vermessungskunde, Bd IV/1, S. 533.

22.24 *Entfernungsmessung mit elektromagnetischen Wellen*[1]).

Die stürmische Entwicklung auf dem Gebiet der Funkmeßtechnik hat in jüngster Zeit dazu geführt, dieses Verfahren auch in der geodätischen Streckenmessung mit Erfolg einsetzen zu können. Kennzeichnend für alle Funkmeßverfahren ist die Ausstrahlung elektromagnetischer Wellen und der Empfang der zurückgeworfenen Echos unter gleichzeitiger Messung der Laufzeit. Das z. Z. für geodätische Zwecke wohl am häufigsten eingesetzte Gerät ist das *Tellurometer*[2]). Es besteht aus zwei äußerlich ähnlichen Instrumenten, der Hauptstation (Master) und der Gegenstation (Remote). Die Hauptstation strahlt eine in 10 MHz frequenzmodulierte 3-GHz-Welle (Wellenlänge 10 cm) aus. Diese wird

Abb. 14. Göttinger Basis
Länge der Basis N-S 5195 m
Hohehagen-Gleichen 19168 m
Ahlsburg-Meißner 57519 m
(Seite im Netz I.O.)

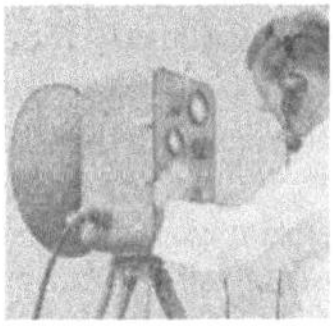

Abb. 15. Electrotape – Cubic Corp.

auf der Gegenstation empfangen, ummoduliert und zurückgesendet. Auf der Hauptstation werden die Phasen der Modulationsfrequenz der abgestrahlten und der wieder empfangenen Wellen verglichen. Die Phasendifferenz ist in einer Kathodenstrahlröhre (Oszilloskop) als Unterbrechung einer Kreisspur sichtbar. Sie stellt die Laufzeit für den doppelten Meßweg dar. Die Mehrdeutigkeit dieses Verfahrens wird durch entsprechende Messungen in mehreren gröberen Modulationsfrequenzen beseitigt.

Zur Entfernungsbestimmung muß die Ausbreitungsgeschwindigkeit der elektromagnetischen Wellen bekannt sein. Sie berechnet sich nach $c = c_0 : n$, worin $c_0 = 299792{,}5$ km/sec die

---

[1]) Höpcke, W.: Zum heutigen Stand der elektronischen Streckenmessungen; Ztschr. f. Verm.wesen 1959.

[2]) Rüter, F.: Streckenmessung mit dem Tellurometer; Der Fluchtstab, 1960.

Vakuumsgeschwindigkeit der elektromagnetischen Wellen und n der Brechungsindex der Luft ist. Letzterer schwankt in den mittleren Breiten zwischen 1,00031 und 1,00034. Um n zu ermitteln, werden Temperatur, Druck und Feuchtigkeit der Luft gemessen. Die schräge Entfernung der beiden Stationen ergibt sich aus der Laufzeit durch Multiplikation mit c.

Mit dem Tellurometer können Entfernungen von 1 bis 60 km gemessen werden. Die Meßgenauigkeit beträgt $0{,}05\ \text{m} + 3 \cdot 10^{-6}\, S$, wobei S die Seitenlänge in km darstellt.

Ein ähnliches, bei Drucklegung dieses Bandes jedoch noch nicht viel benutztes Gerät heißt *Electrotape* (Abb. 15). Die Trägerfrequenz ist hier 10 GHz (Wellenlänge 3 cm). Beim Electrotape werden die Phasendifferenzen digital ausgegeben, und die Modulationsfrequenzen sind so gewählt, daß die gemessene Strecke selbst aus ihnen zusammengesetzt wird. Unterschiede des Brechungsindexes der Luft gegen den zugrundegelegten Mittelwert werden durch eine Korrektur berücksichtigt.

Ein weiteres Gerät, das *Geodimeter*, benutzt einen Lichtstrahl zur Übermittlung hochfrequenter Meßsignale. Es ist infolge des höheren Auflösungsvermögens des Lichtes wohl genauer, aber sein Einsatz ist insbesondere bei längeren Strecken an klare Luft und Dunkelheit gebunden. Die z. Z. neueste und für Entfernungen bis 5 km geeignete Ausführung des Geodimeters hat die Genauigkeit $0{,}015\ \text{m} + 2 \cdot 10^{-6}\, S$, wobei S wiederum die Seitenlänge in km darstellt.

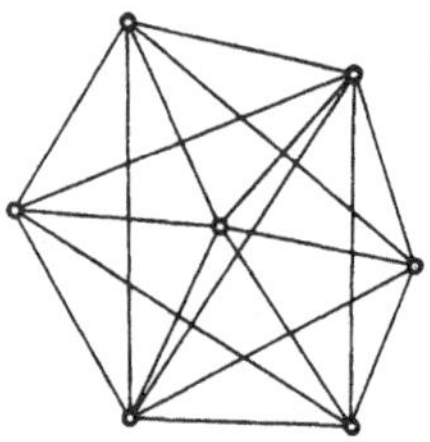

Abb. 16. Trilaterationsnetz

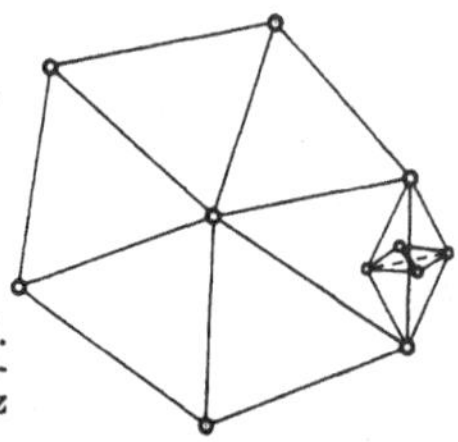

Abb. 17. Triangulationsnetz

Das Verfahren der elektromagnetischen Entfernungsmessung wird bereits praktisch zur direkten Seitenmessung in Dreiecksnetzen angewandt. Solche Trilaterationsnetze (Streckennetze) (Abb. 16) unterscheiden sich in ihrer Anlage von den klassischen Triangulationsnetzen (Winkelnetzen) (Abb. 17) vor allem durch die Diagonalverbindungen.

22.3 Die astronomische Ortsbestimmung

Die für die Orientierung des Dreiecksnetzes auf dem Ellipsoid notwendige Bestimmung der geographischen Koordinaten eines Punktes und Festlegung des Azimuts einer Seite [S. 23] erfolgt durch astronomische Beobachtungen, d. h. durch Messungen an der Himmelssphäre. Da die dabei zu beobachtenden Gestirne (mit Ausnahme von Sonne, Mond und Planeten) sehr weit entfernt sind, können wir uns denken, sie befänden sich auf einer Kugel mit unendlich großem Radius, der gegenüber die Erde punktförmig (im Schwerpunkt vereinigt) erscheint. Unter dieser Voraussetzung können wir das geographische Netz der Meridiane und Parallelkreise vom Geoid auf die Himmelskugel übertragen, indem wir die Lotrichtungen der einzelnen Geoidpunkte bis zum Schnitt mit der Himmelskugel verlängern. Die Schnittpunkte der Lote gleicher geographischer Breite ergeben die Parallelkreise, diejenigen gleicher geographischer Länge die Meridiane. Durch Verlängerung der Erdachse (Rotationsachse) erhalten wir den *Himmelspol P* (Abb. 18) und als Schnittlinie der zur Erdachse senkrecht stehenden Ebene durch den Erdmittelpunkt den *Himmelsäquator*. Damit haben wir das ellipsoidische Koordinatensystem der Erde auf die Himmelskugel übertragen und es gleichzeitig in ein sphärisches umgewandelt.

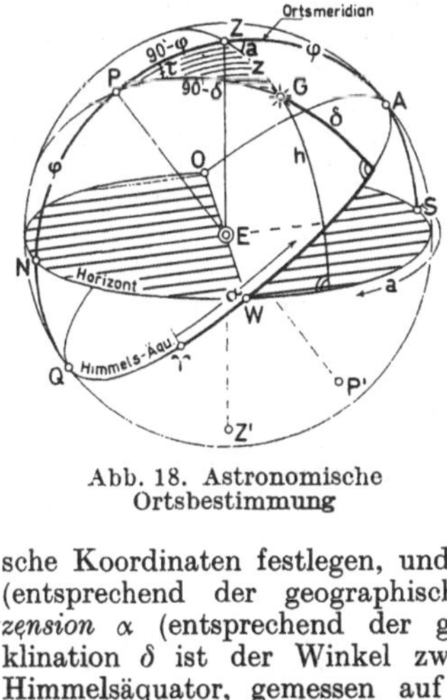

Abb. 18. Astronomische Ortsbestimmung

Auf gleiche Art können wir uns die Gestirne auf die Himmelskugel übertragen und ihre Lage im geographischen System durch zwei rechtwinklig-sphärische Koordinaten festlegen, und zwar durch ihre *Deklination* δ (entsprechend der geographischen Breite) und ihre *Rektaszension* α (entsprechend der geographischen Länge). Die Deklination δ ist der Winkel zwischen dem Gestirn und dem Himmelsäquator, gemessen auf dem Meridian oder *Stundenkreis*. Sie wird nördlich positiv, südlich negativ von 0° bis 90° gezählt. Für die Rektaszension α ist — wie bei der geographischen Länge auf der Erde — die Annahme eines Nullmeridians oder Normalstundenkreises notwendig. Als solcher ist der Stundenkreis gewählt worden, der durch den *Frühlingspunkt* (Widderpunkt) des Himmels hindurchgeht. Die Rektaszension wird von W über S nach O von 0° bis 360° gezählt und gewöhnlich im *Stundenmaß* ausgedrückt ($24^h = 360°$, $1^h = 15°$, $1^m = 15'$, $1^s = 15''$). Da sowohl die Erdachse als auch die Gestirne ihre Lage im Raum nicht unverändert beibehalten, sind die Gestirnskoordinaten mit der Zeit veränderlich. Die Werte δ und α der wichtigsten Gestirne können für jeden beliebigen Zeitpunkt den *astronomischen Jahrbüchern* entnommen werden.

Neben diesem sog. *äquatorialen* Koordinatensystem hat das ortsabhängige *horizontale* System besondere Bedeutung. Denken wir uns die Lotrichtung in einem bestimmten Ort der Erdoberfläche mit der Himmelskugel zum Schnitt gebracht, so erhalten wir den Scheitelpunkt oder den *Zenit Z*, während die Schnittlinie der zur Lotrichtung senkrecht stehenden Ebene durch den Erdschwerpunkt den *Horizont* liefert. Auch in diesem System kann die Lage eines Gestirns festgelegt werden, und zwar durch seine *Höhe h*, d. i. der Vertikalwinkel zwischen Gestirn und Horizont oder — weil dieser Winkel praktisch mit dem Theodolit [22. 12] gemessen wird — zweckmäßiger durch seine Zenitdistanz $z = 90° - h$ sowie durch sein Azimut a, d. i. der Winkel zwischen einer angenommenen Ausgangsrichtung (in der Geodäsie die geographische Nordrichtung, in der Astronomie in der Regel die Südrichtung) und der Horizontalrichtung zum Gestirn.

Die Verbindung beider Systeme liefert das sog. *Poldreieck* mit den Eckpunkten Pol (P), Zenit (Z) und Gestirn (G). Dieses sphärische Dreieck bildet die Grundlage für die astronomische Bestimmung von Breite, Zeit und Azimut.

Betrachten wir die Seiten des Dreiecks, so ist, wie aus Abb. 18 direkt ablesbar, ZG die Zenitdistanz des beobachteten Gestirns, PG seine Poldistanz $= 90° - \delta$ und $PZ = 90° - \varphi$. Aus der letzten Beziehung folgt, da $AP = NZ = 90°$, daß $NP = \varphi$, oder in Worten: die Polhöhe eines Beobachtungsortes gleich seiner geographischen Breite ist. Von den Winkeln des sphärischen Dreiecks ist a das Azimut eines Gestirns zu einem bestimmten Zeitpunkt und τ sein Stundenwinkel, der die zeitliche Lage des Stundenkreises des Gestirns G zum Ortsmeridian angibt. Die Größe von τ im Zeitmaß ergibt sich aus dem Stundenwinkel Θ des Frühlingspunktes, d. h. aus der Sternzeit des Beobachtungsortes[1]) mit $\tau = \Theta - \alpha$. In der besonderen Stellung des Gestirns

[1]) Die Sternzeit ist für 0^h Weltzeit (Greenwich) den astronomischen Jahrbüchern zu entnehmen und kann durch Reduktion auf jeden Ortsmeridian (Länge λ) und jede Zeit übertragen werden.

im Meridian des Beobachtungsortes ist $\alpha - \Theta$, weil $\tau = 0$ ist.

Die wichtigsten Verfahren der astronomischen Ortsbestimmung sind:

1. Bestimmung der Polhöhe aus Zenitdistanzen:

Gemessen wird die Zenitdistanz z eines Gestirns unter gleichzeitiger Ablesung des Beobachtungszeitpunktes an einer Uhr, deren Stand gegenüber der mittleren Greenwicher Zeit (Weltzeit) bekannt ist. Aus einem astronomischen Jahrbuch können sodann die Gestirnskoordinaten α und δ für diesen Zeitpunkt entnommen werden. Nach Umwandlung der mittleren Zeit in Sternzeit erfolgt die Berechnung des Stundenwinkels τ. Außerdem ist die Zenitdistanz um die Refraktion zu verbessern. Die Auflösung des Poldreiecks nach dem Cosinussatz

$$\cos z = \sin \varphi \sin \delta + \cos \varphi \cos \delta \cos \tau$$

ergibt nach Einführung der Hilfsgröße $\tan M = \tan \delta / \cos \tau$

$$\cos (\varphi - M) = \frac{\cos z \sin M}{\sin \delta},$$

womit die geographische Breite φ des Beobachtungspunktes gefunden ist. Fehlereinflüsse in der Zenitdistanzmessung und der Zeitbestimmung wirken sich am wenigsten aus, wenn für die Beobachtung ein Stern in der Nähe des Meridians gewählt wird. Ein hierfür besonders geeigneter Fixstern ist der Polarstern.

2. Bestimmung der geographischen Länge:

Der Längenunterschied zwischen zwei Punkten auf der Erdoberfläche ist gleich dem Unterschied zwischen den beiden Ortszeiten. Die Bestimmung eines Längenunterschiedes besteht demnach in der Ausführung von Zeitbestimmungen. Ein Verfahren der Zeitbestimmung stützt sich — wie oben — auf die Messung der Zenitdistanz z eines Gestirns. Vorausgesetzt wird dabei die Kenntnis der geographischen Breite φ des Beobachtungsortes. Aus dem Poldreieck errechnet sich der Stundenwinkel:

$$\cos \tau = \frac{\cos z - \sin \varphi \sin \delta}{\cos \varphi \cos \delta} \text{ oder}$$

$$\cos \tau = \frac{\cos z}{\cos \varphi \cos \delta} - \tan \varphi \tan \delta.$$

Mit $\Theta = \tau + \alpha$ erhalten wir die Sternzeit des Ortes, die in mittlere Zeit umzuwandeln ist. Ein Fehlereinfluß durch die Breite φ wird am geringsten, wenn für die Zeitbestimmung aus Zenitdistanzmessungen Sterne verwandt werden, deren Stundenkreis möglichst rechtwinklig zum Meridian steht. Bei der praktischen Durchführung einer Längenbestimmung kann sich die Zeitbestimmung auf den Beobachtungsort beschränken, da die auf den Nullmeridian der Längenzählung (Greenwich) bezogene Weltzeit durch drahtlose Zeitsignale überall empfangen und registriert werden kann.

3. Azimutbestimmung:

Im Poldreieck tritt das Azimut a des Gestirns bzw. sein Supplement $180° - a$ direkt auf. Bei bekannter geographischer Breite φ kann es also durch Zenitdistanzmessung nach der Formel

$$\tan \frac{a}{2} = \sqrt{\frac{\sin(\sigma - \varphi)\cos(\sigma - z)}{\sin(\sigma - \delta)\cos\sigma}}$$

berechnet werden. Dabei ist $2\sigma = \varphi + \delta + z$. Wird nun durch gleichzeitige Ablesung des Horizontalkreises die Richtung nach dem Gestirn festgelegt, so kann durch anschließende Winkelmessung nach einem terrestrischen Ziel auch dessen Azimut bestimmt werden. Um Fehlereinflüsse durch die Zenitdistanzmessung klein zu halten, wird zweckmäßig für die Azimutbestimmung ein im Osten oder Westen stehender, auf- bezw. absteigender Stern benutzt.

Bei den hier gegebenen Verfahren werden die Elemente φ, λ und a einzeln bestimmt. In der geodätischen Praxis kommen in der Regel Methoden zur Anwendung, bei denen durch Beobachtung mehrerer Sterne die gesuchten Größen gemeinsam ermittelt werden können (sog. Standlinienverfahren).

23 Das Landeshöhennetz

23.1 Höhenbezugsfläche und Höhenfestpunkte

Um das Gelände mit all seinen Formen, d. h. die physische Erdoberfläche, erfassen und in einer topographischen Karte zur Darstellung bringen zu können, müssen neben Lagemessungen auch Höhenmessungen durchgeführt werden. Unter der Höhe eines Geländepunktes versteht man seinen in der Lotlinie gemessenen Abstand von der in Ruhe gedachten Meeresfläche, dem Geoid [21.3]; man spricht daher auch von Meereshöhen. Grundsätzlich soll also die ruhende Meeresoberfläche oder das Geoid die Bezugsfläche für alle Höhenangaben sein. Tatsächlich wurde in den einzelnen Staaten eine Niveaufläche als Ausgangsfläche gewählt, die angenähert mit dem ruhenden Wasserspiegel eines benachbarten Meeres zusammenfällt, im übrigen aber durch einen bestimmten Punkt — eine bestimmte Marke — festgelegt ist.

Im *Deutschen Reich* erfolgte die Einführung eines einheitlichen Bezugsniveaus im Jahre 1879 durch die Anlage eines Normalhöhenpunktes (NHP) an einem Pfeiler der alten Berliner Sternwarte. Die genau 37,000 m unter der Höhenmarke verlaufende Niveaufläche ist die sog. Normalnullfläche. Auf sie werden alle Höhenangaben bezogen und als *Höhen über Normal-Null* (NN) bezeichnet. Die Normalnullfläche stimmt auf etwa 1 dm mit dem mittleren Meeresspiegel der Nordsee (Amsterdamer Pegel) überein. Vor dem im Jahre 1913 erfolgten Abbruch der Berliner Sternwarte wurde etwa 40 km östlich der Berliner Stadtmitte — beim Ort Hoppegarten — der „Normalhöhenpunkt von 1912" geschaffen. Die Bezugsfläche blieb dabei unverändert. Der neue NHP ist durch einen Granitpfeiler unterirdisch vermarkt und durch zehn Kontrollmarken versichert.

In *Österreich* beziehen sich die Angaben der Meereshöhe auf eine Höhenmarke, die im Häuschen des selbstregistrierenden Pegels am Molo Sartorio in Triest angebracht ist und 3,352 m über dem Mittelwasser des Adriatischen Meeres liegt[1]).

Der Ausgangspunkt für die Höhen in der *Schweiz* ist eine Höhenmarke an der Pierre du Niton, einem Felsblock im Hafen von Genf. Die Höhe dieses Punktes bezieht sich auf den mittleren Wasserstand des Mittelländischen Meeres bei Marseille und wurde beim alten Horizont zu 376,86 m, beim neuen Horizont zu 373,60 m ü. M. angenommen. Auf letzteren beziehen sich die neuen amtlichen Kartenwerke der Schweiz[2]).

Die Höhenangaben in den Seekarten der Nordsee sind auf ein besonderes *Seekartennull* bezogen, das als örtliches mittleres Springniedrigwasser definiert ist und etwa um den halben Tidenhub unter NN liegt. In der Ostsee ist Seekartennull gleich NN.

Im Anschluß an den Ausgangspunkt werden die NN-Höhen von vielen Höhenpunkten durch Feinnivellement festgelegt. Die Gesamtheit dieser Punkte bildet das

[1]) Ackerl, F.: Geodäsie und Photogrammetrie, Teil 1; Wien 1950.
[2]) Imhof, E.: Gelände und Karte.

„Höhenfestpunktnetz". Es gliedert sich in das *Haupthöhennetz* oder Netz I. O. mit einer Maschenweite von 30 . . . 50 km, das *Landeshöhennetz* oder Netz II. O., mit dem das Haupthöhennetz mit Maschen von 15 . . . 20 km verdichtet wird, und das *Aufnahmehöhennetz* oder Netz III. O., das je nach Örtlichkeit und Bedarf eine Maschenweite von 2 . . . 10 km aufweist.

Die Höhenfestpunkte sind entsprechend ihrer Bedeutung vermarkt. Neben unterirdischen Festlegungen von Haupthöhenpunkten aus Granitpfeilern finden sich an Kirchen und öffentlichen Gebäuden vielfach kreisförmige Höhenmarken; die meisten Höhenpunkte sind durch Höhenbolzen aus Metall festgelegt, die in Außenwänden von Gebäuden, in Mauern oder in Granitpfeilern eingelassen sind (Abb. 19).

Abb. 19. Höhenbolzen

Bei der Höhenmessung werden *Höhenunterschiede* bestimmt. Dabei unterscheiden wir: das geometrische Nivellement, die trigonometrische Höhenmessung und die barometrische Höhenmessung.

23.2 Das geometrische Nivellement

Bei ihm wird der Höhenunterschied benachbarter Punkte durch horizontales Zielen nach lotrecht gestellten Skalen (Nivellierlatten) bestimmt. Bezeichnen wir die

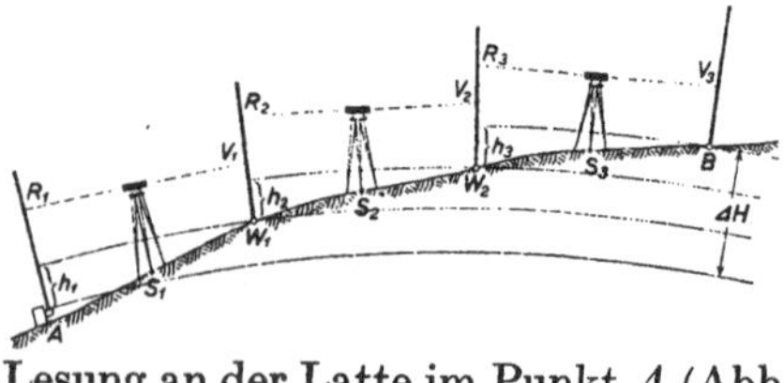

Abb. 20. Nivellement

Lesung an der Latte im Punkt A (Abb. 20) mit R_1 (Rückblick), die in W_1 mit V_1 (Vorblick), so ist der Höhenunterschied zwischen A und W_1

$$h_1 = R_1 - V_1.$$

Auf gleiche Weise wird der Höhenunterschied zwischen W_1 und W_2 erhalten. Durch fortlaufende Summierung einzelner Höhenunterschiede ergibt sich endlich der Höhenunterschied von Punkten in beliebig großer Entfernung mit

$$\Delta H = h_1 + h_2 + h_3 + \cdots = \Sigma h = \Sigma R - \Sigma V.$$

Hat $R - V$ positives Vorzeichen, so steigt das Gelände; negatives Vorzeichen bedeutet Gefälle. Ist der Anschlußpunkt durch seine Höhe über NN gegeben, so errechnet sich die NN-Höhe des Punktes B aus

$$H_B = H_A + \Delta H.$$

Zur Sicherung der Ergebnisse wird entweder zurücknivelliert oder das Nivellement bis zu einem zweiten Festpunkt weitergeführt. Die Zielweiten beim Nivellement wählt man im allgemeinen zu 30 ... 50 m.

Wie aus Abb. 20 hervorgeht, wird auch bei einer kugelförmigen Erdgestalt der wahre Höhenunterschied zwischen den Punkten A und B erhalten, sofern die Zielung aus der Mitte erfolgt.

Das zur Ausführung von geometrischen Nivellements notwendige Gerät besteht aus dem Nivellierinstrument mit Stativ und den Nivellierlatten.

Abb. 21. Libellen-Nivellier—Fennel

23.21 *Nivelliere mit Libellenhorizontierung.* Der Hauptteil dieser Instrumente ist das mit einer Röhrenlibelle fest verbundene Meßfernrohr, das durch Achse und Fernrohrträger auf einem Dreifuß mit Fußschrauben ruht (Abb. 21). Vor jeder Zielung wird die Libelle zum Einspielen gebracht. Damit bei einspielender Libelle die Zielachse horizontal verläuft, muß das Nivellier justiert sein, d. h. es müssen Zielachse und Libellenachse parallel sein. Die modernen Nivelliere besitzen Einrichtungen, mit deren Hilfe der Beobachter die Libelle ohne Standortwechsel an Spiegeln, Prismen oder direkt im Fernrohrgesichtsfeld beobachten kann.

Ist das Fernrohr mit dem Dreifuß fest verbunden (sog. norddeutscher Typ), so muß die Libelle mit den Fußschrauben eingespielt werden. Kann das Fernrohr gegenüber der Stehachse mit Hilfe einer Kippschraube in beschränktem Maße gekippt werden (sog. süddeutscher Typ), so wird nur die Grobhorizontierung mit den Fußschrauben durchgeführt, die Feineinspielung der Libelle dagegen mit der Kippschraube vorgenommen.

23.22 *Nivelliere mit selbsthorizontierender Ziellinie.* Der Gedanke, mit Hilfe eines pendelnden Gewichtes eine Visiervorrichtung oder die Zielachse eines Fernrohrs in die horizontale Lage zu bringen, ist schon alt. Jedoch erst 1950 ist es der Fa. Zeiss-Oberkochen gelungen, durch optische Bauelemente die Ziellinie so zu beeinflussen, daß sie sich automatisch mit der notwendigen Genauigkeit horizontal stellt. Seither haben auch andere mechanische Werkstätten derartige Nivelliere herausgebracht. Abb. 22 zeigt einen Schnitt durch das Ingenieurnivellier Bauart Na der Fa. Askania-Berlin. Selbsthorizontierende Nivelliere haben gegenüber den Libellennivellieren wesentliche Vorteile. Sie verlangen lediglich eine Grobhorizontierung mittels der Fußschrauben entsprechend der Anzeige einer Dosenlibelle, ein Umstand, der sich günstig auf den Arbeitsfortschritt auswirkt. Außerdem sind sie unempfindlich gegen stärkere Sonnenbestrahlung.

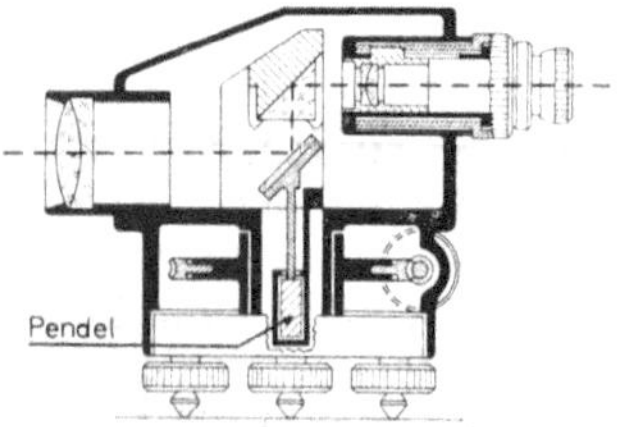

Abb. 22. Schnitt durch das selbsthorizontierende Nivellier – Askania Na

Je nach Leistungsfähigkeit werden unterschieden:

1. *Baunivelliere.* Sie dienen für einfache technische Zwecke, für Flächenaufnahmen und kurze Anschlußnivellements. Baunivelliere mit Libellen gehören vornehmlich dem ersten Typ an. Sie lassen eine Genauigkeit von $\pm$ 1 cm/km erwarten.

2. *Ingenieurnivelliere,* die bei Ingenieurarbeiten und zu Festpunktnivellements eingesetzt werden. Sie sind heute meist selbsthorizontierend. Libellennivelliere besitzen in der Regel eine

Kippschraube, und die erreichbare Genauigkeit beträgt ± 3 bis 5 mm/km.

3. *Fein- oder Präzisionsnivelliere* dienen für Festpunktnivellements höchster Genauigkeit. Während bei den erstgenannten Instrumenten mit dem Horizontalfaden des Fadenkreuzes an der Latte (s. u.) die m, dm und cm gelesen, die mm jedoch geschätzt werden, kann bei Feinnivellieren mit Hilfe einer vor dem Objektiv befindlichen drehbaren planparallelen Platte der Zielstrahl parallel zu sich selbst bis zur Deckung mit dem cm-Strich verschoben und der Verschiebungsbetrag an einer Trommel abgelesen werden. Feinnivellements liefern Genauigkeiten unter ± 1 mm/km.

23.23 Die *Nivellierlatten* sind aus Holz gefertigt, 3 . . . 5 m lang und zur Verhinderung von Durchbiegungen durch Leisten versteift. Die Vorderseite trägt die sehr genaue Teilung, in der Regel

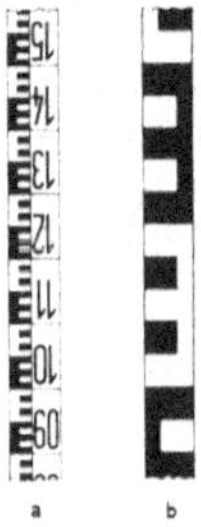

Abb. 23.
a Nivellierlatte
b Tachymeterlatte

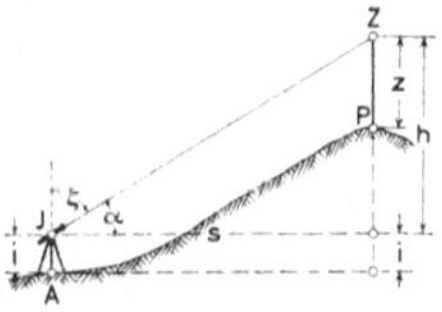

Abb. 24. Trigonometrische Höhenmessung über kurze Strecken

Zentimeterfelder, die zu Dezimeterfeldern zusammengefaßt sind. Die Meter sind gewöhnlich durch Farben — rot und schwarz — unterschieden.

Abb. 23a zeigt eine einfache Felderteilung mit cm-Intervallen, 23b eine Tachymeterlatte [vgl. 24.11] mit 5-cmTeilung (stumme Latte). Die Latten für Feinnivellements haben meist Strichteilung mit $^1/_2$-cm-Intervallen auf Invarbändern. Für spezielle Nivellierverfahren gibt es Sonderlatten[1]).

23.3 Die trigonometrische Höhenmessung

Bei der trigonometrischen Höhenmessung wird der Höhenunterschied Δh zwischen den Punkten A und P (Abb. 24) aus dem im Punkt J nach dem Ziel Z gemesse-

[1]) Näheres über Nivellierinstrumente, Justierung, Nivellierverfahren usw. siehe Werkmeister-Großmann: Vermessungskunde I; Slg. Göschen Nr. 468.

nen Höhenwinkel α bzw. der Zenitdistanz ζ und der Horizontalentfernung s bestimmt. Zunächst ist $h = s \cdot \tan\alpha = s \cdot \cot\zeta$. Die Horizontalentfernung s kann direkt oder optisch gemessen werden; bei trigonometrischen Punkten wird sie aus den Koordinaten berechnet. Bedeutet i die Instrumentenhöhe in A und z die Höhe des Zielpunktes Z über dem Bodenpunkt P, so ergibt sich $\Delta h = h + i - z$, und mit H_A (Höhe des Punktes A über NN) die NN-Höhe des Punktes P zu

$$H_P = H_A + s \tan\alpha + i - z .$$

Diese Formel gilt jedoch nur für kurze Entfernungen ($s < 200$ m). Bei größeren Entfernungen muß die Erdkrümmung und die Strahlenbrechung in der Atmosphäre (Refraktion) berücksichtigt werden.

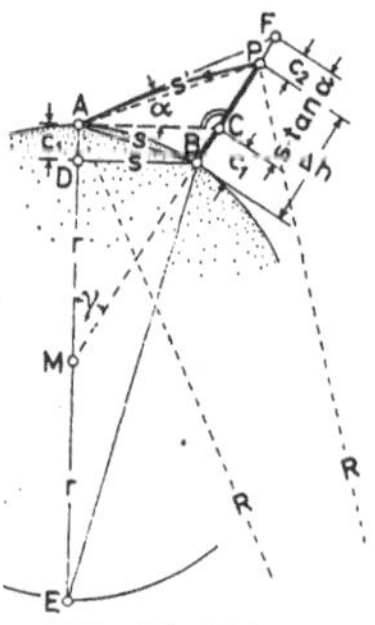

Abb. 25. Trigonometrische Höhenmessung über lange Strecken

Wie aus Abb. 25[1]) hervorgeht, ist der Höhenunterschied Δh zwischen den Punkten A und $P = BP = s \cdot \tan\alpha + c_1 - c_2$. c_1 stellt den Einfluß der Erdkrümmung, c_2 den der Refraktion dar. Zur Ermittlung der beiden Werte können einige Näherungen eingeführt werden. So kann ohne Genauigkeitsverlust der Bogen $AB \approx$ Sehne $AB \approx DB \approx s$ gesetzt werden. Außerdem ist genau genug $c_1 = BC \approx DA$. Damit ergibt sich aus den ähnlichen Dreiecken DAB und DBE die Proportion:

$$c_1 : s = s : (2r - c_1)$$

und wenn beim letzten Glied c_1 gegenüber $2r$ (= 12740 km) vernachlässigt wird,

$$c_1 \approx \frac{s^2}{2r} .$$

Die Refraktion entsteht dadurch, daß die Dichte der Luft mit wachsender Höhe abnimmt. Denken wir uns die Atmosphäre in einzelnen Schichten übereinander, so haben die höchsten die geringste Dichte. Ein von P ausgehender Lichtstrahl kommt also in ein immer dichteres Medium und wird daher zum Lot abgelenkt. Die Lichtkurve kann näherungsweise als flacher Kreis-

[1]) Die Abbildung gibt die Verhältnisse stark verzerrt wieder, weil der Zentriwinkel γ, der in Wirklichkeit sehr klein ist, der Klarheit wegen in der Zeichnung übertrieben groß gewählt wurde.

bogen mit dem Radius R angesehen werden. Somit läßt sich dieser Fall auf den vorigen zurückführen, und es ist

$$c_2 \approx \frac{s'^2}{2R}.$$

Für die Berechnung von c_2 kann auch genähert $s' \approx s$ und — wie aus der Erfahrung bekannt ist — $R \approx 8r$ gesetzt werden. Praktisch benutzt man den *Refraktionskoeffizienten* $k = r/R$ mit dem Durchschnittswert 0,13.

Unter Berücksichtigung von Erdkrümmung und Refraktion ergibt sich der Höhenunterschied zwischen den Punkten A und P zu:

$$\Delta h = s \cdot \tan\alpha + \frac{s^2}{2r} - k\frac{s^2}{2r} = s \cdot \tan\alpha + \frac{s^2}{2r}(1-k).$$

Wird $k = 0{,}13$ und $r = 6370$ km genommen und die Instrumentenhöhe i sowie die Zielhöhe z berücksichtigt, so ist

$$\Delta h_{(\mathrm{m})} = s_{(\mathrm{m})} \cdot \tan\alpha + 0{,}068\, s^2_{(\ \mathrm{m})} + i_{(\mathrm{m})} - z_{(\mathrm{m})}.$$

In der folgenden Tabelle ist für ein ge Entfernungen der Einfluß der Erdkrümmung allein sowie der Einfluß von Erdkrümmung + Refraktion zusammengestellt; darunter ist angeführt, mit welchen mittleren Fehlern in Δh unter normalen Beobachtungsbedingungen zu rechnen ist[1]):

$s_{(\mathrm{km})}$	0,5	1,0	2,0	3,0	4,0	5,0	10,0
$c_{1(\mathrm{m})}$	0,02	0,08	0,31	0,71	1,26	1,96	7,85
$(c_1 - c_2)_{(\mathrm{m})}$	0,02	0,07	0,27	0,61	1,09	1,71	6,83
M. F. $_{(\mathrm{cm})}$	—	—	±4,8	±7,0	±10,1	±13,6	±44,8

23.4 Freihandnivelliere und Gefällmesser

Für Messungen mit geringen Genauigkeitsansprüchen können Freihandgeräte zur Bestimmung von Höhenwinkeln bzw. Höhenunterschieden benutzt werden. Diese Geräte beruhen meist auf dem Pendelprinzip oder besitzen

[1]) Nach Werkmeister-Großmann: Vermessungskunde III; Slg. Göschen Nr. 862.

einfache Libellen. Gut bewährt hat sich der Taschengefällmesser der Fa. Möller, Wedel (Holstein) (Abb. 26). Das ineinanderklappbare Gerät besteht aus einem rahmenartigen Lotkörper und einem Skalenträger. Die Skala auf Milchglas besitzt eine Teilung für Höhen- und Tiefenwinkel — rechts von einem senkrechten Mittelstrich in Grad, links in Prozenten. Sie kann mittels einer eingebauten Lupe abgelesen werden. Bei der Messung hält man das Gerät mit Daumen und Zeigefinger vor das eine Auge, und der mit dem anderen Auge betrachtete Zielpunkt wird auf die Skala projiziert.

Abb. 26. Taschengefällmesser – Möller

Der Taschengefällmesser dient zum groben Nivellieren und Messen von Vertikalwinkeln, kann aber auch für rohe Entfernungs- und Höhenmessungen verwendet werden. Umfaßt ein Gegenstand von bekannter Länge, z. B. ein Fluchtstab von 2 m, einen Teilungsbereich von 5% (horizontales Gelände), so ist die Entfernung $E = 2 : 5\% = 2 \cdot 100 : 5 = 40$ m. Ist andererseits die Entfernung eines Gegenstandes (Turm) durch Abschreiten mit 80 m bestimmt worden und beträgt die Steigung 48%, so ist seine Höhe $h = 80 \cdot 48\% = 38{,}4$ m. Wird das Gerät waagerecht gehalten, so können auch Horizontalwinkel gemessen werden.

23.5 Barometrische Höhenmessung

Wie jeder Gasdruck nimmt auch der Luftdruck mit wachsender Höhe ab. Die Druckabnahme ist jedoch nicht konstant, sondern abhängig von der Dichte der Luft, der Temperatur, ihrem Wasserdampfgehalt und in geringem Maße von der geographischen Breite des Beobachtungsortes; sie wird ferner von den meteorologischen Verhältnissen beeinflußt.

Bei der barometrischen Höhenmessung wird der Höhenunterschied zweier Stationen aus der Differenz des in diesen Punkten gemessenen Luftdruckes berechnet. Zur Messung des Luftdruckes dienen Barometer.

23.51 *Die Quecksilber- oder Hg-Barometer*, auch Flüssigkeitsbarometer genannt, gehen auf Beobachtungen von *Torricelli* (1643) zurück, nach denen der Luftdruck auf eine Flüssigkeitsoberfläche dem Gewicht einer Flüssigkeitssäule die Waage hält. Würde man ein einseitig geschlossenes luftleeres Rohr mit dem offenen Ende in ein mit Wasser gefülltes Gefäß tauchen, so würde das Wasser in dem Rohr etwa 10 m hoch steigen. Erst eine Wasserhöhe von 10 m hält also dem Luftdruck das Gleichgewicht. Man nimmt daher als Flüssigkeit das Quecksilber (Hg) und verringert damit die Säulenhöhe auf durchschnittlich 760 mm. Auf diesem Prinzip beruhen die Heberbarometer, Gefäßheberbarometer und die Gefäßbarometer. Hg-Barometer sind für den Feldeinsatz bei der barometrischen Höhenmessung unbequem; sie werden heute nur noch als Standbarometer [23.55] verwendet.

Als Maß für den Luftdruck benutzt man bei den barometrischen Messungen gewöhnlich die Länge der Hg-Säule in mm. Der Druck von 1 mm Hg wird als 1 *Torr* bezeichnet.

Die Meteorologie verwendet als Einheit das *Millibar* (mbar), d. i. der Druck von 10^3 dyn/cm². Mit der Dichte des Hg von 13,5951 drückt eine Hg-Säule vom Querschnitt 1 cm² und 76 cm Höhe bei 0° C und der mittleren Schwere von 980,665 cm/sec² auf die Unterlage mit $1013{,}25 \cdot 10^3$ dyn/cm². 1 Torr ist daher $1013{,}25 : 760 = 1{,}33322$ mbar, 1 mbar $= 0{,}75006$ Torr und 1000 mbar $\approx$ 750 Torr. Die Einführung des mbar bei barometrischen Höhenmessungen ist grundsätzlich möglich — auf neueren Aneroiden (Paulin) sind bereits beide Teilungen vorhanden; z. Z. sind jedoch die Tafelwerke fast ausschließlich auf Torr abgestellt.

23.52 *Die Federbarometer*, die auch als Trockenbarometer — Aneroide — bezeichnet werden, eignen sich für Feldarbeiten besser. Sie bestehen im Hauptteil aus einer fast luftleeren Dose (Vidiedose 1847), die als Deckel eine dünne gewellte Metallmembran besitzt. Eine starke Feder hält sie mit dem äußeren Luftdruck im Gleichgewicht. Nur durch die Luftdruckänderungen wird die Membran um kleine Beträge gehoben bzw. gesenkt (etwa 0,01 mm/Torr). Diese kleinen Bewegungen werden

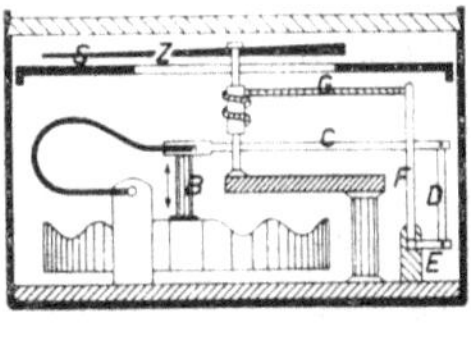

Abb. 27. Aneroid-Barometer

mechanisch oder optisch so vergrößert, daß sie auf einer nach Torr geteilten und an einem Hg-Barometer geeichten Skala abgelesen werden können. Abb. 27 zeigt die Wirkungsweise eines Barometers von *Naudet*. Die Bewegungen der Membran werden mit Hilfe eines Hebelsystems *BCDEF* und des Gliederkettchens *G* auf den Zeiger *Z* übertragen. Die Lesung an der in 1 Torr geteilten Skala kann auf 0,1 Torr erfolgen. Im Innern der Dose ist ein Thermometer untergebracht, damit die Temperatureinflüsse der Metallteile berücksichtigt werden können. Bei *Kompensationsbarometern* werden solche durch konstruktive Maßnahmen ganz oder nahezu ausgeschaltet.

Eine mechanische Übertragungseinrichtung besitzen ebenfalls die von der schwedischen Fa. *Paulin* hergestellten Barometer (Abb. 28). Bei diesen Geräten ist durch eine sinnvolle Konstruk-

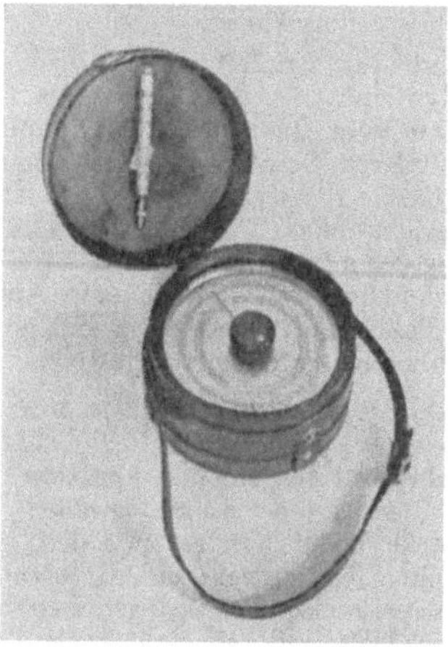

Abb. 28. Paulin-Barometer

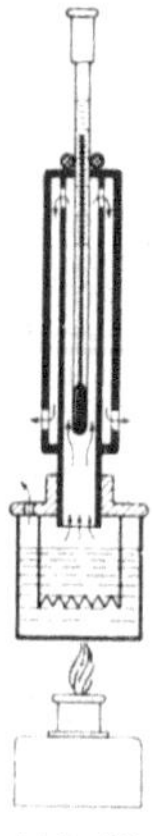

Abb. 29. Siedebarometer

tion die Ablesung auf 0,2 Torr mit Schätzung auf 0,02 Torr gesteigert. Beim Mikrobarometer der Fa. *Askania* (Berlin) wird ein ringförmiges luftleeres Rohr aus Kupfer-Beryllium (eine sog. Bourdonfeder) zur Druckmessung benutzt. Diese Barometer gestatten eine Ablesung von 0,1 Torr mit Schätzung von 0,01 Torr[1]).

23.53 *Das Siedebarometer* oder Hypsometer ist ein Gerät zum Messen des Luftdruckes durch Bestimmung des Siedepunktes von

[1]) Vgl. Werkmeister-Großmann: Vermessungskunde III; Slg. Göschen Nr. 862.

Wasser. Das Wasser siedet, wenn der Dampfdruck gleich dem Luftdruck ist. Der wichtigste Teil des Siedebarometers ist ein vom Dampf siedenden Wassers umspültes Thermometer (Abb. 29). Es trägt am oberen Ende eine Skala, die früher nach $^1/_{10}$° C, neuerdings meistens nach Doppel-Torr geteilt ist, so daß der Luftdruck durch Schätzung auf 0,2 Torr abgelesen werden kann. Die Geräte haben sich beim praktischen Einsatz als sehr beständig erwiesen; sie werden deshalb auf Expeditionen zur Druckmessung und insbesondere zur Kontrolle der Aneroide gerne benutzt. Die Anbringung von Korrekturen ist bei Hypsometermessungen nicht erforderlich.

23.54 Für die *Berechnung barometrischer Höhenunterschiede* hat *W. Jordan* die folgende, für den mitteleuropäischen Raum gültige Formel aufgestellt:

$$h = 18464\,(1 + 0{,}0037\,t_m) \cdot (\lg B_1 - \lg B_2)^{1)} \qquad (1)$$

Hierin bedeutet h den Höhenunterschied zwischen der unteren Station 1 und der oberen Station 2, B_1 und B_2 sind die auf den beiden Stationen gemessenen Luftdrücke und $t_m = 1/2\,(t_1 + t_2)$ ist der Mittelwert der in 1 und 2 bestimmten Temperaturen.

Die numerische Berechnung nach Formel (1) ist umständlich und wäre nur bei einer geringen Anzahl von Höhenunterschieden gerechtfertigt. Die Aufstellung von Tafeln aber ist wegen der drei Eingänge B_1, B_2 und t_m nicht ohne weiteres möglich. In der Praxis benutzt man daher folgende Wege:

23.541 *Das Verfahren der fingierten oder rohen Meershöhen.* Bei ihm werden die Höhen H_i der einzelnen Stationen in bezug auf das mittlere Niveau der europäischen Meere mit dem Druck von 762 Torr bestimmt. Für diese rohe Meereshöhe gilt:

$$H_i = 18464\,(1 + 0{,}0037\,t_i)\,(\lg 762 - \lg B_i) \qquad (2)$$

Diese Formel hat Jordan vertafelt, und zwar für Luftdrücke von 630 bis 775 Torr und Temperaturen von 0° bis 35° C.

Werden nun in zwei Stationen die Drücke B_2 und B_1 gemessen und betragen die Temperaturen t_2° und t_1°, so entnimmt man der Tafel die rohen Meereshöhen H_2 und H_1, woraus sich der Höhenunterschied der beiden Stationen mit $h = H_2 - H_1$ ergibt.

23. 542 *Das Verfahren der barometrischen Höhenstufen.* Als Höhenstufe Δh bezeichnet man die Höhenänderung in m, die

[1]) Ableitung siehe u. a.: Werkmeister-Großmann: Vermessungskunde III; Slg. Göschen Nr. 862, S. 43ff.

einer Druckänderung von 1 Torr entspricht. Δh ergibt sich theoretisch aus Formel (1), wenn als Drücke B und $B \pm 1$ Torr gesetzt werden. Der Höhenstufenwert ist somit ebenfalls eine Funktion der mittleren Temperatur und des lokalen Druckes, für den wir zweckmäßig den Mittelwert des in den beiden Stationen gemessenen Druckes $B_m = {}^1/_2\,(B_1 + B_2)$ nehmen. Praktisch ist Δh bereits in Jordans Tafel als „Differenz 1 mm" enthalten; auch sind eigene Tafeln für die „barometrischen Höhenstufen nach der Jordanschen Formel" berechnet worden. Der Wert von Δh schwankt zwischen 10,16 m (bei $t = -10°$ und $B_m = 760$ mm) und 15,08 m (bei $t = +35°$ und $B_m = 600$ mm). Die Berechnung des Höhenunterschiedes zwischen zwei Stationen, auf denen B_1, t_1 bzw. B_2, t_2 gemessen wurden, gestaltet sich wie folgt: Mit den Mittelwerten $B_m = {}^1/_2\,(B_1 + B_2)$ und $t_m = {}^1/_2\,(t_1 + t_2)$ sucht man in der Tafel die Höhenstufe Δh. Damit ergibt sich der Höhenunterschied zu: $h = (B_2 - B_1) \cdot \Delta h$.

25.55 *Barometrische Meßverfahren*

Die barometrische Höhenformel gilt streng nur unter der Voraussetzung, daß die Meßpunkte 1 und 2 lotrecht übereinander liegen, daß die Messungen gleichzeitig erfolgen, und daß die Temperatur von unten nach oben gleichmäßig abnimmt. Alle diese Bedingungen sind in der Praxis nicht erfüllt. Man muß daher die zeitlichen Änderungen der meteorologischen Einflüsse entweder durch Anschluß an gegebene feste Höhenpunkte oder durch Beobachtung eines ortsfesten Standbarometers rechnerisch berücksichtigen.

Bei der *barometrischen Punkteinschaltung* wird eine Anzahl von Neupunkten 1, 2, 3, ... zwischen zwei der Höhe nach gegebenen Punkten A und E eingeschaltet. Zur Berechnung der Höhen dient dabei die empirisch ermittelte Höhenstufe $\Delta h = \dfrac{H_E - H_A}{B_A - B_E}$.
Mit der Messung beginnt man zweckmäßig auf dem tiefsten Punkt und macht während des Aufstieges die Lesungen B_A, B_1, B_2, B_3 ... B_E. Zwecks Genauigkeitssteigerung werden auf dem Rückweg die Beobachtungen wiederholt. Nach Mittelbildung der Differenzen $\Delta B = B_n - B_{n-1}$ aus Hin- und Rückweg erhält man die einzelnen Höhenunterschiede $h = \Delta B \cdot \Delta h$. Auf die Messung der Lufttemperatur kann bei diesem Verfahren verzichtet werden. Ein Gefällwechsel (Übergang vom Steigen zum Fallen oder umgekehrt) soll bei einer Meßreihe tunlichst vermieden werden. Ist er nicht zu umgehen, sind längere Aufenthalte auf den Umkehrpunkten (zwecks Anpassung des Gerätes) geboten.

Geländeaufnahmen mit Feld- und Standbarometern: Bei vorhandenen Grundrißplänen müssen so viele Geländepunkte höhenmäßig aufgenommen werden, daß mit ihnen die Geländeformen erfaßt und durch Höhenlinien festgelegt werden können. Eine solche Messung wird sich über einen längeren Zeitraum erstrecken, während dessen die meteorologischen Verhältnisse in der Regel nicht konstant geblieben sind. Zur Messung der Luftdruckänderungen wird in einem Zentralpunkt ein Standbarometer (Hg-Barometer oder gutes Federbarometer) aufgestellt und in regelmäßigen Zeitabständen (15—30 Minuten) abgelesen. Der Feldbeobachter hat neben der Aneroidlesung die Zeit zu notieren, so daß meteorologisch bedingte Druckschwankungen rechnerisch berücksichtigt werden können. Am Anfang und am Ende der Messung (möglichst aber alle 2 Stunden) sind Stand- und Feldbarometer zu vergleichen. Die Höhenberechnung der einzelnen Punkte wird mit Hilfe der Höhenstufen, die mit den Mittelwerten B und t zweier aufeinanderfolgender Punkte jeweils bestimmt werden, durchgeführt[1]).

Die *Genauigkeit* der barometrischen Höhenmessung läßt sich grob allein durch die Schätzgenauigkeit der Ablesung an der Skala ermitteln. Bei einem Skalenintervall von 1 Torr werden die Zehntel auf $\pm$ 0,1 Torr genau geschätzt. Die Bestimmung eines Höhenunterschiedes setzt zwei Lesungen, nämlich B_1 und B_2, voraus. Der Fehler der Differenz ($B_2 - B_1$) ist nach dem Fehlerfortpflanzungsgesetz $\pm\ 0{,}1\sqrt{2} \approx \pm\ 0{,}15$ Torr. Da nun bei Berechnung des Höhenunterschiedes die Differenz ($B_2 - B_1$) mit der Höhenstufe Δh multipliziert wird, ergibt sich der Fehler eines Höhenunterschiedes zu $\pm\ 0{,}15\,\Delta h$, mit $\Delta h \approx 10\ldots13$ m also zu rd. 1,5 . . . 2 m. Neben der begrenzten Ablesegenauigkeit sind aber noch die Veränderungen des meteorologischen Feldes zu berücksichtigen, die für die verschiedenen Meßpunkte nicht als völlig gleichartig angenommen und auch nicht vollständig erfaßt werden können. Deshalb erreicht man selbst mit dem Askania-Mikrobarometer mit einer Schätzgenauigkeit von 0,01 Torr auch bei allen erdenklichen Modifikationen des Meßvorgangs kaum höhere Genauigkeiten für h als etwa $\pm 0{,}5$ m[2]). Auch das theoretische Fehlergesetz der barometrischen Höhenmessung zeigt, daß bei kleinen Höhen (bis etwa 200 m) der Fehler mit rd. 1 . . . 2 m nahezu kon-

[1]) Zahlenbeispiel siehe Werkmeister-Großmann: Vermessungskunde III, S. 49 (Slg. Göschen, Nr. 862).

[2]) Pötzschner, W.: Höhenmessung mit Feinbarometern; Hannover 1955.

stant bleibt, daß er aber bei größeren Höhen (über 1000 m) zunimmt[1]).

Schon mit diesen Verhältnissen kann nur bei sorgfältig durchgeführten Messungen unter Verwendung von Präzisionsbarometern gerechnet werden. Neben den Präzisionsausführungen sind auch kleine, handliche und billigere Höhenmesser auf dem Markt.

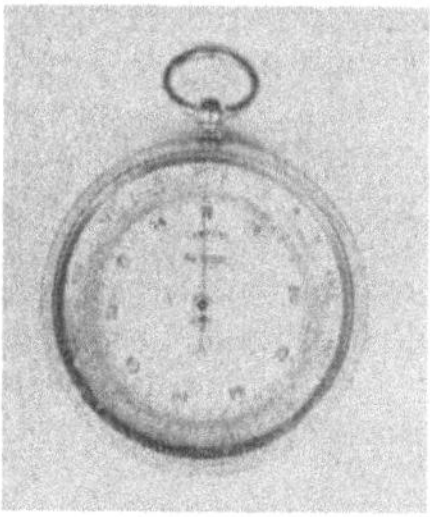

Abb. 30. Taschenhöhenmesser – Lufft

Abb. 30 zeigt den *Taschenhöhenmesser* von *Lufft*. Das Gerät besitzt am Außenrand der Torr-Skala eine drehbare Höhenskala, deren Teilung (10-m-Intervalle) nach Mittelwerten der barometrischen Höhenstufe ausgeführt ist. Wird bei Beginn einer Messung die NN-Höhe des Ausgangspunktes mittels der drehbaren Höhenskala auf den Zeiger eingestellt, so können die Höhen der einzelnen Stationspunkte direkt abgelesen werden. Solche Messungen sind jedoch wesentlich ungenauer als Präzisionsmessungen.

24 Die topographische Geländeaufnahme

Landesdreiecksnetz und Landeshöhennetz bilden den großen Rahmen für die topographische Aufnahme, deren Aufgabe darin besteht, das Gelände aufzumessen und graphisch darzustellen. Unter Gelände verstehen wir dabei den Boden, seine Beschaffenheit, seine Oberflächenformen und seine Bedeckung mit Pflanzen, Bauwerken usw., alles im Hinblick auf irgendwelche sich darauf abspielenden Vorgänge[2]). Die Aufnahme selbst kann entweder nach den klassischen terrestrischen Methoden oder — neuerdings immer mehr — mit Hilfe der Photogrammetrie durchgeführt werden. Hauptmerkmal der terrestrischen Methoden ist die punktweise Erfassung aller topographischen Gegebenheiten. Dabei wird jeder Punkt tachymetrisch bestimmt.

---

[1]) Jordan-Eggert-Kneißl: Handb. der Vermessungskunde, Bd. III, S. 515.

[2]) Nach Imhof: Gelände und Karte.

24.1 Die Tachymetrie

Unter einem Tachymeter versteht man ein Instrument, mit dem man von einem Standpunkt aus einen zweiten Punkt durch Richtung, Entfernung und Höhenunterschied festlegen kann. Die Richtung wird an einem Teilkreis abgelesen, die Entfernung auf optischem Wege bestimmt und der Höhenunterschied entweder aus Entfernung und Höhenwinkel berechnet oder ebenfalls optisch ermittelt.

24.11 *Der Reichenbachsche Fadendistanzmesser*[1]) ist ein Theodolit, dessen Fernrohr auf der Strichplatte (vgl. [22.12], Abb. 10) zwei im Abstand $p/2$ parallel zum hori-

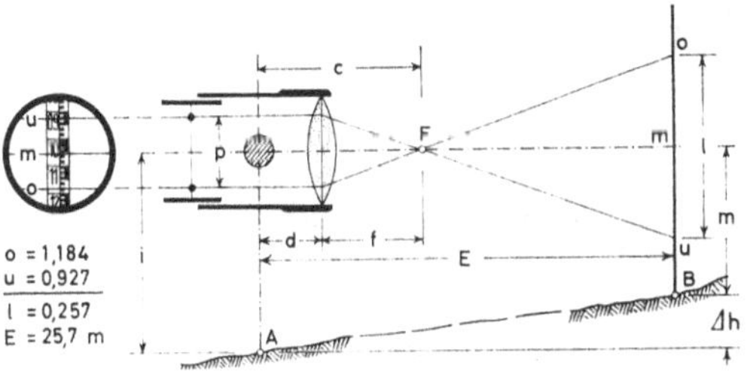

Abb. 31. Optische Distanzmessung nach Reichenbach

zontalen Mittelfaden verlaufende „Distanzfäden" (Abb. 31) besitzt. Zum Messen der horizontalen Strecke wird auf dem Zielpunkt eine Distanzlatte (Nivellierlatte, Abb. 23) senkrecht aufgehalten. Der zwischen den beiden Distanzfäden liegende Lattenabschnitt (Lesung o minus Lesung u) sei l. Ein einfaches Fernrohr mit Okularauszug vorausgesetzt, ist in Abb. 31 der Strahlengang der beiden durch die Distanzfäden achsparallel verlaufenden Strahlen gezeichnet. Aus der Figur läßt sich die Beziehung ablesen: $E - (d + f) = f/p \cdot l$.

1) Eingeführt durch Georg von Reichenbach, Mechaniker, München, um 1810.

E ist die horizontale Entfernung von der Vertikalachse des Instrumentes A bis zum Zielpunkt B, d die Entfernung Instrumentenachse — Objektivlinse und f die Objektivbrennweite. Setzen wir $d + f = c$ (Additionskonstante) und $f/p = k$ (Multiplikationskonstante), so lautet die *Formel der optischen Distanzmessung*

$$E = c + k \cdot l . \tag{1}$$

Der Wert c liegt zwischen 0 und 0,5 m; k sucht der Mechaniker, indem er $p = f/100$ nimmt, gleich 100 zu machen.

Bei Fernrohren mit Zwischenlinse gelingt es, durch entsprechende Wahl der Linsenbrennweite c sehr klein zu halten. Unabhängig davon genügt es aber in der topographischen Praxis meist,

$$E = 100\, l \tag{2}$$

zu nehmen.

Obige Formeln gelten für horizontale Visuren ($\alpha = 0°$). Bei schrägen Sichten bildet die Zielachse mit der Horizontalen den Winkel α, mit der in B senkrecht aufgestellten Latte den Winkel $90° + \alpha$ bzw. $90° - \alpha$

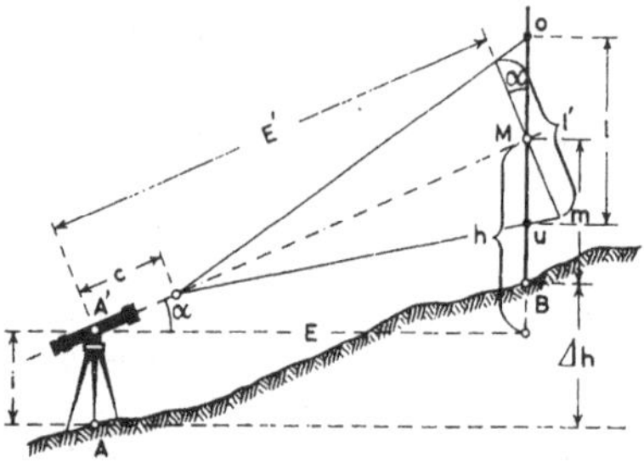

Abb. 32. Optische Distanzmessung bei schräger Sicht

(Abb. 32). Die *schräge Entfernung* $E' = A'M$ erhalten wir nach Formel (1) dann, wenn wir den zur Zielachse senkrecht stehenden Lattenabschnitt l' einführen. Dieser ist in großer Näherung $l' \approx l \cos \alpha$, so daß sich ergibt:

$$E' = c + kl \cos \alpha \tag{3}$$

Die *Horizontalprojektion* ist sodann:

$$E = E' \cos\alpha = c \cos\alpha + kl \cos^2\alpha \tag{4}$$

Wird $\cos\alpha \approx \cos^2\alpha$ gesetzt, erhalten wir nach (1) bzw. (2) die Gebrauchsformeln:

$$E = (c + kl) \cos^2\alpha \text{ bzw. } E = 100\, l \cos^2\alpha \tag{5}$$

Um den *Höhenunterschied* Δh zwischen dem Instrumentenstand A und dem Zielpunkt B zu gewinnen, wird die Instrumentenhöhe i (Kippachse über Boden) gemessen und der Mittelfaden m an der Latte gelesen. Bei horizontaler Visur ist nach Abb. 31 $\Delta h = i - m$. Bei schräger Sicht haben wir zunächst $h = E \tan\alpha$, und mit E aus Gl. (5)

$$\left.\begin{aligned} h &= (c + kl) \cos^2\alpha \tan\alpha = (c + k\,l) \sin\alpha \cos\alpha = \\ &\quad (c + kl) \frac{1}{2} \sin 2\alpha \\ \text{bzw. } h &= 100\, l \sin\alpha \cos\alpha = 100\, l \frac{1}{2} \sin 2\alpha \end{aligned}\right\} \tag{6}$$

Mit der Instrumentenhöhe i und der Lesung m erhalten wir den endgültigen Höhenunterschied zwischen A und B

$$\Delta h = h + (i - m) \tag{7}$$

Stellt man den Mittelfaden m auf das Maß i, so entfällt der Klammerausdruck, und es wird $\Delta h = h$.

Aus der NN-Höhe des Standpunktes A erhalten wir schließlich mit $H_B = H_A + \Delta h$ die NN-Höhe des Punktes B.

Für die Berechnung von E nach Gl. (5) und h nach Gl. (6) gibt es verschiedene Hilfsmittel, wie Zahlentafeln, Diagramme und die insbesondere bei topographischen Aufnahmen verwandten Rechenschieber.

24.12 *Reduktionstachymeter.* Um die zeitraubende Arbeit der Reduktion zu sparen, sind seit etwa 100 Jahren tachymetrische Instrumente konstruiert worden, die ohne Rechnung die horizontale Entfernung und den

Höhenunterschied liefern. Von den verschiedenen Typen[1]) haben sich heute zweifellos die *Kurven- oder Diagramm-tachymeter* durchgesetzt. Bei ihnen sind an Stelle der gleichabständigen Distanzfäden im Gesichtsfeld Kurvenpaare vorhanden, deren Abstände sich beim Kippen des Fernrohrs so verändern, daß an einer senkrechten Latte zwischen dem einen Paar der der horizontalen Entfernung entsprechende Lattenabschnitt, zwischen dem anderen der dem Höhenunterschied *h* entsprechende Lattenabschnitt abgelesen werden kann. Der Abstand der beiden

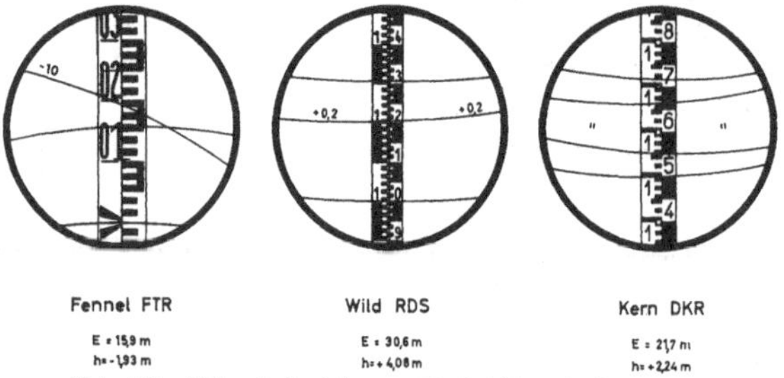

Abb. 33. Ablesebeispiele an Reduktionstachymetern

Entfernungskurven verringert sich mit zunehmendem Höhenwinkel α, während sich der Abstand des Höhenkurvenpaares vergrößert — in beiden Fällen gemäß der Formel (5) bzw. (6).

Die horizontale Entfernung wird erhalten, wenn man den am senkrechten Faden des Gesichtsfeldes abgelesenen Lattenabschnitt zwischen den beiden Entfernungskurven mit einer Konstanten — in der Regel 100 — multipliziert; auf gleiche Weise — nämlich durch Multiplikation des Lattenabschnitts zwischen den beiden Höhenkurven mit einer Konstanten — erhält man den Höhenunterschied. Die Höhenkurven sind jedoch meist in einzelne Äste zerteilt; die anzuwendende Konstante (10, 20,

[1]) Siehe u. a. Werkmeister-Großmann: Vermessungskunde III; Slg. Göschen, Nr. 862, S. 64ff.

50 . . .) ist an den Kurvenästen vermerkt. Vielfach haben die Kurvenpaare eine gemeinsame Grundkurve.

Die Kurven werden auf Glas aufgetragen und in den Strahlengang des Fernrohrs eingeschaltet. Die Abb. 33 gibt Beispiele von einigen Instrumententypen mit den entsprechenden Ablesungen für E und h.

Als *Latten* können praktisch beliebige, z. B. mit cm-Teilung versehene, Nivellierlatten Verwendung finden (vgl. Abb. 23). Fernrohre mit aufrechten Bildern verlangen aufrechte Bezifferung. Spezialausführungen, bei denen die Nullmarke der Teilung in Instrumentenhöhe (Durchschnittswert 1,40 m) gelegt ist oder durch einen verstellbaren Fuß auf Instrumentenhöhe gebracht werden kann, bieten den Vorteil, daß beim Einstellen der Grundkurve auf die Marke wegen $i = m$ der abgelesene Betrag h gleich dem Höhenunterschied Δh ist.

24.13 Die *Bussolentachymeter* sind Tachymetertheodolite, die einen Kompaß besitzen. Mit ihnen können magnetische Azimute nach bestimmten Zielen gemessen werden. In der Regel wird man nicht die Bussolenteilung ablesen, sondern den der magnetischen Nordrichtung zukommenden Richtungswert am Teilkreis feststellen und damit die magnetische Orientierung der weiterhin am Teilkreis abgelesenen Richtungen vornehmen. Mit der gesondert zu bestimmenden Nadelabweichung [38.4] können magnetische Richtungen in Richtungswinkel [24.21] überführt werden.

24.14 Der *Meßtisch mit Kippregel* ist das älteste heute noch gebrauchte Gerät für topographische Aufnahmen. Die Meßtischausrüstung besteht aus einer auf einem kräftigen Stativ drehbar befestigten Tischplatte und der Kippregel. Letztere besitzt ein Meßfernrohr, das in der auf einem säulenförmigen Fernrohrträger ruhenden Kippachse gelagert ist, und dessen Neigungswinkel an einem Höhenkreis abgelesen werden kann. Zur optischen Entfernungsmessung ist das Fernrohr entweder mit Reichenbachschen Distanzfäden oder mit einem Diagramm für automatische Reduktion versehen. Die Säule steht auf einer Grundplatte, an der ein Zeichenlineal angebracht ist. Die Richtungen nach den Zielpunkten werden beim Meßtisch graphisch festgehalten. Abb. 34 zeigt die modernste Ausführung, die Kippregel RK der Fa. Kern (vgl. auch Abb. 33).

Abb. 34. Meßtisch und Kippregel – Kern RK

24.15 Die *Genauigkeit der optischen Längen- und Höhenmessung* beträgt bei mäßigen Neigungen für Strecken von 20 bis etwa 130 m rd. $\pm$ 0,2 % und nimmt darüber schnell ab; als mittleren Fehler für einen über eine Strecke von 100 m ermittelten Höhenunterschied kann man bei einer Geländeneigung bis 10° etwa $\pm$ 5 cm erwarten[1]). Diese Genauigkeiten übersteigen vielfach das für topographische Zwecke erforderliche Maß, womit die Zulässigkeit der Vereinfachung gemäß Formel (2) begründet erscheint.

24.2 Verdichtung des Festpunktfeldes

Die Punkte des Landesdreiecksnetzes haben im allgemeinen zu größe Abstände, als daß von ihnen aus die Kleinaufnahme geschlossen durchgeführt werden könnte. Die notwendige Verdichtung erfolgt durch trigonometrisches Einschneiden und weiter durch polygonometrische Punktbestimmung.

24.21 Beim *trigonometrischen Einschneiden* werden die Neupunkte lediglich auf Grund von Winkelmessungen zwischen koordinatenmäßig bekannten Netzpunkten eingeschaltet. Die ein-

[1]) Werkmeister-Großmann: Vermessungskunde III, Slg. Göschen, Nr. 862, S. 62.

fachste Einschneideaufgabe ist das *Vorwärtseinschneiden* (Abb. 35): Gegeben sind die Koordinaten von zwei Standpunkten A und B. Gemessen wird in A der Winkel α, in B der Winkel β. Gesucht sind die Koordinaten des Neupunktes N. Die einfache rechne-

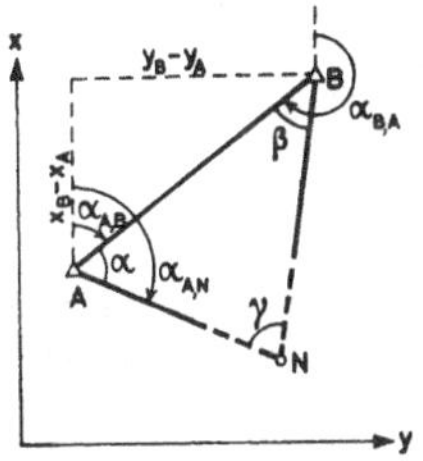

Abb. 35. Vorwärts-einschneiden

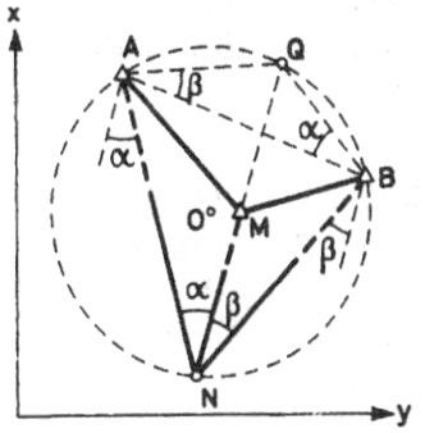

Abb. 36. Rückwärts-einschneiden

rische Lösung beginnt mit der Ermittlung des *Richtungswinkels* $\alpha_{A,B}$ und der Seite AB. Der geodätische Richtungswinkel einer Seite AB ist der im Uhrzeigersinn gezählte Winkel, den die Seite mit der nach Norden weisenden Abszissenachse einschließt. Er wird erhalten aus: $\tan \alpha_{A,B} = \frac{y_B - y_A}{x_B - x_A}$, die Gegenrichtung $\alpha_{B,A} = \alpha_{A,B} \pm 180°$. Die Seite ergibt sich (mit Probe) zu:

$$AB = \frac{y_B - y_A}{\sin \alpha_{A,B}} = \frac{x_B - x_A}{\cos \alpha_{A,B}} .$$

Sodann berechnet man nach dem Sinussatz die Seiten AN bzw. BN. Mit diesen und den Richtungswinkeln $\alpha_{A,N}$ bzw. $\alpha_{B,N}$ erfolgt die Koordinierung des Neupunktes N. Beim *Rückwärts-einschneiden* (Abb. 36) müssen drei Festpunkte — A, M, B — durch ihre Koordinaten gegeben sein. Die Festlegung des Neupunktes N erfolgt durch Messung der Winkel α und β im Neupunkt. Von den zahlreichen Lösungsmöglichkeiten des Rückwärtseinschnittes sei hier lediglich die Berechnung nach *Collins* angedeutet, bei der diese Aufgabe auf zwei Vorwärtseinschnitte zurückgeführt wird. Dazu denken wir uns über ABN einen Hilfskreis gelegt, der die Verlängerung NM im Punkt Q schneidet. Bei B bzw. A treten wieder die beiden Winkel α bzw. β auf, so daß Q durch Vorwärtseinschneiden über AB bestimmt werden kann. Der aus den Koordinaten Q und M zu berechnende Richtungswinkel $\alpha_{Q,M}$ ist gleich $\alpha_{Q,N}$; mit dessen Hilfe werden $\alpha_{A,N}$ und $\alpha_{B,N}$ gefunden. Nun läßt sich der Neupunkt von A und B aus vorwärtseinschneiden. Jeder Rückwärtseinschnitt wird unmöglich, d. h. die Lösung unbestimmt, wenn der Neupunkt und die drei gegebenen Festpunkte auf einem Kreis liegen.

Weitere Einschneideverfahren sind: das mehrfache Rückwärtseinschneiden, die Aufgabe der beiden Punktpaare und das vereinte Vor- und Rückwärtseinschneiden. Hierüber siehe Spezialliteratur.

24.22 *Polygonzüge* bilden die letzte Stufe zur Verdichtung des trigonometrischen Netzes. Ein Polygon- oder Streckenzug ist ein gebrochener Linienzug (Abb. 37), bei dem die Brechungswinkel β (Polygonwinkel) und die Strecken s (Polygonseiten) gemessen

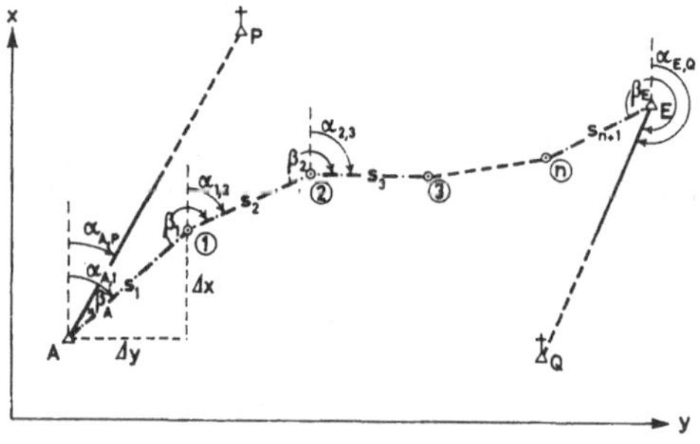

Abb. 37. Polygonzug

werden. In der Regel wird er im Anfangs- und Endpunkt koordinaten- und richtungsmäßig an gegebene Festpunkte angeschlossen. Der Richtungsanschluß erfolgt durch Messung der Winkel β_A und β_E. Die Berechnung der Koordinaten der einzelnen Polygonpunkte gestaltet sich, da überschüssige Beobachtungen eine Ausgleichung bedingen, wie folgt: Zunächst ermittelt man die Richtungswinkel $\alpha_{A,P}$ und $\alpha_{E,Q}$. Nun besteht die Bedingung

$$\alpha_{A,P} + \Sigma\beta - i \cdot 180° = \alpha_{E,Q} \; (i = \text{ganze Zahl}) .$$

Der infolge der unvermeidlichen Messungsungenauigkeiten sich ergebende Widerspruch wird zu gleichen Teilen auf die gemessenen Brechungswinkel verteilt; mit den verbesserten Brechungswinkeln werden die Richtungswinkel der einzelnen Seiten berechnet. Sodann erfolgt die Berechnung der Koordinatenunterschiede Δx und Δy. Für sie ergeben sich die Proben:

$$x_A + \Sigma \Delta x = x_E \text{ und } y_A + \Sigma \Delta y = y_E.$$

Die hierbei auftretenden Widersprüche werden proportional zur Länge der Seiten verteilt. Schließlich werden mit den verbesserten Koordinatenunterschieden die endgültigen Koordinaten der Polygonpunkte berechnet.

Die für topographische Aufnahmen notwendigen Polygonzüge werden als sog. *Tachymeterzüge* beobachtet, d. h. die Länge der Polygonseiten wird optisch mit einem Tachymetertheodolit — zur Kontrolle im Vor- und Rückblick — bestimmt. Die Messung der Brechungswinkel erfolgt durch einfache Winkelmessung. Die Höhenunterschiede zwischen den einzelnen Polygonpunkten werden gewöhnlich zusammen mit den Seiten tachymetrisch ermittelt, können jedoch auch durch einfaches Nivellement bestimmt werden.

Bei Aufnahme mit Bussolentachymetern werden die Standpunkte durch *Bussolenzüge* festgelegt, d. s. Tachymeterzüge mit kürzeren Seiten, bei denen statt der Brechungswinkel die magnetischen Richtungen der Zugseiten beobachtet werden. Es genügt dabei, die Instrumentenaufstellung und Messung auf jedem zweiten Punkt vorzunehmen, d. h. in sog. Sprungständen zu arbeiten. Die Bussolenzüge können wie Polygonzüge berechnet werden. Um die geodätischen Richtungswinkel der einzelnen Seiten zu erhalten, ist an den magnetischen Richtungen die Nadelabweichung [38.4] anzubringen, die im Anfangs- und Endpunkt mit Hilfe der Anschlußpunkte ermittelt werden kann.

Die Züge folgen im allgemeinen den Verkehrswegen, Wasserläufen und Grenzlinien. Die Polygonpunkte sind im Hinblick auf die später von ihnen aus durchzuführenden Kleinpunktaufnahmen zweckmäßig auszuwählen und so zu legen, daß die Sicht nicht durch Hindernisse (nahes Baum- und Strauchwerk u. dgl.) teilweise verdeckt wird. Die Länge der Polygonseiten schwankt zwischen 50 m und 300 m, doch sollen kurze und lange Seiten nicht unmittelbar aneinanderstoßen. Polygonpunkte werden durch Dränrohre, Gasrohre oder Hohlziegel vermarkt.

24.3 Terrestrisch-tachymetrische Aufnahmemethoden

Gestützt auf die nun ausreichend vorliegenden Festpunkte beginnt mit der *Detailaufnahme* des Geländes die eigentliche topographische Arbeit. Während die Festpunkte durch Vermarkung dauernd erhalten bleiben und verschiedenen geodätischen Aufgaben zu dienen haben, wird die topographische Aufnahme lediglich zum Zwecke der Herstellung einer topographischen *Karte* durchgeführt. Eine Karte aber soll ein umfassendes Bild des Geländes vermitteln. Der Umfang des Darstellbaren und mithin Aufzunehmenden hängt in erster Linie vom *Aufnahmemaßstab* ab. Während im vorigen Jahrhundert noch verhältnismäßig kleine Maßstäbe (etwa 1 : 25000 bis 1 : 100000) angewandt wurden, geht man heute immer mehr zu größeren Maßstäben (1 : 2500 . . . 1 : 10000) über, die weitgehend eine grundrißtreue Wiedergabe [41.11] der wesentlichen Details ermöglichen.

Wie beim Karteninhalt unterscheidet man auch bei der Aufnahme zwischen der Situation [41] und den Geländeformen [42]. Die Gegenstände der Situation werden nach ihren Umrissen eingemessen und als orthogonale Projektion auf der Kartenebene dargestellt. Kartenebene ist diejenige Ebene, die der entsprechenden Abbildungsart entspricht [vgl. 3].

Als Mittel für die Wiedergabe der Geländeformen dient heute ausschließlich die Höhenlinie [42.33]. An eine Höhenliniendarstellung werden vom meßtechnischen Standpunkt aus zwei Forderungen gestellt: sie soll im Rahmen bestimmter Grenzen geometrisch genau und morphologisch richtig sein. Dabei wird heute auf die zweite Forderung immer größerer Wert gelegt. Im Zuge der terrestrischen Geländeaufnahme werden die Höhenlinien durch Interpolation zwischen gemessenen *Einzelpunkten* gewonnen. Für eine einwandfreie Darstellung der Formen ist es daher erforderlich, alle charakteristischen Geländelinien und Geländepunkte meßtechnisch zu erfassen. Zu den Geländelinien zählen vor allem die sog. *Geripplinien*, d. s. die Rückenlinien (Wasserscheiden) und die Tiefen- oder Muldenlinien (Wassersammler), deren Verlauf durch entsprechende Punktauswahl festzulegen ist, weiter die Fuß- und Gefällwechsellinien. Charakteristische Geländepunkte sind die höchsten

Punkte der Kuppen, die tiefsten der Mulden und die Sattelpunkte. Die übrigen Geländeteile werden zweckmäßig durch Profilschnitte erfaßt. Die notwendige Punktzahl ist abhängig von den Geländeverhältnissen, den Genauigkeitsansprüchen und dem Aufnahmemaßstab. Für den Maßstab 1 : 5000 schwankt sie zwischen 300 und 700 Punkten pro km² [1]).

24.31 *Die Meßtischmethode* ist die älteste Art der topographischen Aufnahme. Die Ausrüstung besteht aus der mit gutem Zeichenkarton bespannten Tischplatte samt Stativ, der Kippregel [24.14], der Meßlatte und einem Schirm. Bei Neuaufnahmen werden vorbereitend der Blattrahmen und die vorhandenen Festpunkte koordinatenmäßig aufgetragen. Die notwendige Punktverdichtung durch Einschneiden (eventuell Polygonierung) wird graphisch durchgeführt.

Bei Aufstellung des Tisches auf einem gegebenen Punkt muß die Tischplatte so orientiert werden, daß in der Karte die Verbindungslinie zwischen diesem Standpunkt und einem kartierten Festpunkt mit der entsprechenden örtlichen Richtung zusammenfällt.

Das in der Praxis meistens angewandte graphische Verfahren des Rückwärtseinschneidens kommt einer Orientierung gleich. Heute liegen vielfach Grundrißpläne vor, so daß als Stand- und Orientierungspunkte solche gewählt werden können, die sowohl in der Darstellung als auch in der Örtlichkeit eindeutig identifizierbar sind.

Von jedem Standpunkt aus werden alle Geländepunkte eingemessen, die zur Darstellung der Situation und zur Konstruktion der Höhenlinien notwendig sind. Die Punkte werden im Gelände markiert. Die Entfernungs- und Höhenmessung erfolgt tachymetrisch, die Richtung wird graphisch — an der Linealkante — festgehalten. Jeder Punkt wird auf dem Aufnahmeblatt kartiert und erhält die berechnete NN-Höhe beigeschrieben. Ist ein genügend großes Gebiet gemessen, beginnt der Entwurf der Höhenlinien (das *Krokieren*) im Anblick des Geländes. Zunächst werden die Gerippelinien aufgesucht, auf ihnen durch Interpolation die Höhenlinienpunkte festgelegt und die entsprechenden Höhenlinienstücke formgerecht gezeichnet. Auf diese Weise erhält man an allen Messungspunkten Höhenlinienausschnitte, die unter Berücksichtigung der gemessenen Zwischenpunkte im Ansehen des

---

[1]) Top. Handbuch; Landesvermessungsamt Baden-Württemberg, Stuttgart 1956.

Geländes miteinander verbunden und den Geländeformen entsprechend gestaltet werden. Beim Krokieren kann der morphologisch geschulte Topograph alle Kleinformen — auch die nicht direkt eingemessenen — erfassen, das Wesentliche vom Nebensächlichen unterscheiden und damit eine naturgetreue, morpho logisch einwandfreie Höhendarstellung erzielen.

Die Meßtischmethode wird mit Vorteil in offenem, übersichtlichem und — wegen der verhältnismäßig schweren Ausrüstung — nur im wegsamen Gelände angewandt. Sie liefert, da die Karte im Gelände entsteht, die naturwahrsten Ergebnisse. Messungsfehler werden noch bei der Feldarbeit aufgedeckt und können berichtigt werden. Sie erfordert die geringste Punktzahl.

24.32 *Die Zahlenmethode* (Württembergisches Verfahren). Das Instrumentarium besteht aus einem Tachymeter-(Bussolen-) Theodolit mit Latte. Vor der eigentlichen Aufnahme wird das vorhandene Festpunktfeld durch Theodolit-(Bussolen-)Züge lage- und höhenmäßig verdichtet. Die Einmessungsdaten der Detailpunkte (Richtung, Entfernung und Höhenunterschied) werden in einem Feldbuch eingetragen. Der Topograph führt im Gelände eine ungefähr maßstäbliche *Feldskizze*[1]), in die er die gemessenen Punkte und die Situation mit allen Einzelheiten einträgt. Die Geländeformen werden durch die Geripplinien (Rückenlinien gerissen, Muldenlinien geschlängelt), durch Fallinien und an charakteristischen Stellen durch sog. Leitkurven (d. s. kurze, die Höhenlinienform anzeigende Linien) angedeutet.

Die Kartierung, der Entwurf des Höhenlinienbildes und die Ausarbeitung geschieht im Hause.

Die Zahlenmethode ist wegen der leichten Ausrüstung beweglicher und deshalb auch in schwierigerem Gelände anwendbar. Die Feldarbeit schreitet rasch fort, und die Ergebnisse können — im Gegensatz zur Meßtischmethode — in verschiedenen Maßstäben kartiert werden. Diese Methode erfordert eine größere Punktdichte, weil etwaige Messungsfehler zwar auf Grund einer guten Feldskizze entdeckt, aber nicht mehr berichtigt werden können. Es muß daher mit einem gewissen Ausfall gerechnet werden.

24.33 *Die kombinierte Methode* (Bayerisches Verfahren). Diese Aufnahmemethode ist eine Kombination der zahlenmäßigen Bussolentachymetrie mit der graphischen Meßtischaufnahme. Vorweg erfolgt die notwendige Verdichtung des Lage- und Höhen-

[1]) Siehe Werkmeister-Großmann: Vermessungskunde III, Slg. Göschen, Nr. 862, S. 88.

festpunktfeldes durch Bussolenzüge bzw. durch Nivellement. Bei der Detailaufnahme werden die Messungsdaten der aufgenommenen Punkte (Entfernung, Richtungs- und Höhenwinkel) in ein Feldbuch eingetragen und die Berechnung der Horizontalentfernung, des Höhenunterschiedes und der NN-Höhe im Feld durchgeführt. Sobald die Messung auf einem Standpunkt erledigt ist, werden die Punkte im Aufnahmeblatt kartiert, das nun der Topograph übernimmt und im Felde, also angesichts des Geländes, die Höhenlinien und den Grundriß einzeichnet. Während der Topograph kartiert, wird die Messung auf einem weiteren Standpunkt fortgesetzt.

Das bayerische Verfahren verbindet den Vorteil der Zahlenmethode (schnelle Messung) mit dem des Meßtisches (Höhenlinienentwurf im Ansehen der Natur). Es verlangt mehr und gut ausgebildete Kräfte. Das Ergebnis gleicht dem der Meßtischmethode.

24.4 Anwendung der Photogrammetrie (Bildmessung)[1]

Die Photogrammetrie bietet gegenüber den klassischen terrestrisch-tachymetrischen Methoden eine Reihe von Vorteilen und wird daher in immer größerem Umfang zur Herstellung topographischer Karten eingesetzt. Mit ihrer Hilfe lassen sich große, auch unwegsame, ja unzugängliche Gebiete in kurzer Zeit aufnehmen. Im Gegensatz zu den terrestrisch-tachymetrischen Methoden erfolgt die Ausmessung nicht punktweise, sondern in der Regel linienweise.

Je nach Lage der Aufnahmeorte unterscheidet man zwischen der *terrestrischen Photogrammetrie* (Erdbildmessung) und der *Aerophotogrammetrie* (Luftbildmessung). Die Erdbildmessung wird heute nur noch selten, z. B. auf Expeditionen und im Hochgebirge, angewandt. Bei Neuaufnahmen zur Herstellung topographischer Karten kommt überwiegend die Luftbildmessung zum Einsatz.

24.41 *Das Meßbild.* Das zur photogrammetrischen Vermessung des Geländes benutzte photographische Bild

[1] Vgl. hierzu Lehmann, G.: Photogrammetrie; Slg. Göschen, Bd. 1188/1188a.

ist eine Zentralperspektive des betreffenden Teiles der Erdoberfläche. Als Aufnahmegerät dient eine *Meßkammer* (Abb. 38), deren Hauptteil das aus einer Anzahl von Einzellinsen bestehende Objektiv darstellt. In der durch den Anlegerahmen gegebenen, in einem *festen* Abstand vom Objektiv befindlichen Bildebene entsteht das photographische Bild.

Die Abbildungsverhältnisse lassen sich am einfachsten an einer Lochkamera erläutern, die an Stelle eines Objektivs ein kleines kreisförmiges Loch besitzt. Die Lochmitte ist das Projektions-

Abb. 38. Reihenmeßkammer — Wild RC 9

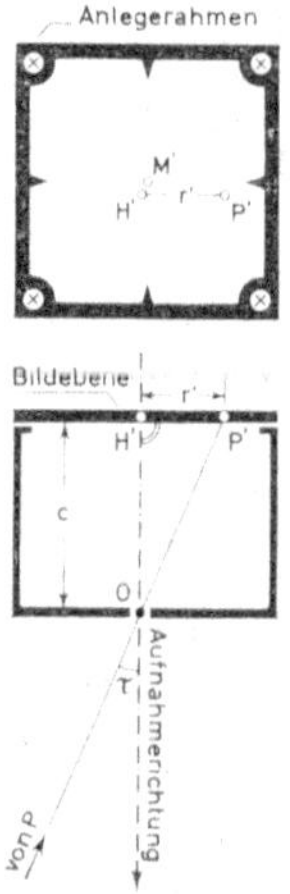

Abb. 39. Lochkammer und Anlegerahmen

zentrum *O* (Abb. 39). Im Abstand *c* befindet sich die Bildebene. Der Fußpunkt des von *O* auf die Bildebene gefällten Lotes ist der Bildhauptpunkt *H'*. Er soll möglichst mit dem Bildmittelpunkt *M'*, der durch den Schnittpunkt der Verbindungslinien der Rahmenmarken definiert ist, zusammenfallen. Die Größe $OH' = c$ heißt Kammerkonstante. Meßkammern mit Objektiven sind auf die Gegenstandsweite ∞ eingestellt, daher stimmt die Kammerkonstante sehr nahe mit der Brennweite *f* des Objektives überein. Die verlängerte Gerade *H'O* ist die Aufnahmerichtung. Die durch eine Lochkamera erzeugten Bilder sind exakte Zentralperspektiven, d. h. die Abbildung ist verzerrungsfrei.

Stellt τ den Winkel dar, den ein von dem Objektpunkt P ausgehender Strahl mit der Aufnahmerichtung einschließt, und ist r' der Bildabstand vom Hauptpunkt H', so besteht die Beziehung: $r' = c \cdot \tan \tau$[1]). Ist die Größe c und die Lage von H' in bezug auf den Bildmittelpunkt M' bekannt, so ist die *innere Orientierung* gegeben. Ein photographisches Bild, dessen innere Orientierung man kennt, ist ein Meßbild. Durch Messung der Abstände r' beliebiger Bildpunkte vom Hauptpunkt lassen sich die Winkel τ berechnen, welche die von den entsprechenden Objektpunkten kommenden Strahlen mit der Aufnahmerichtung einschließen, oder allgemein ausgedrückt: aus einem Meßbild kann das Aufnahmestrahlenbündel wiederhergestellt werden. Um dieses Strahlenbündel im Raum festzulegen, muß die Lage des Projektionszentrums und der Aufnahmerichtung bekannt sein. Diese Größen bestimmen die *äußere Orientierung.*

24.42 Bei der *Luftbildaufnahme* werden die Meßbilder vom Flugzeug aus aufgenommen. Für topographische Zwecke verwendet man im allgemeinen *Senkrechtaufnahmen.* Das übliche Aufnahmegerät ist die vollautomatische *Reihenmeßkammer* (RMK), bei der die Teilvorgänge der Aufnahme — Spannen des Verschlusses, Anlegen des Films, Belichtung und Transport des Films — selbständig ablaufen. Die RMK haben quadratisches Format 18×18 cm oder 9×9 inch $= 23 \times 23$ cm. Sie sind mit Objektiven ausgerüstet, von denen man je nach Größe des Öffnungswinkels 2α folgende Arten unterscheidet:

Normalwinkelobjektive:	2α etwa $60°$; $f = 21$ cm
Weitwinkelobjektive:	2α etwa $90°$; $f = 10 \ldots 15$ cm
Überweitwinkelobjektive:	2α etwa $120°$; $f = 9$ cm

Die Flughöhe über Grund h_g richtet sich nach dem verlangten *Bildmaßstab* und ist von der Brennweite f des Objektives abhängig. Bedeutet s' die Formatseite der RMK und s die ihr entsprechende Geländestrecke, so ist nach Abb. 40 [vgl. 13] $M_b = 1 : \mathfrak{m}_b = s' : s = f : h_g$, somit die Flughöhe $h_g = f \cdot \mathfrak{m}_b$. Der Bildmaßstab $1 : \mathfrak{m}_b$ hängt vom Maßstab der herzustellenden Karte $1 : \mathfrak{m}_k$ ab. Zwi-

[1]) Bei Abbildungen mit nicht streng verzeichnungsfreien Objektiven ist $r' = c \cdot F(\tau)$.

schen den beiden Maßstabszahlen besteht die empirisch gefundene Beziehung: $\mathfrak{m}_b = 200 \sqrt{\mathfrak{m}_k}$[1]).

Das aufzunehmende Gebiet wird in Flugstreifen beflogen, die möglichst in OW- oder NS-Richtung verlaufen.

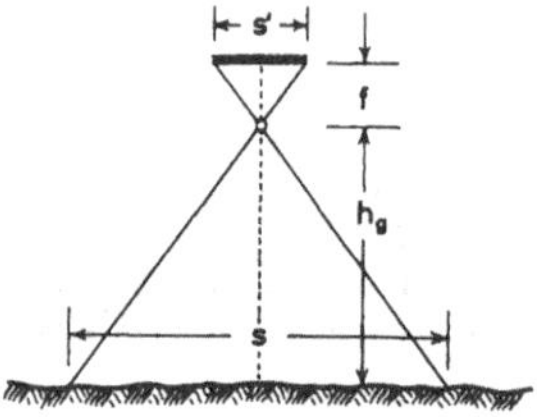

Abb. 40.
Flughöhe und Bildmaßstab

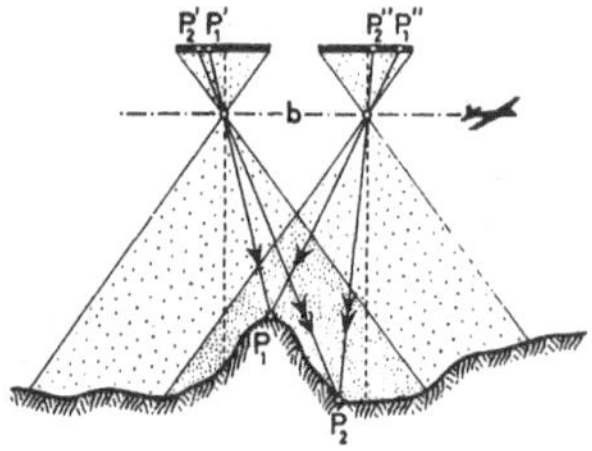

Abb. 41. Doppelbildmessung

Bei topographischen Auswertungen ist außer der Lage (Situation) auch die Höhe festzulegen. Diese kann aber nur durch den Schnitt zweier Bildstrahlen bestimmt werden (Abb. 41), d. h. jedes Geländestück muß von zwei verschiedenen Aufnahmeorten photographiert werden *(Doppelbildmessung)*. Der Abstand der beiden Orte — die Basis *b* — wird so gewählt, daß zwei aufeinanderfolgende Aufnahmen eines Streifens eine mindestens 60%ige Längsüberdeckung aufweisen. Die Flugstreifen untereinander haben, um die notwendigen Bildanschlüsse zu gewährleisten, eine Querüberdeckung von 20 ... 30% (Abb. 42).

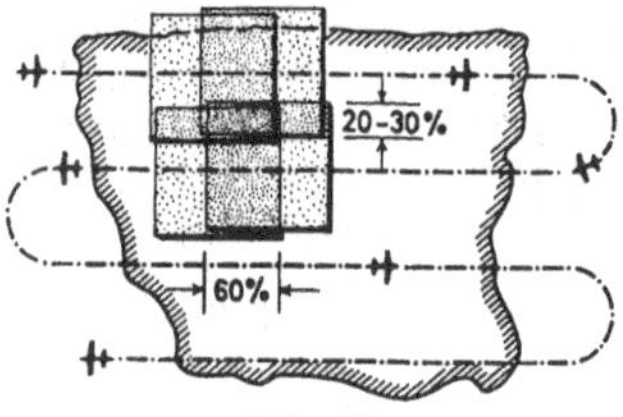

Abb. 42.
Anordnung eines Bildfluges

24.43 *Doppelbildauswertung.* Zwei Meßbilder, die dasselbe Geländestück darstellen, können an einem Doppel-

[1]) Heißler, V.: Untersuchungen über den wirtsch. zweckmäßigsten Bildmaßstab bei Bildflügen mit Hochleistungsobjektiven; Bildmess. u. Luftbildwesen 1954.

bildauswertegerät räumlich ausgemessen werden. Das Prinzip der Auswertung läßt sich am einfachsten an einem *Doppelprojektor* veranschaulichen, einem Gerät, mit dessen Hilfe lediglich der Aufnahmevorgang in verkleinertem Maßstab (mit einer entsprechend verkürzten Basis *b*) rekonstruiert wird. An Stelle der Aufnahmekammern treten zwei Projektoren, in welche die Meßbilder (Filmnegative oder Diapositive) so eingelegt werden, daß die innere Orientierung wiederhergestellt ist. Lichtquellen projizieren die Bilder auf ein Tischchen, das über der Zeichenfläche lagemäßig verschoben und höhenmäßig verstellt werden kann. Zunächst sind die durch die beiden Bilder gegebenen Strahlenbündel in dieselbe gegenseitige Lage zu bringen, in der sie sich zum Zeitpunkt der Aufnahme befanden. Dieser Vorgang wird als *gegenseitige Orientierung* bezeichnet. Werden nun die beiden Bilder so betrachtet, daß dem linken Auge das vom linken Projektor, dem rechten Auge das vom rechten Projektor stammende Bild zugeführt wird (z. B. mittels des Anaglyphenverfahrens), so sieht der Betrachter ein *räumliches Modell* des aufgenommenen Geländes. Dieses Modell muß nun noch durch die *absolute Orientierung* auf den richtigen Maßstab gebracht und im Raum (in bezug auf das Gelände-Koordinatensystem) orientiert werden, was in der Regel mit Hilfe terrestrisch bestimmter *Paßpunkte* durchgeführt wird. Nach diesen vorbereitenden Arbeiten beginnt die topographische Ausmessung des Raummodells. In der Mitte des Tischchens befindet sich über einem Zeichenstift eine Leuchtmarke. Werden mit dieser Marke die Begrenzungslinien der im Geländemodell sichtbaren Situation — Straßen, Wege, Eisenbahnen, Wasserläufe, Gebäudegrundrisse usw. — abgefahren, so zeichnet der Stift die entsprechenden Situationslinien in der Karte. Er zeichnet kontinuierliche Höhenlinien, wenn die Marke auf einen gewünschten Höhenwert fest eingestellt und in dieser Höhe ständig tangierend auf der Modelloberfläche entlanggeführt wird.

Die meisten Doppelbildauswertegeräte sind wohl dem Doppelprojektor grundsätzlich ähnlich, jedoch im einzelnen stark abgewandelt. Geräte, die eine exakte Wiederherstellung der inneren und äußeren Orientierung gestatten, werden als Auswertegeräte 1. oder 2. Ordnung bezeichnet. Zur 1. Ordnung gehören die universalen Präzisionsgeräte, zur 2. Ordnung jene, an die hinsichtlich Verwendbarkeit bzw. Genauigkeit weniger hohe Ansprüche gestellt werden. Bei Geräten 3. Ordnung wird von vornherein auf die genaue Wiederherstellung der Bildorientierung verzichtet. Die topographischen Auswertungen für Karten mittlerer Maßstäbe können an Geräten 2. Ordnung vorgenommen werden; für die kleinmaßstäblichen Karten, bei denen der Bildmaßstab etwa dem Kartenmaßstab gleich ist, genügen auch Geräte 3. Ordnung.

Über die bisher auf dem Markt befindlichen Auswertegeräte siehe *Lehmann:* Photogrammetrie; Slg. Göschen Bd. 1188/1188a. In jüngster Zeit hat die Fa. Zeiss-Aerotopograph, München, mit dem *Planitop* (Abb. 43), einer Weiterentwicklung des Stereotop, ein Stereokartiergerät herausgebracht, bei dem auf eine exakte

Abb. 43. Planitop – Zeiß-Aerotopograph

projektive Umkehrung des Aufnahmevorgangs verzichtet wird. Die auszumessenden Bilder (Kontaktabzüge, Diapositive oder Negative bis zum Format 23×23 cm) werden auf einen Bildwagen gelegt und durch ein optisches System, in dessen Strahlengang die Meßmarken eingespiegelt sind, räumlich betrachtet. Das Abfahren des Raummodells geschieht durch Verschiebungen des Bildwagens, dessen Bewegungen über einen Pantographen (Maßstabsveränderung) aufgezeichnet werden. Die infolge von Bildneigungen und Höhenunterschieden des Geländes notwendigen Korrekturen werden durch elektrische Analogrechner ermittelt und beim Abfahren des Modells kontinuierlich durch Nachlaufmotoren auf die Schlitten der Bildträger und damit auch zum Pantographenabgriff übertragen.

Abb. 44. Aviograph B 8 – Wild

Die Fa. Wild, Heerbrugg, hat vor kurzem ihr Fabrikationsprogramm durch eine Reihe aufeinander abgestimmter photogrammetrischer Instrumente und Geräte erweitert, mit deren Hilfe eine wirtschaftliche Kartierung großer Flächen in kleinen Maßstäben ermöglicht wird. Für die eigentliche topographische Auswertung ist neben dem mit verkleinerten Diapositiven arbeitenden Kleinkartiergerät Aviograph Wild B9 das Kartiergerät *Aviograph Wild B8* (Abb. 44) vorgesehen, in dem Originalnegative oder Diapositive 23×23 cm direkt ausgemessen werden können. Die Wild-Aviographen gestatten eine exakte Bildorientierung und sind besonders im Hinblick auf die Auswertung von Überweitwinkelaufnahmen konstruiert. Sie arbeiten nach dem mechanischen Prinzip mit Raumlenkern, die sich in einem freihändig geführten Lenkerfuß schneiden.

Das photogrammetrisch-topographische Aufnahmeverfahren bietet gegenüber den terrestrisch-tachymetrischen Verfahren wesentliche Vorteile: Der topographische Auswerter hat bei der Kartenherstellung in jeder Phase der Bearbeitung das Gelände vor seinen Augen, und zwar in einer Wiedergabe, wie sie fast der Darstellung in der Karte entspricht; er überblickt einen großen Raum und gewinnt Einblick in ein sonst unübersichtliches Gelände; er hat die Möglichkeit, ohne größeren Aufwand Nachmessungen und Nachprüfungen vorzunehmen, und er arbeitet, unbehelligt durch die Witterungseinflüsse, im Hause. Die photogrammetrisch unmittelbar durch Abfahren des Raummodells gezogenen Höhenlinien sind — stärkere Geländeneigung vorausgesetzt — geometrisch genauer als die terrestrisch ermittelten Linien; sie unterscheiden sich von den letzteren dadurch, daß jede Linie einzeln für sich, d. h. ohne Zusammenhang mit den Nachbarlinien, gezogen wird. Wegen der Unsicherheit beim Führen der Meßmarke bedürfen die insbesondere an Geräten mit geringerer Genauigkeit gewonnenen Auswerteergebnisse einer Überarbeitung, die an Hand räumlich betrachteter Papierabzüge durchgeführt werden kann. Etwaige Lükken, die wegen mangelnder Einsicht (starke Belaubung usw.) bei der Auswertung verblieben sind, müssen durch terrestrische Messungen ergänzt werden. Alle Namen, Straßen- und Wegeklassen und andere Dinge sind durch einen Feldvergleich zu ermitteln.

3. Die kartographischen Netzentwürfe

31 Grundlagen

31.1 Kartennetz und Erdgestalt

Das Gerüst jeder geographischen Karte ist das aus den Meridianen und Parallelkreisen bestehende Liniennetz; es dient auch zur Ortsbestimmung auf der Erdoberfläche. Die Erdfigur wird als Rotationsellipsoid angesehen, dessen kleine Achse die beiden Erdpole verbindet und mit der Rotationsachse zusammenfällt. Als Äquator bezeichnet man den größten Kreis des Erdellipsoids; seine Ebene steht senkrecht auf der Erdachse. Die Parallel- oder Breitenkreise verlaufen parallel zum Äquator. Die geographische Breite wird vom Äquator aus polwärts von 0° bis 90° gezählt, und zwar als nördliche oder südliche Breite. Die Meridiane stehen auf dem Äquator und den Parallelkreisen senkrecht und gehen durch die beiden Pole. Bei der ellipsoidischen Gestalt des Erdkörpers haben sie die Form von Ellipsen und sind untereinander gleich lang. Die geographische Länge wird, ausgehend vom international festgelegten Nullmeridian durch Greenwich, westlich und östlich von je 0° bis 180° gezählt.

Die Aufgabe der Kartenentwurfslehre besteht darin, das ideelle Netz der Meridiane und Parallelkreise von der Erdoberfläche auf eine Ebene zu übertragen, d. h. in einer Ebene abzubilden. Um bei der Abbildung ein bestimmtes Verkleinerungsverhältnis — den Maßstab der Karte [13] — berücksichtigen zu können, muß dem Erdkörper eine bestimmte Form und Größe beigelegt werden. Für Karten in größeren Maßstäben kommt hierfür das Erdellipsoid in Frage. So wurde den deutschen amtlichen Kartenwerken das Besselsche Erdellipsoid [21.2] zugrunde gelegt.

Für Karten kleineren Maßstabs genügt es im allgemeinen, die Erde als Kugel anzunehmen. Ihr Radius ergibt sich entweder aus der dem Besselschen Erdellipsoid inhaltsgleichen Kugel zu $R = 6\,370\,283$ m oder aus der oberflächengleichen Kugel zu $R = 6\,370\,290$ m, für viele Zwecke ausreichend rd. $R = 6\,370$ km.

Die Zulässigkeit der Kugelgestalt kann durch eine einfache Rechnung nachgewiesen werden. Ein Meridianbogen zwischen dem 46. und 56. Breitengrad, also von 10° Breitenunterschied, hat unter Zugrundelegung eines Kugelradius von 6 370 290 m eine Länge von 1 111 825,2 m. Auf dem Erdellipsoid ergibt sich die Bogenlänge zwischen den genannten Breitengraden als Differenz ihrer Äquatorabstände zu $6\,207\,918{,}7 - 5\,095\,568{,}5 = 1\,112\,350{,}2$ m[1]). Demnach ist der Gradbogen auf der Kugel um 525 m kürzer als auf dem Ellipsoid. Bei Annahme der Kugelgestalt beträgt also der relative Fehler $525 : 1\,112\,350 \approx 5 : 10\,000 = 1 : 2000$. Soll das Gebiet zwischen den genannten Breitengraden im Maßstab 1 : 1 Million abgebildet werden, so ist auf einer Aus-

[1]) Aus Jordan-Eggert-Kneißl: Handb. der Vermessungskunde, Bd. IV, S. 81.

dehnung von etwa 1 m der Fehler infolge der Vereinfachung nur — 0,5 mm, was etwa der Zeichengenauigkeit entspricht.

Bei Maßstäben kleiner als 1 : 1 Mill. kann man also im allgemeinen das Ellipsoid durch die Kugel ersetzen. Wir wollen daher im folgenden von dieser Annahme ausgehen.

31.2 Abbildungsprinzip und Einteilung der Netzentwürfe

Wir unterscheiden echte und unechte [vgl. 37] Abbildungen. Für die echten Abbildungen läßt sich das Abbildungsprinzip geometrisch anschaulich wie folgt erläutern:

Bei der einfachsten Abbildungsart denken wir uns die Kartenebene als Tangentialebene im Pol an die Kugel gelegt (Abb. 45a). Ein beliebiger Punkt Z auf der Erdachse sei Projektionszentrum, von dem aus die Meridiane

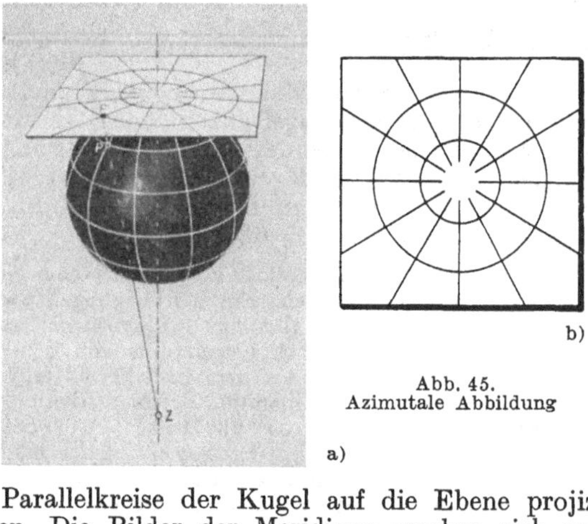

b)

Abb. 45.
Azimutale Abbildung

a)

und Parallelkreise der Kugel auf die Ebene projiziert werden. Die Bilder der Meridiane ergeben sich so als gerade Linien, die sich im Pol schneiden, und die Parallelkreise erscheinen als konzentrische Kreise mit dem Pol als Mittelpunkt (Abb. 45b). Die Lage des Projektionszentrums auf der Erdachse kann man verschieben, ja man kann schließlich auf eine Projektion überhaupt verzichten und lediglich bestimmte Bedingungen an das Netz stellen — in allen Fällen bleiben die Bilder der Meridiane als Geradenbüschel unverändert, und auch die Parallelkreisbilder bleiben konzentrische Kreise; verändert werden nur ihre Radien. Die Winkel, die zwei Meridiane im Pol einschließen, sind gleich den Winkeln der Meridianbilder im Berührungspunkt. Die Eigenschaft der Winkeltreue im Berührungspunkt bleibt auch erhalten, wenn die Kartenebene die Kugel nicht im Pol, sondern in einem beliebigen Punkt berührt. Da in diesem Falle insbesondere die Azimute (Winkel einer beliebigen Großkreisrichtung mit der Nordrichtung) nicht verändert werden, führen alle Entwürfe auf eine Berührungsebene die Bezeichnung „*azimutale Abbildungen*".

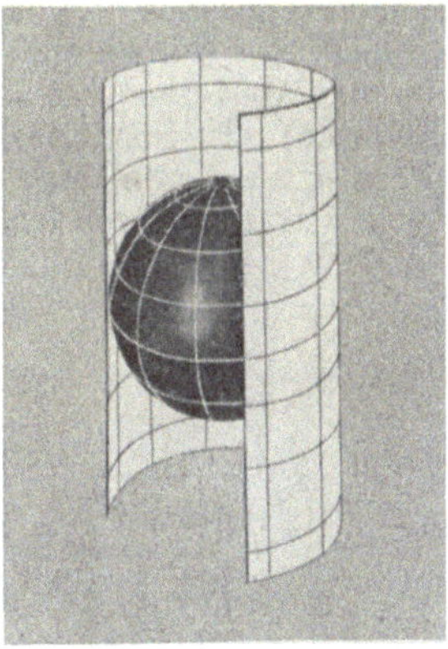

a)

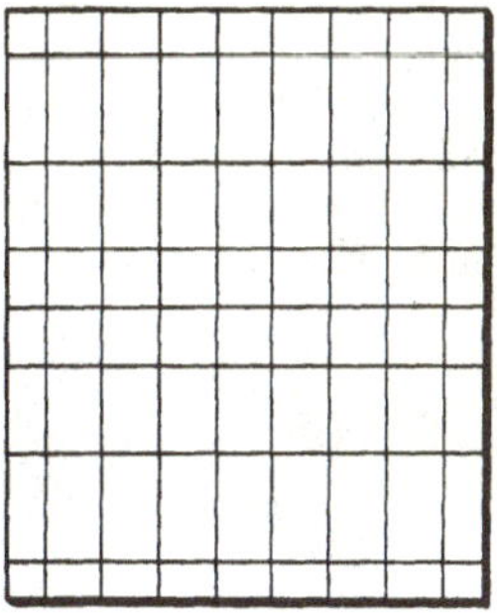

b)

Abb. 46.
Zylindrische Abbildung

Eine andere Abbildungsart entsteht, wenn wir die Meridiane und Parallelkreise nicht unmittelbar auf eine Ebene, sondern vorerst auf den Mantel eines Zylinders abbilden, dessen Achse mit der Erdachse zusammenfällt; der Zylindermantel kann die Kugel im Äquator berührend (Abb. 46a) oder in zwei Parallelkreisen schneidend gedacht werden. Die Meridianbilder auf dem Zylindermantel ergeben sich als Schnitte der Meridianebenen mit dem Zylinder, d. h. als Zylindererzeugende. Ebenso können wir uns die Parallelkreisbilder als Schnitte der Parallelkreisebenen mit dem Zylindermantel entstanden denken. Es sind also Querschnittskreise. Ihre Abstände sind jedoch im allgemeinen nicht gleich den Abständen der Parallelkreisebenen auf der Kugel, sondern hängen von der Art der Abbildung ab. Denken wir uns nun den Zylindermantel längs einer Erzeugenden aufgeschnitten und in die Ebene abgewickelt, so entsteht ein ebenes Netzbild, das im allgemeinen die Form von Rechtecken aufweist (Abb. 46b). Die so entstandenen Entwürfe werden als „*zylindrische Abbildungen*" bezeichnet.

An Stelle des Zylinders können wir auch einen Kegel annehmen, dessen Achse mit der Erdachse zusammenfällt, und der die Kugel in einem Parallelkreis berührend (Abb. 47a) oder in zwei Parallelkreisen schneidend gedacht werden kann. Die Bilder der Meridiane auf dem Kegelmantel ergeben sich wiederum als Schnitte der Meridianebenen mit dem Kegel, also als Erzeugende des Kegels. Ebenso erhalten wir die Parallelkreisbilder als

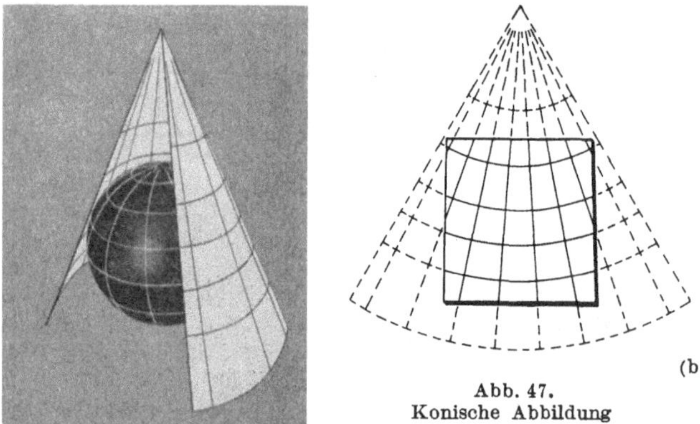

(b

Abb. 47.
Konische Abbildung

a)

Schnitte der Parallelkreisebenen mit dem Kegelmantel, d. h. als Querschnittskreise. Ihre Abstände hängen, wie bei den zylindrischen Abbildungen, von der Abbildungsart ab. Denken wir uns den Kegelmantel längs einer Erzeugenden aufgeschnitten und in die Ebene ausgebreitet, so erhalten wir das ebene Netz (Abb. 47b). Die Meridianbilder sind Gerade, die in der Kegelspitze zusammenlaufen. Der von zwei Meridianbildern eingeschlossene Winkel ist dabei immer kleiner als der Längenunterschied der entsprechenden Meridiane auf der Kugel. Die Parallelkreisbilder sind konzentrische Kreise um die Kegelspitze als Mittelpunkt. Diese Entwürfe bezeichnen wir als „*konische Abbildungen*“.

Die konischen Abbildungen stellen den allgemeinsten Fall der echten Abbildungen dar; aus ihnen gehen die zylindrischen hervor, wenn die Kegelspitze ins Unendliche rückt, und die azimutalen, wenn der Öffnungswinkel des Kegels 180° wird. Über die Vorstellung einer Ebene, eines Zylinder- oder Kegelmantels kommen wir zu einer zweckmäßigen Ordnung der Entwurfsarten. Die Ableitung der Abbildungsgleichungen [31.4] ist aber keineswegs an eine derartige Vorstellung gebunden.

Damit haben wir als Hauptgliederung die Einteilung der Netzentwürfe nach ihrer *Entstehung* gewonnen, die lediglich ergänzt werden muß durch die „*polykonischen* (*Vielkegel-*)*Abbildungen*“ und die aus ihnen hervorgehenden „*Polyeder-Abbildungen*“. Die genannten Abbildungen werden als *echte* Abbildungen bezeichnet im Gegensatz zu den *unechten* (auch konventionellen), die aus den echten durch Einführung einer Zusatzbedingung hervorgehen; dabei gehen teilweise die ursprünglichen Eigenschaften verloren.

Eine weitere Einteilung der Netzentwürfe ergibt sich durch die verschiedene *gegenseitige Lage* von Erdachse und Rotationsachse bei den zylindrischen und den konischen Abbildungen bzw. von Erdachse und Lot auf die Ebene im Berührungspunkt bei den azimutalen Abbildungen. Fallen Erdachse und Rotationsachse — bzw. Erdachse und Lot auf die Ebene — zusammen, so sprechen wir von normalen, normalachsigen, erdachsigen oder

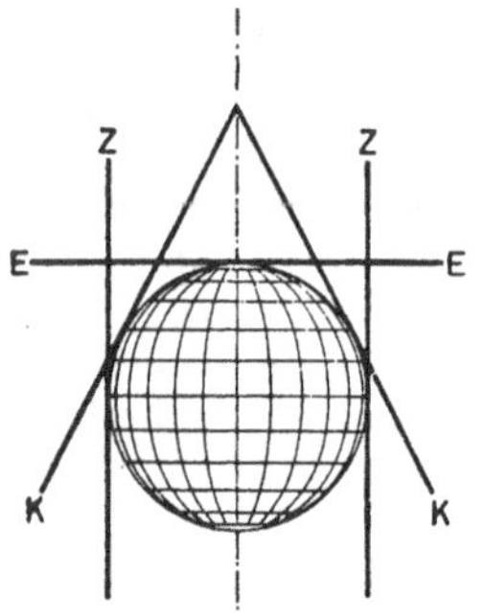

Abb. 48. Normale Abbildungen

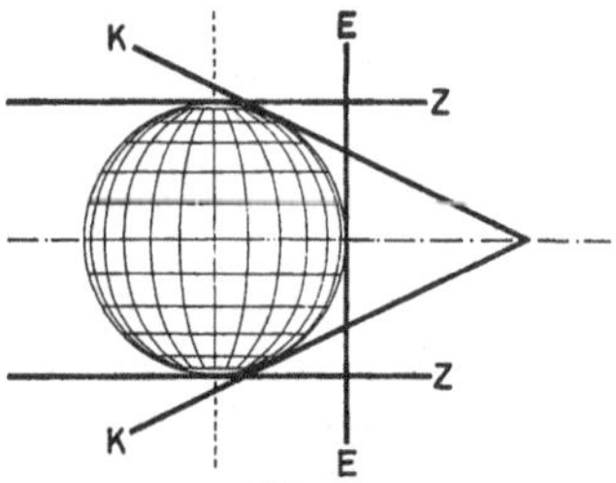

Abb. 49.
Transversale Abbildungen

auch polständigen Abbildungen (Abb. 48). Stehen Erdachse und Rotationsachse — bzw. Erdachse und Lot auf die Ebene — senkrecht zueinander, so haben wir es mit querachsigen, äquatorständigen oder transversalen Abbildungen zu tun (Abb. 49). Schließen endlich die genannten Achsen — bzw. Achse und Lot — einen beliebigen Winkel miteinander ein, so bezeichnen wir diese Abbildungen als schiefachsig oder zwischenständig. (Da

Abb. 50.
Schiefachsige Abbildungen

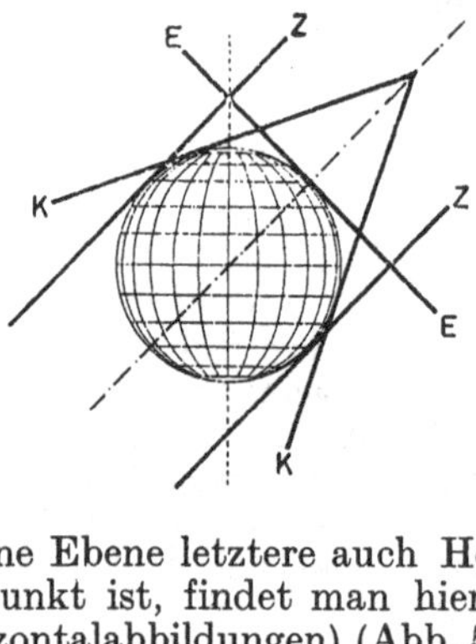

bei den Abbildungen auf eine Ebene letztere auch Horizontebene im Berührungspunkt ist, findet man hierfür auch die Bezeichnung Horizontalabbildungen) (Abb. 50).

Endlich werden die Netzentwürfe nach ihren *Eigenschaften* in flächentreue, winkeltreue und abstandstreue Abbildungen eingeteilt.

31.3 Eigenschaften der Netzentwürfe

Eine Abbildung, die der kugelförmigen Erdoberfläche ähnlich ist, kann wieder nur auf einer Kugelfläche erfolgen. Die Ähnlichkeit wird durch die Bedingung erfüllt, daß gleichen Längen auf der Erdoberfläche gleiche, im Verhältnis des Maßstabes verkürzte Längen in der Abbildung entsprechen; daraus folgt, daß gleichen Flächen auf der Erdoberfläche gleiche, im Verhältnis des Maßstabes verkleinerte Flächen in der Abbildung entsprechen, und daß einander entsprechende Winkel auf der Erdoberfläche und in der Abbildung gleich sind.

Eine kugelförmige Abbildung der Erdoberfläche — wie sie ein Globus darstellt — ist 1. längentreu oder äquidistant, 2. flächentreu oder äquivalent und 3. winkeltreu oder konform.

Bei der Abbildung einer Kugelfläche in eine Ebene lassen sich die drei Eigenschaften gleichzeitig niemals streng verwirklichen. Es ist wohl möglich, entweder die Flächentreue oder die Winkeltreue oder schließlich auch die Längentreue in bestimmten Richtungen oder längs bestimmter Linien einzuhalten; eine universelle längentreue Abbildung jedoch ist nicht möglich. Bei jeder Abbildung der Kugelfläche in eine Ebene treten Verzerrungen auf. Diese nach Art und Größe zu untersuchen ist notwendig, um dem Netzentwurf jene Eigenschaft beilegen zu können, die dem Zweck der Karte am besten entspricht.

31.4 Art und Ausmaß der Verzerrungen — Verzerrungsellipse oder Indikatrix

Bei der Ableitung der einzelnen Netzentwürfe haben wir die mathematischen Gesetze aufzustellen, nach denen die Meridiane und Parallelkreise in der Ebene abgebildet werden. In diesen sog. „Abbildungsgleichungen“ werden die Koordinaten der Netzecken (Schnittpunkte der Meridiane und Parallelkreise) in der Ebene als

Funktionen der geographischen Länge λ und der geographischen Breite φ auf der Kugel ausgedrückt. An Stelle von φ verwendet man in einigen Fällen die Poldistanz $\delta = 90° - \varphi$. Aus den Abbildungsgleichungen lassen sich in beliebigen Punkten Bogenlängen in Meridian- und Parallelkreisrichtung bestimmen. Stellen wir diesen die entsprechenden wahren Längen auf der Kugel gegenüber, so gibt das Verhältnis

$$\frac{\text{Bogenlänge in der Abbildung}}{\text{Bogenlänge auf der Kugel}} = \text{die Längenverzerrung} \qquad (1)$$

an[1]).

Bei nichtlinearen Abbildungsgleichungen sind die Bogenlängen von Punkt zu Punkt verschieden. Dann können nur solche Bogenlängen miteinander verglichen werden, die klein im differentiellen Sinne sind, sog. unendlich kleine Werte.

Das Längenverzerrungsverhältnis nach (1) wird im allgemeinen in der Meridianrichtung, in der Parallelkreisrichtung und auch in einer beliebigen Richtung unterschiedliche Werte annehmen.

Gehen wir in einem bestimmten Punkt auf der Kugel nach allen Richtungen um eine gleiche Strecke (eine infinitesimale Einheit) weiter, so beschreibt der Endpunkt der Strecke einen Kreis. Da nun in der Abbildung die Verzerrungsverhältnisse in den verschiedenen Richtungen verschieden groß sind, wird im allgemeinen der Kugelkreis in der Abbildung nicht mehr als Kreis erscheinen.

Nach einem grundlegenden Satz der Abbildungslehre gibt es in jedem Punkt der abzubildenden Kugelfläche zwei zueinander senkrechte Richtungen, die sich in der Abbildung wieder senkrecht schneiden. In den Fällen, auf die wir uns bei der Untersuchung der Verzerrungsverhältnisse beschränken wollen — d. s. die normalen echten Abbildungen —, werden die beiden Richtungen durch die Meridian- und Parallelkreisrichtung dargestellt. Nach einem zweiten Satz sind die auf den genannten Richtungen auftretenden Verzerrungen Extremwerte, d. h. in der einen Richtung tritt das Maximum der Verzerrung auf, in der anderen Richtung das Minimum. (In einem Spezialfall sind beide gleich.)

Aus den beiden Sätzen folgt, daß ein (infinitesimaler) Kugelkreis im allgemeinen als Ellipse abgebildet wird, die sog. Verzerrungsellipse oder *Indikatrix.* Die Achsen der Ellipse sind also durch die Meridian- und Parallelkreisrichtungen gegeben, und da der Radius des Kugelkreises als Einheit angenommen wird, stellen

---

[1]) Da es sich bei den Verzerrungen um Verhältniszahlen handelt, kann den Untersuchungen die Einheitskugel $R = 1$ und der Maßstab 1 : 1 zugrunde gelegt werden.

die Verzerrungswerte — nach (1) — die Längen der beiden Achsen dar.

Bei den normalen Entwürfen verlaufen die Meridianbilder von der Kartenmitte aus in radialer Richtung (r), die Parallelkreisbilder in tangentialer Richtung (t)[1] (Abb. 51). In diese beiden Richtungen fallen auch die Achsen der Verzerrungsellipse (Indikatrix). Es muß jedoch bei jeder Abbildung noch untersucht werden, ob die große Achse a in die radiale Richtung r und damit die kleine Achse b in die tangentiale Richtung t fällt oder umgekehrt.

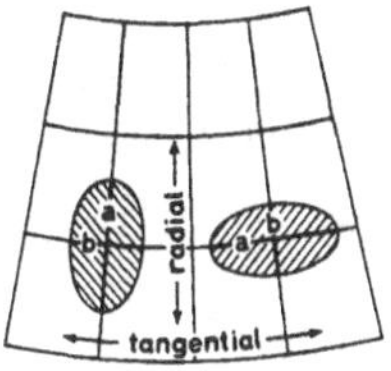

Abb. 51.
Hauptverzerrungsrichtungen

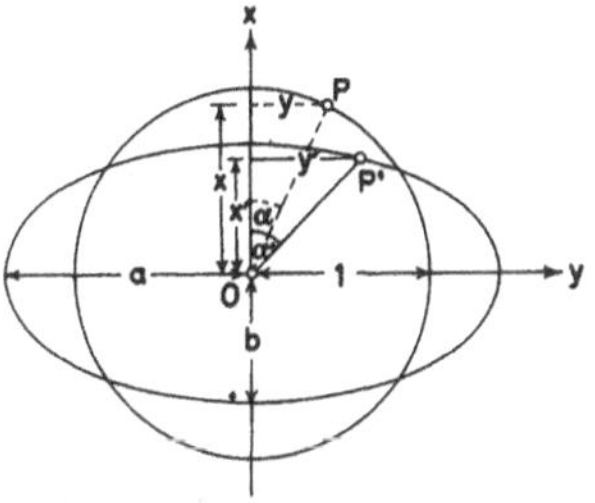

Abb. 52. Indikatrix

Ist in einer Richtung das Verzerrungsverhältnis $= 1$, so ist die Abbildung in dieser Richtung längentreu. Ist insbesondere der Wert $r = 1$, so sprechen wir von *Mittabstandstreue.*

Aus den Indikatrixachsen lassen sich die Winkel- und die Flächenverzerrung berechnen. Zur Ableitung der Winkelverzerrung denken wir uns einen Einheitskreis der Kugel und seine Abbildung in der Ebene, die Verzerrungsellipse, in dem zu untersuchenden Punkt O (Abb. 52) aufeinandergelegt. Die Achsen a und b sind durch die Verzerrungsverhältnisse gegeben. Einem Punkt $P(x, y)$ auf der Peripherie des Kugelkreises möge ein Punkt $P'(x', y')$ auf der Ellipse entsprechen. Die Richtung OP ist durch den Richtungswinkel α festgelegt. Der entsprechende Winkel in der Abbildung ist α'. Wir suchen zunächst die *Richtungsverzerrung* $\alpha' - \alpha$. Die beiden Winkel lassen sich durch die Koordinaten der Punkte P und P' wie folgt ausdrücken:

$$\tan\alpha = \frac{y}{x}\,;\quad \tan\alpha' = \frac{y'}{x'}\,. \qquad (2)$$

[1]) In der Literatur finden sich meist die Bezeichnungen h und k.

Unter Berücksichtigung der Verzerrungsverhältnisse in x- bzw. y-Richtung ergibt sich

$$y' = a \cdot y \quad \text{und} \quad x' = b \cdot x \,.$$

Nach Einsetzen dieser Werte in (2) erhalten wir das Verhältnis

$$\frac{\tan \alpha'}{\tan \alpha} = \frac{\sin \alpha'}{\cos \alpha'} \cdot \frac{\cos \alpha}{\sin \alpha} = \frac{a}{b} \,.$$

Die Anwendung der korrespondierenden Subtraktion und Addition führt zu der Beziehung

$$\frac{a - b}{a + b} = \frac{\sin \alpha' \cos \alpha - \cos \alpha' \sin \alpha}{\sin \alpha' \cos \alpha + \cos \alpha' \sin \alpha} = \frac{\sin (\alpha' - \alpha)}{\sin (\alpha' + \alpha)} \,.$$

Daraus ergibt sich die Richtungsverzerrung

$$\sin (\alpha' - \alpha) = \frac{a - b}{a + b} \sin (\alpha' + \alpha) \,. \tag{3}$$

Für die Beurteilung der Eigenschaften eines Netzentwurfes sind allgemein die maximalen Verzerrungswerte maßgebend. So wird es auch hier genügen, den überhaupt möglichen Größtwert der Richtungsverzerrung zu kennen. Dieser tritt dann auf, wenn in (3) das Glied $\sin (\alpha' + \alpha)$ das Maximum erreicht. Das ist bei $\alpha' + \alpha = 90°$, d. h. $\sin (\alpha' + \alpha) = 1$ der Fall. Wir erhalten somit

$$\sin (\alpha' - \alpha)_{\text{max}} = \sin \omega = \frac{a - b}{a + b} \,. \tag{4}$$

Ein Winkel geht bekanntlich aus der Differenz zweier Richtungen hervor. Das Maximum der *Winkelverzerrung* wird daher dann auftreten, wenn sich die beiden maximalen Richtungsverzerrungen addieren. Demnach ist

$$W_{\text{max}} = w = 2\,\omega \,. \tag{5}$$

Ergibt sich bei einem Netzentwurf $a = b$, so ist die Indikatrix ein Kreis. Dann ist aber $\sin \omega = 0/2a = 0$, d. h. $\omega = 0$ und $w = 0$. Die Abbildung ist winkeltreu. Umgekehrt ist die Bedingung für die Winkeltreue einer Abbildung

$$a = b \text{ oder } a : b = 1 \,. \tag{6}$$

Analog zur Längenverzerrung ergibt das Verhältnis

$$\frac{\text{Fläche in der Abbildung}}{\text{Fläche auf der Kugel}} = \text{die Flächenverzerrung.} \quad (7)$$

Für die rechnerische Ermittlung der *Flächenverzerrung* nehmen wir die Fläche der Indikatrix und stellen ihr die Fläche des Einheitskugelkreises gegenüber. Die Flächenverzerrung S ist demnach

$$S = \frac{a \cdot b \cdot \pi}{1 \cdot \pi} = a \cdot b\,. \quad (8)$$

Bei $S < 1$ tritt in der Abbildung eine Flächenverkleinerung ein, während bei $S > 1$ die Flächen in der Abbildung vergrößert erscheinen. Kennzeichen und Bedingung für die Flächentreue ist demnach

$$S = a \cdot b = 1\,. \quad (9)$$

Damit haben wir die Voraussetzungen geschaffen, einen Netzentwurf auf seine Eigenschaften hin untersuchen bzw. unter Zugrundelegung bestimmter Bedingungen die Abbildungsgleichungen aufstellen zu können.

32 Echte azimutale Abbildungen in normaler Lage

Diese Abbildungen, die vor allem für die Darstellung der Polargebiete Verwendung finden, weisen folgende Merkmale auf:

a) Kartenmittelpunkt und Berührungspunkt ist der Pol.

b) Die Meridiane werden als Strahlenbüschel dargestellt. Der Winkel α, den zwei Meridianbilder im Kartenmittelpunkt einschließen, ist gleich dem Längenunterschied λ zwischen den entsprechenden Kugelmeridianen im Pol. Diese Bedingung wird durch die erste Abbildungsgleichung zum Ausdruck gebracht:

$$\alpha = \lambda\,.$$

Sie gilt für alle azimutalen Abbildungen.

c) Die Bilder der Parallelkreise sind konzentrische Kreise um den Kartenmittelpunkt. Ihre Radien m müssen unter Berücksichtigung der Eigenschaft des Netzentwurfs als Funktion der Poldistanz $\delta = 90° - \varphi$ für die einzelnen Arten bestimmt werden. Die zweite Abbildungsgleichung lautet daher in allgemeiner Form:

$$m = f(\delta) .$$

Alle azimutalen Abbildungen unterscheiden sich untereinander lediglich durch das Halbmessergesetz.

32.1 Mittabstandstreue azimutale Abbildung

Die Ableitung der Abbildungsgleichungen erfolgt allgemein unter Zugrundelegung einer Kugel mit dem Radius 1 (oberer Teil der Abb. 53). Erst bei der Berechnung des Netzes in einem bestimmten Maßstab werden der Erdradius und der Maßstabsfaktor berücksichtigt. Im vorliegenden Fall soll die Bedingung der Mittabstandstreue in der Abbildung erfüllt werden, d. h. die Bogenlängen der Meridiane müssen längentreu abgebildet werden. Die Abbildungsgleichungen in Polarkoordinaten mit dem Ursprung im Pol lauten daher:

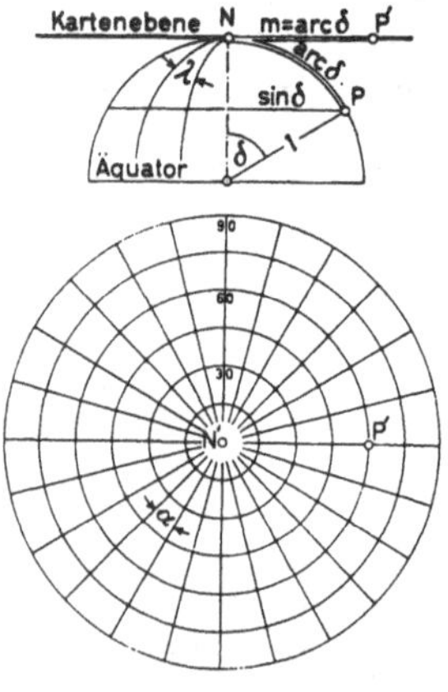

Abb. 53.
Mittabstandstreue azimutale Abbildung

$$\alpha = \lambda$$

$$m = \text{arc}\,\delta \text{ [arcus = Bogen]}$$

Beim Übergang zu rechtwinkligen Koordinaten besteht die Beziehung

$$x = m \cos\alpha = \text{arc}\,\delta \cos\lambda$$

$$y = m \sin\alpha = \text{arc}\,\delta \sin\lambda .$$

Zur Konstruktion des Netzes können die Meridianbilder als Strahlenbüschel sofort gezeichnet werden. Es ist z. B. für ein 10°-Netz $\lambda = 10° = \alpha$. Die Berechnung der Bogenlängen für den Zentriwinkel δ (= Poldistanz) und $R = 1$ geschieht folgendermaßen: Die Bogenlänge eines Halbkreises (Zentriwinkel = 180°)

ist π. Die Bogenlänge für den Zentriwinkel von $1°$ demnach $\pi/180°$. Man erhält daher für einen Zentriwinkel von $\delta°$ die Bogenlänge zu $\pi/180° \cdot \delta°$. Mit Einführung der Konstanten $180°/\pi = \varrho° = 57{,}3\ldots°$ ergibt sich die allgemeine Formel für die Berechnung von Einheitsbogenlängen $\text{arc}\,\delta = \delta°/\varrho°$. Zum Beispiel ist bei einem Zentriwinkel von $10°$ der $\text{arc}\,10° = 10/57{,}3 = 0{,}1745$. Soll der Bogen auf einer Kugel vom Radius R in einem bestimmten Maßstab $1 : \mathfrak{m}$ dargestellt werden, so ist der Einheitsbogen mit dem Faktor $R/\mathfrak{m}$ zu multiplizieren.

Zur Untersuchung der Verzerrungsverhältnisse bestimmen wir zunächst die Indikatrixachsen, die sich aus der tangentialen und radialen Längenverzerrung in einem Punkt mit der Poldistanz δ ergeben. Als Bogenlänge für die tangentiale Richtung nehmen wir vorerst den vollen Umfang eines Parallelkreisbildes mit dem Radius m, dem wir den Umfang des Kugelparallelkreises mit dem Radius $\sin\delta$ gegenüberstellen. Wir erhalten

$$t = \frac{2 \cdot m \cdot \pi}{2 \cdot \sin\delta \cdot \pi} = \frac{m}{\sin\delta}, \quad \text{in Worten:} \quad t = \frac{\text{Kartenkreisradius}}{\text{Kugelkreisradius}}.$$

Nach der Abbildungsgleichung ist $m = \text{arc}\,\delta$, daher $t = \text{arc}\,\delta/\sin\delta$. Als Bogenlängen für die radiale Richtung nehmen wir einen unendlich kleinen Zuwachs des Radius m und stellen diesem den entsprechenden Zuwachs des Meridianbogens δ gegenüber. Wir erhalten somit $r = \mathrm{d}m/\mathrm{d}\delta = \mathrm{d}\,\text{arc}\,\delta/\mathrm{d}\,\delta$, was nach den Regeln der Differentialrechnung den Wert 1 hat.

Zur Bestimmung der Indikatrixlage stellen wir fest, daß $t > 1$ und $r = 1$ ist (da $\text{arc}\,\delta > \sin\delta$, ist $\text{arc}\,\delta/\sin\delta$ ein unechter Bruch, d. h. > 1). Es ist also $t = a$ und $r = b = 1$, die Abbildung ist mittabstandstreu. Die Flächenverzerrung ergibt sich zu $S = a \cdot b = a$. Für die Winkelverzerrung bestimmen wir zunächst

$$\sin\omega = \frac{a - b}{a + b} = \left(\frac{\text{arc}\,\delta}{\sin\delta} - 1\right) : \left(\frac{\text{arc}\,\delta}{\sin\delta} + 1\right) = \frac{\text{arc}\,\delta - \sin\delta}{\text{arc}\,\delta + \sin\delta}.$$

$$w = 2\omega\,.$$

Verzerrungswerte für $\delta = 0°, 30°, 60°$ und $90°$ sind für die mittabstandstreue azimutale Abbildung in Tabelle 1, S. 90, zusammengestellt.

Nach dieser eingehenden Behandlung der ersten Abbildungsart dürften die folgenden in vereinfachter Darstellung ohne weiteres verständlich sein.

32.2 Flächentreue azimutale Abbildung (Lambertsche azimutale Abbildung)

Der Radius m der Parallelkreisbilder muß so gewählt werden, daß die von ihnen eingeschlossenen Kreisflächen gleich den entsprechenden Kugeloberflächen sind.

Nach dem Satz von Archimedes ist die Oberfläche einer Kugelkappe $2R\pi h$. Für die Kugel mit $R = 1$ (Abb. 54) ist

$$F = 2\pi h\,.$$

Wenn man h durch den Zentriwinkel δ (Poldistanz) ausdrückt und für $\cos\delta = \cos^2\delta/2 - \sin^2\delta/2$ einsetzt, ergibt sich

$$h = 1 - \cos\delta = 2\sin^2\delta/2$$

und somit $F = 4\pi\sin^2\delta/2$.

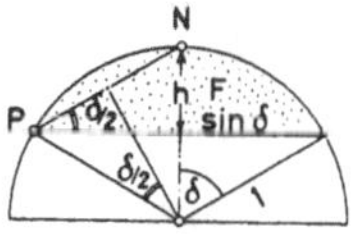

Abb. 54. Flächentreue azimutale Abbildung

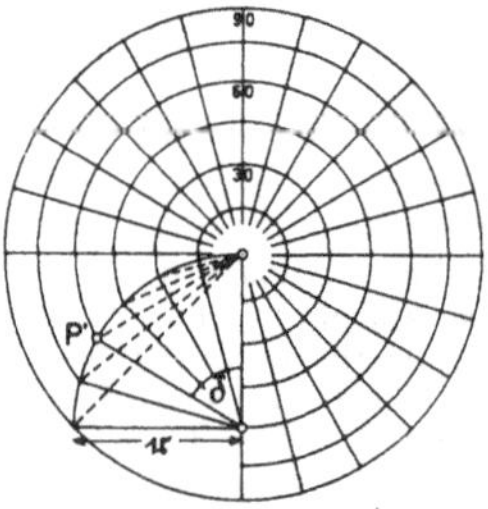

Abb. 55. Geometrische Netzkonstruktion

Der Flächeninhalt der entsprechenden Kartenfläche ist $f = m^2\pi$. Die Bedingung der Flächentreue verlangt $F = f$, woraus sich die Abbildungsgleichungen ergeben:

$$\alpha = \lambda$$
$$m = 2\sin\delta/2\,.$$

Der Ausdruck für m stellt, wie aus Abb. 54 zu ersehen ist, den linearen Abstand des Parallelkreises mit der Poldistanz δ vom Pol (Sehne PN) dar. Auf diese Tatsache stützt sich die geometrische Netzkonstruktion der Abb.55, bei deren maßstäblicher Ausführung $\mathfrak{r} = R/\mathfrak{m}$ zu nehmen ist (R = Erdradius und $\mathfrak{m}$ = Maßstabsfaktor).

Indikatrix:

$$t = \frac{\text{Kartenkreisradius}}{\text{Kugelkreisradius}} = \frac{2 \sin \delta/2}{\sin \delta} = \frac{2 \sin \delta/2}{2 \sin \delta/2 \cos \delta/2} = \frac{1}{\cos \delta/2}$$

$$r = \frac{\mathrm{d}m}{\mathrm{d}\delta} = \frac{\mathrm{d}\,(2 \sin \delta/2)}{\mathrm{d}\delta} = 2 \cos \delta/2 \cdot \frac{1}{2} = \cos \delta/2$$

Da $\cos \delta/2 < 1$, ist $\frac{1}{\cos \delta/2} > \cos \delta/2$, d. h. $t = a$ und $r = b$.

$S = a \cdot b = \frac{1}{\cos \delta/2} \cdot \cos \delta/2 = 1$, die Abbildung ist flächentreu.

$$\sin \omega = \frac{a - b}{a + b} = \frac{\frac{1}{\cos \delta/2} - \cos \delta/2}{\frac{1}{\cos \delta/2} + \cos \delta/2} = \frac{1 - \cos^2 \delta/2}{1 + \cos^2 \delta/2} = \frac{\sin^2 \delta/2}{2 - \sin^2 \delta/2}$$

$$w = 2\omega$$

Verzerrungswerte siehe Tabelle 1, S. 90.

32.3 Winkeltreue azimutale Abbildung (stereographische Projektion)

Die Abbildungsgleichung für m kann aus der Bedingung der Winkeltreue, $a = b$ bzw. $t = r$, abgeleitet werden. Es ist

$$t = \frac{m}{\sin \delta} \text{ und } r = \frac{\mathrm{d}m}{\mathrm{d}\delta}.$$

Nach Gleichsetzen der beiden Werte und Trennung der Variablen erhalten wir die einfache Differentialgleichung

$$\frac{1}{m}\,\mathrm{d}m = \frac{1}{\sin \delta} \cdot \mathrm{d}\delta .$$

Die beiderseitige Integration

$$\int \frac{1}{m}\,\mathrm{d}m = \int \frac{1}{\sin \delta}\,\mathrm{d}\delta$$

ergibt $$\ln m + C_1 = \ln \tan \delta/2 + C_2$$

oder $$\ln m = \ln \tan \delta/2 + \ln C.$$

Nach Entlogarithmierung erhalten wir $m = C \cdot \tan \delta/2$. Bei jedem beliebigen Wert der Integrationskonstanten C würde sich eine winkeltreue Abbildung ergeben. Stellen wir die Bedingung, daß — wie bei den vorigen Abbildungen — im Kartenmittelpunkt keine Verzerrungen auftreten sollen, so muß für $\delta = 0$ $t = r = 1$ sein:

$$r = \frac{dm}{d\delta} = \frac{d\,(C \tan \delta/2)}{d\delta} = \frac{C}{\cos^2 \delta/2} \cdot \frac{1}{2} = 1\,.$$

Für $\delta = 0$ folgt daraus $C = 2$.
Die Abbildungsgleichungen lauten daher:

$$\alpha = \lambda$$

$$m = 2 \tan \delta/2$$

Auch das Netz dieser Abbildung läßt sich geometrisch konstruieren. Wie aus Abb. 56 hervorgeht, handelt es sich hier um eine echte Projektion (im Sinne von projizieren) mit dem Projektionszentrum im Südpol (allgemein im Gegenpol des Berührungspunktes)[1]). Diese und die folgenden zwei azimutalen Abbildungen werden auch als „Perspektiven" bezeichnet.

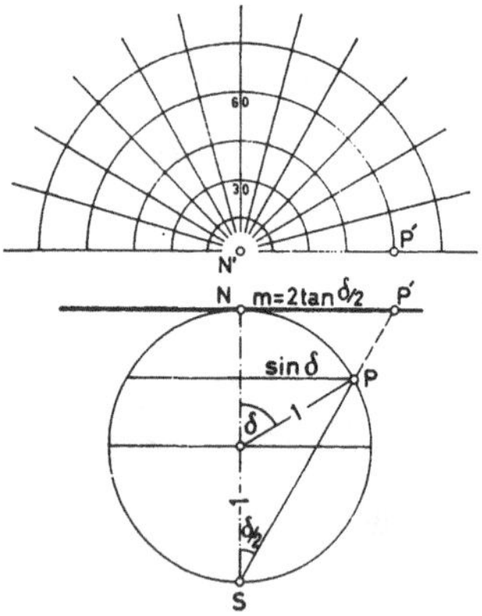

Abb. 56. Winkeltreue azimutale Abbildung

[1]) Im allgemeinen Sprachgebrauch werden die Netzentwürfe oft als Kartenprojektionen bezeichnet; der Ausdruck ist dann im Sinne von Projekt = Entwurf aufzufassen.

Indikatrix:

$$t = \frac{2\tan\delta/2}{\sin\delta} = \frac{2\sin\delta/2}{\cos\delta/2}\cdot\frac{1}{2\sin\delta/2\cos\delta/2} = \frac{1}{\cos^2\delta/2} = a\,,$$

$$r = \frac{\mathrm{d}\,(2\tan\delta/2)}{\mathrm{d}\delta} = \frac{2}{\cos^2\delta/2}\cdot\frac{1}{2} = \frac{1}{\cos^2\delta/2} = b\,,$$

$a = b$, die Abbildung ist winkeltreu.

$$S = a\cdot b = \frac{1}{\cos^4\delta/2}\,,$$

$$w = 0\,.$$

Verzerrungswerte siehe Tabelle 1, S. 90.

Bei der stereographischen Projektion ist nicht nur die Indikatrix ein Kreis, sondern es werden alle Kreise der Kugeloberfläche wieder als Kreise (u. U. mit dem Radius $= \infty$) abgebildet.

Wegen des schnellen Anwachsens der Flächenvergrößerung gegen den Kartenrand eignet sich der Entwurf für geographische Karten wenig, für astronomische Zwecke (Sternkarten) ist er jedoch wegen der Winkeltreue und Kreistreue sehr geschätzt.

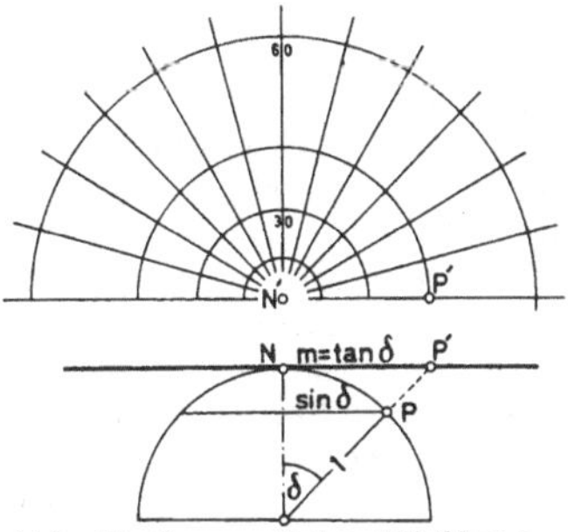

Abb. 57. Gnomonische Abbildung

32.4 Gnomonische Abbildung (Zentralprojektion)

Bei dieser Projektion wird das Zentrum in den Kugelmittelpunkt gelegt. Die Abbildungsgleichungen lauten:

$$\alpha = \lambda\,,$$
$$m = \tan\delta\,.$$

Die geometrische Konstruktion des Netzes geht aus Abb. 57 hervor.

Indikatrix:

$$t = \frac{\tan \delta}{\sin \delta} = \frac{1}{\cos \delta}, \quad r = \frac{\mathrm{d} \tan \delta}{\mathrm{d}\delta} = \frac{1}{\cos^2 \delta}.$$

Wegen $\frac{1}{\cos^2 \delta} > \frac{1}{\cos \delta}$ ist hier $r = a$ und $t = b$.

$$S = a \cdot b = \frac{1}{\cos^3 \delta},$$

$$\sin \omega = \frac{a - b}{a + b} = \frac{\frac{1}{\cos^2 \delta} - \frac{1}{\cos \delta}}{\frac{1}{\cos^2 \delta} + \frac{1}{\cos \delta}} = \frac{1 - \cos \delta}{1 + \cos \delta} = \tan^2 \delta/2 .$$

$$w = 2\,\omega$$

Verzerrungswerte siehe Tabelle 1, S. 90.

Die gnomonische Abbildung ist wegen der starken Randverzerrungen für geographische Karten nicht geeignet. Ihre große praktische Bedeutung liegt in der Tatsache, daß sie alle Kugelkreise, deren Ebenen durch den Kugelmittelpunkt (das Projektionszentrum) gehen — also alle Großkreise — als gerade Linien abbildet. Ein durch zwei Punkte auf der Kugel gelegter Großkreis gibt deren kürzeste Verbindung an. Diese kürzeste Verbindung, *Orthodrome* genannt, erscheint also in der gnomonischen Abbildung als Gerade. Die Projektion (meist schiefachsig oder transversal) wird Seekarten kleineren Maßstabs und Navigationskarten zugrunde gelegt.

32.5 Orthographische Abbildung (Parallelprojektion)

Sie bildet den Grenzfall der echten Projektion, weil das Projektionszentrum ins Unendliche rückt. Die Abbildungsgleichungen lauten:

$$\alpha = \lambda,$$

$$m = \sin \delta .$$

Die geometrische Netzkonstruktion ist aus Abb. 58 zu ersehen.

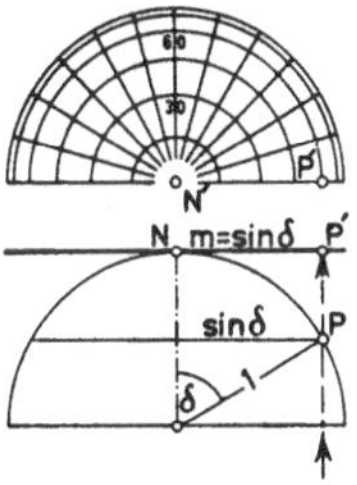

Abb. 58.
Orthographische Abbildung

Indikatrix:

$$t = \frac{\sin\delta}{\sin\delta} = 1\,, \quad \text{(Parallelkreise sind längentreu)}$$

$$r = \frac{\mathrm{d}\sin\delta}{\mathrm{d}\,\delta} = \cos\delta\,,$$

$$\cos\delta < 1,\ \text{daher}\ t = a\ \text{und}\ r = b\,.$$

$$S = a\cdot b = \cos\delta\,,$$

$$\sin\omega = \frac{a-b}{a+b} = \frac{1-\cos\delta}{1+\cos\delta} = \tan^2\delta/2\,, \qquad [\text{s. } 32.4]$$

$$w = 2\,\omega\,.$$

Verzerrungswerte siehe Tabelle 1, S. 90.

Auch die orthographische Abbildung ist für geographische Karten wenig geeignet. Man findet sie in transversaler Lage bei Mondkarten und bei Darstellungen aus der mathematisch-astronomischen Geographie.

33 Echte azimutale Abbildungen in schiefachsiger und transversaler Lage

Während die azimutalen Abbildungen in normaler Lage lediglich für die Wiedergabe der Polgebiete in Frage kommen, werden sie in schiefachsiger Lage für Gebiete in mittleren Breiten und in transversaler Lage für begrenzte Äquatorialgebiete sehr häufig angewandt.

Tabelle 1: Verzerrungswerte azimutaler Abbildungen

Abbildung	δ (°)	a Richtg.	a Betrag	b Richtg.	b Betrag	$S = a \cdot b$	w
Mitt-abstandstreu	0	tangential	1,000	radial	1	1,000	0° 00′
	30		1,047		1	1,047	2° 38′
	60		1,209		1	1,209	10° 52′
	90		1,571		1	1,571	25° 39′
Flächentreu	0	tangential	1,000	radial	1,000	1	0° 00′
	30		1,035		0,966	1	3° 58′
	60		1,155		0,866	1	16° 26′
	90		1,414		0,707	1	38° 57′
Winkeltreu	0	—	1,000	—	1,000	1,000	0°
	30		1,072		1,072	1,149	0°
	60		1,333		1,333	1,778	0°
	90		2,000		2,000	4,000	0°
Gnomonisch	0	radial	1,000	tangential	1,000	1,000	0° 00′
	30		1,333		1,155	1,540	8° 14′
	60		4,000		2,000	8,000	38° 57′
	90		∞		∞	∞	180° 00′
Ortho-graphisch	0	tangential	1	radial	1,000	1,000	0° 00′
	30		1		0,866	0,866	8° 14′
	60		1		0,500	0,500	38° 57′
	90		1		0,000	0,000	180° 00′

Für die Konstruktion dieser Abbildungen werden die Koordinaten der einzelnen Netzecken in bezug auf den Berührungspunkt der Abbildungsebene (Hauptpunkt *H*) als Nullpunkt berechnet.

Wie wir bei den normalen azimutalen Abbildungen gesehen haben, besteht im Berührungspunkt der Ebene mit der Kugel (Pol) Winkeltreue, und die Punktfolgen auf den Meridianen, d. s. die Radien der Parallelkreisbilder, ergeben sich aus dem Halbmessergesetz des betreffenden Entwurfes. Die Winkeltreue im Berührungspunkt bleibt aber auch dann erhalten, wenn dieser in eine beliebige geographische Breite (oder in den Äquator) verlegt wird, und die Eigenschaft nach dem Halbmessergesetz ist gewahrt, wenn die Großkreisbogen vom Berührungspunkt aus nach diesem Gesetz zur Abbildung gelangen.

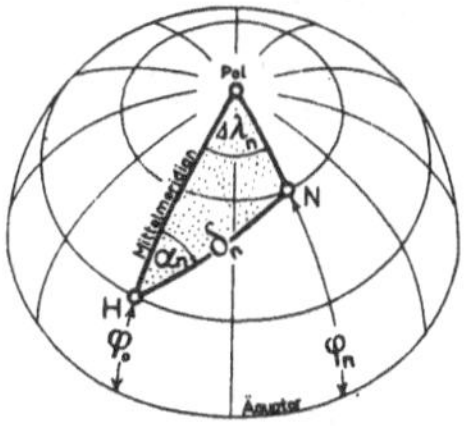

Abb. 59.
Berechnung schiefachsiger azimutaler Abbildungen

Auf Grund dieser Tatsache ist es möglich, die Lage der einzelnen Netzecken N zu berechnen, wenn ihre sphärischen Polarkoordinaten α_n und δ_n (Abb. 59) von dem gewählten Hauptpunkt H mit der geographischen Breite φ_0 als Nullpunkt (Kartenmittelpunkt) bekannt sind.

Die Werte lassen sich nach den Regeln der sphärischen Trigonometrie berechnen. Es gilt für die schiefachsige azimutale Abbildung:

$$\cos \delta_n = \sin \varphi_0 \sin \varphi_n + \cos \varphi_0 \cos \varphi_n \cos \Delta\lambda$$

und

$$\sin \alpha_n = \frac{\sin \Delta\lambda \cos \varphi_n}{\sin \delta_n} .$$

Bei der transversalen azimutalen Abbildung liegt der Berührungspunkt (Hauptpunkt) im Äquator, d. h. $\varphi_0 = 0$; für diesen Fall erhalten wir $\cos \delta_n = \cos \varphi_n \cos \Delta\lambda$ und $\cos \alpha_n = \sin \varphi_n / \sin \delta_n$.

Für die Hauptpunktsbreiten $\varphi_0 = 0°, 15°, 20°, 25°, 30°, 35°, 40°, 45°, 50°, 55°, 60°, 75°$ und die Längenunterschiede $\Delta\lambda = 5°$ bzw. $10°$ hat *E. Hammer* die Werte α und δ berechnet und in seinem

Werk „Die geographisch wichtigsten Kartenprojektionen“, Stuttgart 1889, tabellarisch zusammengestellt. In K. Wagner: Kartographische Netzentwürfe, Leipzig 1949, sind die Werte in Dezimalteilung des Altgrades berechnet. Die Benutzung dieser Tafeln setzt die seltener gebräuchlichen Funktionstafeln derselben Teilung voraus.

Praktische Durchführung einer Netzberechnung:

Wegen der Symmetrie des Netzes in bezug auf den Mittelmeridian $\lambda = 0°$ genügt die Berechnung der rechten Blatthälfte. Aus einer Tabelle, z. B. der von Hammer, mit der gewählten Hauptpunktsbreite φ_0 entnimmt man, beginnend mit dem nördlichsten Parallelkreis, die der Netzmaschenweite $\Delta\varphi$ und $\Delta\lambda$ entsprechenden δ- und α-Werte. Hierauf berechnet man die Größen m nach der

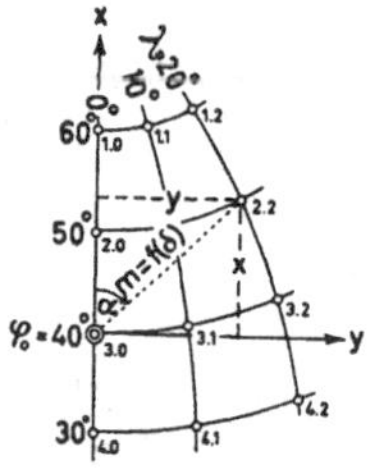

Abb. 60. Netzberechnung

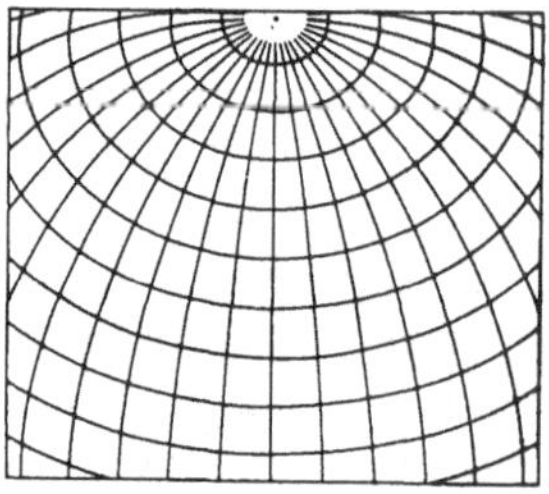

Abb. 61. Schiefachsige flächentreue azimutale Abbildung

für die betreffende Abbildungsart gültigen Abbildungsgleichung $m = f(\delta)$. Dabei wird durch Multiplikation mit dem Faktor $R/\mathfrak{m}$ der Maßstab der Karte berücksichtigt. Nun könnten die einzelnen Netzecken mit Hilfe der Polarkoordinaten α und m kartiert werden. Meist ist es jedoch zweckmäßiger, aus den Polarkoordinaten nach den Formeln $x = m \cdot \cos\alpha$ und $y = m \cdot \sin\alpha$ rechtwinklige Koordinaten zu berechnen, weil sie einfacher zu kartieren sind. Abb. 60 erläutert den Vorgang. Abb. 61 zeigt das

10°-Netz einer schiefachsigen flächentreuen azimutalen Abbildung mit dem Hauptpunkt $\varphi_0 = 40°$.

Die Netzbilder der stereographischen Projektion [32.3] lassen sich auf Grund der Winkeltreue sowie der Eigenschaft, daß in ihr alle Kugelkreise wieder als Kreise abgebildet werden, auch in transversaler und schiefachsiger Lage rein geometrisch konstruieren. Bei der transversalen stereographischen Projektion (Abb. 62) sind die Bilder

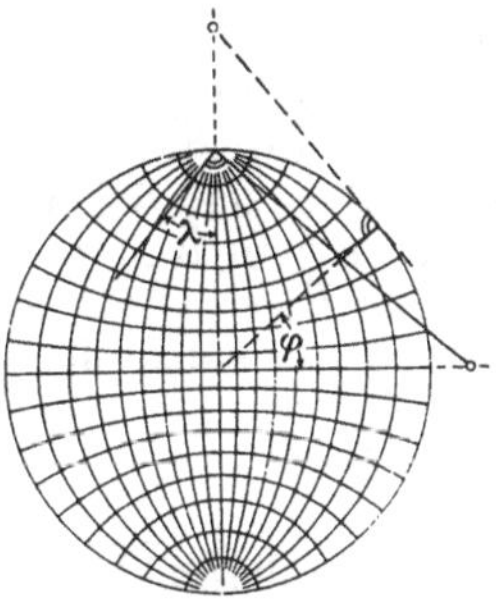

Abb. 62. Transversale stereographische Projektion

des Äquators und des Mittelmeridians Geraden, die zueinander senkrecht stehen und sich im Kartenmittelpunkt schneiden. Der Begrenzungsmeridian ist bei Abbildung einer Halbkugel ein voller Kreis. Die Bilder der übrigen Meridiane sind Kreisbogen durch die beiden Pole. Ihre Mittelpunkte liegen auf dem Äquator bzw. dessen Verlängerung. Um die Punkte selbst zu erhalten, ziehen wir im Nordpol Tangenten, die mit dem Mittelmeridian die Winkel λ der geforderten Netzmaschenweite (hier 10°, 20° ...) einschließen. Die Normalen zu den jeweiligen Tangenten im Pol liefern im Schnittpunkt mit dem Äquator die Mittelpunkte der Meridianbilder.

Die Parallelkreisbilder — wieder Kreisbogen — schneiden den gleichmäßig und damit winkeltreu unterteilten Begrenzungsmeridian senkrecht, und ihre Mittelpunkte liegen auf dem Mittelmeridian bzw. dessen Verlängerung. Die Konstruktion ist aus Abb. 62 ersichtlich.

34 Echte zylindrische Abbildungen in normaler Lage

Diese Abbildungen eignen sich für die Darstellung ausgedehnter Äquatorialgebiete. Sie weisen folgende Merkmale auf:

a) Der Äquator wird als horizontale gerade Linie, und meist längentreu abgebildet. Kartenmittelpunkt ist ein Punkt in beliebiger geographischer Länge auf dem Äquatorbild. Er ist Nullpunkt des rechtwinkligen Koordinatensystems, in dem die Abbildungsgleichungen dargestellt werden.

b) Die geradlinigen Bilder der Parallelkreise verlaufen parallel zum Äquator. Sämtliche Parallelkreise und auch der Pol haben die gleiche Länge wie der Äquator. Ihre Abstände x vom Äquatorbild werden unter Berücksichtigung der Eigenschaft des Netzentwurfs als Funktion der geographischen Breite φ für die einzelnen Abbildungsarten bestimmt. Die Abbildungsgleichung lautet in allgemeiner Form:

$$x = f(\varphi)\,.$$

c) Die Meridianbilder sind gleichabständige Geraden, die senkrecht auf dem Äquator stehen. Für sie gilt die allgemeine Abbildungsgleichung:

$$y = f(\lambda) \text{ bei Berührungszylindern bzw.}$$

$$y = f(\varphi_0, \lambda) \text{ bei sog. Schnittzylindern.}$$

34.1 Mittabstandstreue zylindrische Abbildung mit längentreuem Äquator

Die Mittabstandstreue verlangt, daß die Bogenlängen der Meridiane längentreu abgebildet werden. Denkt man sich den Zylinder die Kugel im Äquator berührend (Abb. 63), so kommt auch dieser längentreu zur Abbildung. Somit lauten die Abbildungsgleichungen:

$$x = \operatorname{arc} \varphi$$

$$y = \operatorname{arc} \lambda$$

Die Netzmaschen haben quadratische Form, daher trägt diese Abbildung auch die Bezeichnung *„quadratische Plattkarte“*.

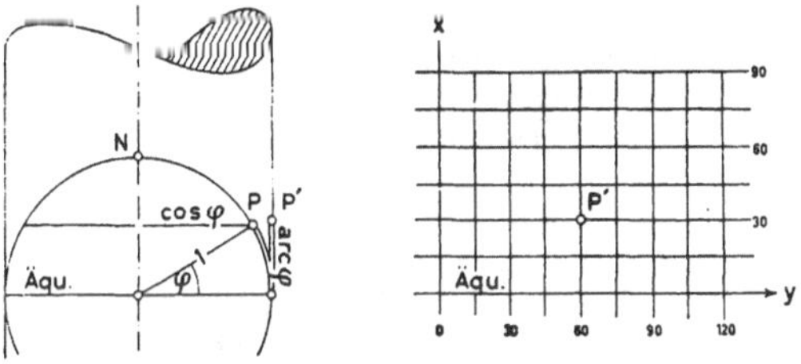

Abb. 63. Quadratische Plattkarte

Die Verzerrungen können wieder mit Hilfe der Indikatrix berechnet werden. Bei der tangentialen Längenverzerrung ist zu beachten, daß jeder Parallelkreis in der Abbildung die gleiche Länge hat wie der Äquator. Es ist also

$$t = \frac{\text{Parallelkreislänge in der Abbildung}}{\text{Parallelkreislänge auf der Kugel}} = \frac{2 \cdot \pi \cdot 1}{2\pi \cos\varphi} = \frac{1}{\cos\varphi}$$

(gilt für alle Berührungszylinder)

$$r = \frac{\mathrm{d}x}{\mathrm{d}\varphi} = \frac{\mathrm{d}\,\operatorname{arc}\varphi}{\mathrm{d}\varphi} = 1 \quad \text{(längentreu)}$$

$$\text{Wegen} \quad \frac{1}{\cos\varphi} > 1 \text{ ist } t = a \text{ und } r = b\,.$$

$$S = a \cdot b = \frac{1}{\cos\varphi},$$

$$\sin\omega = \frac{a-b}{a+b} = \frac{\dfrac{1}{\cos\varphi} - 1}{\dfrac{1}{\cos\varphi} + 1} = \frac{1-\cos\varphi}{1+\cos\varphi} = \tan^2\varphi/2\,,$$

$$w = 2\omega\,.$$

Werte siehe Tabelle 2, S. 98.

Diese Abbildungsart wurde in transversaler Lage u. a. von *Cassini* in Frankreich und *Soldner* in Bayern angewandt.

34.2 Mittabstandstreue zylindrische Abbildung mit zwei längentreuen Parallelkreisen

Liegen die beiden längentreu abzubildenden Parallelkreise in den geographischen Breiten $+\varphi_0$ und $-\varphi_0$, so sind für den Kugelradius $R = 1$ ihre Radien $= \cos \varphi_0$, und eine Bogenlänge mit dem Zentriwinkel λ ist somit $\operatorname{arc} \lambda \cos \varphi_0$. In Verbindung mit der Bedingung für die Mittabstandstreue erhalten wir die beiden Abbildungsgleichungen

$$x = \operatorname{arc} \varphi$$

$$y = \operatorname{arc} \lambda \cos \varphi_0.$$

Diese Abbildung wird häufig mit der Vorstellung eines die Kugel in den Parallelkreisen $+ \varphi_0$ und $- \varphi_0$ durchdringenden Zylinders — eines sog. Schnittzylinders — verbunden. Die Netzmaschen haben die Form von Rechtecken, daher nennt man sie „*rechteckige Plattkarte*".

Indikatrix:

$$r = \frac{dx}{d\varphi} = 1, \quad t = \frac{\cos \varphi_0}{\cos \varphi}.$$

Wie leicht einzusehen ist, haben wir hier zwischen zwei Abbildungszonen zu unterscheiden: einer inneren Zone, bei der $\varphi < \varphi_0$, und einer äußeren Zone, bei der $\varphi > \varphi_0$. Im ersten Fall ist $\cos \varphi > \cos \varphi_0$ und $t < 1$, während im zweiten Fall $\cos \varphi < \cos \varphi_0$ und $t > 1$ ist. Da aber $r = d \operatorname{arc} \varphi / d\varphi = 1$ ist (Mittabstandstreue), liegt in der inneren Zone die große Achse a der Indikatrix in radialer Richtung (Meridianrichtung) und in der äußeren Zone in tangentialer Richtung (Parallelkreisrichtung). Die Längen in tangentialer Richtung werden also in der inneren Zone verkürzt, in der äußeren Zone verlängert abgebildet.

$S = a \cdot b = r \cdot t$. Da $r = 1$, gibt t den Wert der Flächenverzerrung an. In der inneren Zone ist $t < 1$, d. h. die Flächen erscheinen in der Abbildung verkleinert, in der äußeren Zone ist $t > 1$, die Flächen werden vergrößert dargestellt.

$$\sin \omega = \begin{cases} \dfrac{\cos \varphi - \cos \varphi_0}{\cos \varphi + \cos \varphi_0} & \text{(innere Zone)} \\[2ex] \dfrac{\cos \varphi_0 - \cos \varphi}{\cos \varphi_0 + \cos \varphi} & \text{(äußere Zone)} \end{cases}$$

$$w = 2\omega$$

Werte siehe Tabelle 2, S. 98.

34.3 Flächentreue zylindrische Abbildung

Voraussetzung sei wieder ein Berührungszylinder, d. h. der Äquator werde längentreu abgebildet. Die Flächentreue verlangt, daß die Oberfläche einer Kugelzone vom Äquator bis zur Breite φ gleich der entsprechenden Fläche in der Karte ist. Die Fläche der Kugelzone ist $2\pi h = 2\pi \sin\varphi$. Die entsprechende Kartenfläche wird durch

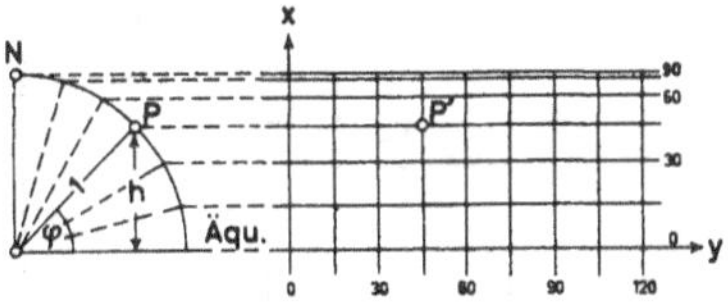

Abb. 64. Flächentreue zylindrische Abbildung

ein Rechteck dargestellt von der Länge des Äquators 2π und der Höhe x. Wir erhalten daher die Abbildungsgleichungen:

$$x = \sin\varphi$$

$$y = \operatorname{arc}\lambda$$

Die geometrische Konstruktion der Abbildung geht aus Abb. 64 hervor.

Indikatrix:

$$t = \frac{1}{\cos\varphi}, \quad r = \frac{\mathrm{d}\sin\varphi}{\mathrm{d}\varphi} = \cos\varphi\,,$$

$$\frac{1}{\cos\varphi} > \cos\varphi, \text{ daher } t = a \text{ und } r = b\,,$$

$$a \cdot b = \frac{1}{\cos\varphi} \cdot \cos\varphi = 1 \quad \text{(flächentreu)}$$

$$\sin\omega = \frac{\dfrac{1}{\cos\varphi} - \cos\varphi}{\dfrac{1}{\cos\varphi} + \cos\varphi} = \frac{1 - \cos^2\varphi}{1 + \cos^2\varphi} = \frac{\sin^2\varphi}{2 - \sin^2\varphi}\,,$$

$$w = 2\omega$$

Werte siehe Tabelle 2, S. 98.

Tabelle 2: Verzerrungswerte zylindrischer Abbildungen

Abbildung	φ (°)	a Richtg.	a Betrag	Richtg.	Betrag	$S = a \cdot b$	w
Mittabstandstreu mit längentreuem Äquator	0	tangential	1,000	radial	1	1,000	0° 00′
	30	tangential	1,155	radial	1	1,155	8° 14′
	60	tangential	2,000	radial	1	2,000	38° 57′
	90	tangential	∞	radial	1	∞	180° 00′
Mittabstandstreu mit zwei längentreuen Parallelkreisen $\varphi_0 = \pm 45°$	± 0	radial	1	tangential	0,707	0,707	19° 45′
	±15	radial	1	tangential	0,732	0,732	17° 48′
	±30	radial	1	tangential	0,816	0,816	11° 36′
	±45	tangential	1	radial	1	1	0° 00′
	±60	tangential	1,414	radial	1	1,414	19° 45′
	±75	tangential	2,732	radial	1	2,732	55° 18′
	±90	tangential	∞	radial	1	∞	180° 00′
Flächentreu	0	tangential	1,000	radial	1,000	1	0° 00′
	30	tangential	1,155	radial	0,866	1	16° 26′
	60	tangential	2,000	radial	0,500	1	73° 44′
	90	tangential	∞	radial	0	1	180° 00′

34.4 Winkeltreue zylindrische Abbildung

Die Winkeltreue verlangt $a = b$ oder $r = t$. Für die Abbildung auf einen Berührungszylinder gilt nach 34.1

$$\frac{1}{\cos\varphi} = \frac{\mathrm{d}x}{\mathrm{d}\varphi} \quad \text{oder} \quad \mathrm{d}x = \frac{1}{\cos\varphi}\,\mathrm{d}\varphi$$

und nach Integration

$$x = \int_0^\varphi \frac{1}{\cos\varphi}\, d\varphi = \ln\tan\left(45^\circ + \frac{\varphi}{2}\right) + C\,.$$

Hier ist $C = 0$, weil für $\varphi = 0$ auch $x = 0$ sein muß. Die Abbildungsgleichungen lauten bei Verwendung Briggscher Logarithmen:

$$x = 2{,}30258 \lg\tan\left(45^\circ + \frac{\varphi}{2}\right),$$
$$y = \operatorname{arc}\lambda\,.$$

Für $\varphi = 90^\circ$ wird $x = \infty$, d. h. der Pol kommt in dieser Abbildung nicht mehr zur Darstellung.

Indikatrix:

$$t = a = \frac{1}{\cos\varphi}\,, \quad r = b = \frac{d\left[\ln\tan\left(45^\circ + \frac{\varphi}{2}\right)\right]}{d\varphi} = \frac{1}{\cos\varphi}\,,$$
$$S = a \cdot b = \frac{1}{\cos^2\varphi}\,,$$
$$w = 0 \quad \text{(winkeltreu)}\,.$$

In der Tabelle 3 sind für die Einheitskugel ($R = 1$) die Parallelkreisabstände x vom Äquator für ein 10°-Netz und die Verzerrungswerte angegeben.

Tabelle 3:

φ (°)	x	Δx	$a = b$	S
0	0,0000		1,0000	1,0000
		0,1754		
10	0,1754		1,0154	1,0311
		0,1810		
20	0,3564		1,0642	1,1325
		0,1929		
30	0,5493		1,1547	1,3333
		0,2136		
40	0,7629		1,3054	1,7040
		0,2478		
50	1,0107		1,5557	2,4202
		0,3063		
60	1,3170		2,0000	4,0000
		0,4184		
70	1,7354		2,9238	8,5487
		0,7009		
80	2,4363		5,7588	33,1635
		2,3051		
89	4,7414		57,30 . .	3283,22 . .
		∞		
90	∞		∞	∞

Die winkeltreue zylindrische Abbildung wurde von dem deutschen Kartographen *Gerhard Kremer* (geb. 1512 in Rupelmonde, Flandern, gest. 1594 in Duisburg), der sich nach den Gepflogenheiten der damaligen Zeit latinisiert *Mercator* nannte, um 1570 zum Entwurf einer Weltkarte (Seekarte) angewandt. Nach ihm führt sie die Bezeichnung „*Mercatorprojektion*".

Es steht fest, daß Mercator bei der Ableitung seines Entwurfs nicht den oben angeführten exakten Weg gegangen sein kann. Er wählte zweifellos eine Näherungslösung, die sich aber von der strengen Form nur dadurch unterschied, daß er statt der unendlich kleinen Differentiale endliche kleine Differenzen nahm[1]).

Die Mercatorprojektion ist im Äquator längentreu. Deshalb gilt ein über Kugelradius und Maßstabsfaktor berechneter Kartenmaßstab nur für diesen. Da sich die Längenverzerrungen mit $1/\cos \varphi$ stark ändern, ist es üblich, die Maßstabsverhältnisse auf den einzelnen Parallelkreisen durch einen sog. „Maßstab für wachsende Breiten" anzugeben.

Abb. 65 zeigt ein 15°-Netz in Mercatorprojektion, Abb. 66 den zugehörigen Maßstab für wachsende Breiten.

Durch das starke Anwachsen der Längen- und insbesondere der Flächenverzerrung ist die Mercatorprojek-

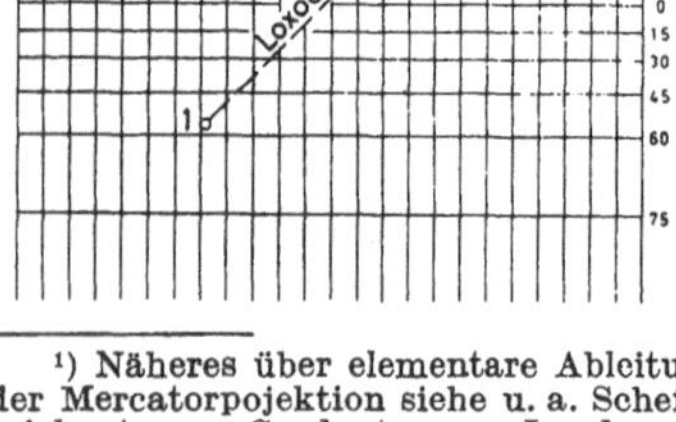

Abb. 65. Mercator-Projektion

Abb. 66. Maßstab für wachsende Breiten

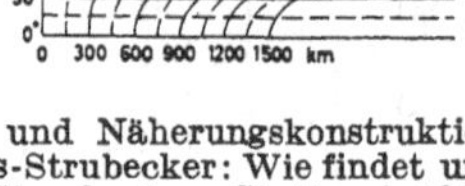

[1]) Näheres über elementare Ableitung und Näherungskonstruktion der Mercatorpojektion siehe u. a. Scheffers-Strubecker: Wie findet und zeichnet man Gradnetze von Land- und Sternkarten; Stuttgart, 1956.

tion für geographische Karten nicht sonderlich geeignet. Sie kommt in neueren Atlanten auch immer weniger zur Anwendung. Die große Bedeutung der Mercatorprojektion liegt bei den Seekartenwerken, weil sie die Eigenschaft besitzt, die Loxodrome als gerade Linie abzubilden.

34.41 *Die Loxodrome*

In 32.4 haben wir die kürzeste Verbindungslinie zweier Punkte auf der Kugeloberfläche — die Orthodrome — kennengelernt. Für nautische Zwecke hat diese den Nachteil, daß sie jeden Meridian unter einem anderen Winkel schneidet. Nun gibt es offenbar zwischen zwei Kugelpunkten auch eine Verbindungslinie, die die Eigenschaft besitzt, alle Meridiane unter gleichem Winkel zu schneiden. Diese Linie heißt Loxodrome und ist dadurch gekennzeichnet, daß ihr Azimut in jedem ihrer Punkte gleich ist.

In der Mercatorprojektion ist die Loxodrome eine gerade Linie, weil die Abbildung winkeltreu ist und die Meridianbilder parallel verlaufen. Wir haben daher für das Azimut der Loxodrome zwischen den Punkten 1 und 2 (Abb. 65)

$$\tan\alpha = \frac{\Delta y}{\Delta x} = \frac{y_2 - y_1}{x_2 - x_1} = \frac{\lambda_2 - \lambda_1}{\ln\tan\left(45^\circ + \frac{\varphi_2}{2}\right) - \ln\tan\left(45^\circ + \frac{\varphi_1}{2}\right)}\,.$$

Daraus folgt auch die allgemeine Gleichung der Loxodrome für den Fall, daß ihr Anfangspunkt φ_1, λ_1 und ihr Azimut α gegeben sind, nämlich

$$\lambda = \lambda_1 + \tan\alpha\left[\ln\tan\left(45^\circ + \frac{\varphi}{2}\right) - \ln\tan\left(45^\circ + \frac{\varphi_1}{2}\right)\right].$$

Verlauf der Loxodrome auf der Kugel: φ kann Werte von -90° bis $+90^\circ$ annehmen.

1. Bei gegebenem α liefert jeder Wert von φ *einen* Wert von λ;
2. bei $\varphi = -90^\circ$ wird $(45^\circ - 90^\circ/2) = 0^\circ$, $\tan 0^\circ = 0$, $\ln 0 = \infty$ und $\lambda = \infty$, d. h. die Loxodrome erreicht erst bei $\lambda = \infty$ (praktisch niemals) den Südpol;
3. bei $\varphi = +90^\circ$ wird $(45^\circ + 90^\circ/2) = 90^\circ$, $\tan 90^\circ = \infty$, $\ln\infty = \infty$ und $\lambda = \infty$, d. h. die Loxodrome erreicht praktisch auch nicht den Nordpol;
4. umgekehrt liefert jedes λ (auch $\pi + \lambda$, $2\pi + \lambda$ usw.) einen anderen Wert von φ, d. h. jeder Meridian wird unendlich oft von der Loxodrome geschnitten.

Die Loxodrome ist also eine Kurve, die sich in unendlich vielen Windungen spiralförmig den beiden Polen nähert, ohne sie im Endlichen erreichen zu können (Abb. 67). Das Verhalten bei den Polen hat jedoch keine praktische Bedeutung.

Abb. 67. Loxodrome

Die zylindrischen Abbildungen in transversaler und schiefachsiger Lage haben für geographische Karten wenig Bedeutung. Die transversale Mercatorprojektion spielt jedoch bei den geodätischen Abbildungen die führende Rolle [38.2].

35 Echte konische Abbildungen in normaler Lage

Die konischen Abbildungen eignen sich besonders für die Darstellung ausgedehnter Gebiete in mittleren Breiten. Ihre Merkmale ergeben sich aus folgendem:

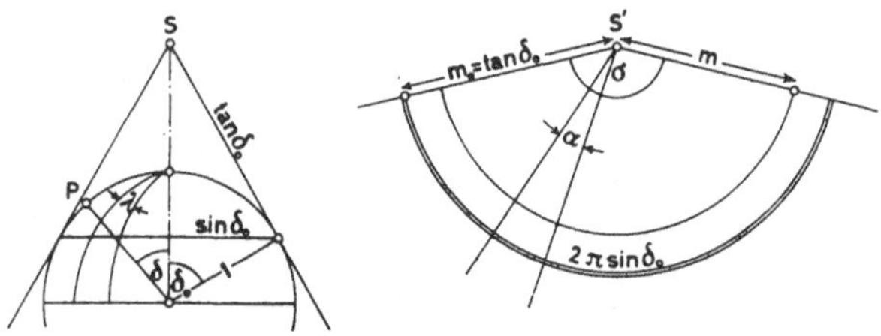

Abb. 68.
Prinzip der konischen Abbildungen

a) Denken wir uns einen Kegel, der die Kugel in einem Parallelkreis mit der Poldistanz δ_0 berührt, so ist der Radius dieses Kugelparallelkreises $= \sin \delta_0$ $(R = 1)$ und sein Umfang $= 2\pi \sin \delta_0$. Der Abstand des Parallelkreises von der Kegelspitze ist $\tan \delta_0$ (Abb. 68). Bei der Verebnung kommt dieser Parallelkreis als Kreisbogen um S' mit dem Radius $m_0 = \tan \delta_0$ und der Bogenlänge $2\pi \sin \delta_0$ längentreu zur Abbildung. Der Ausdruck für m_0 stellt eine Abbildungsgleichung dar. Es gilt für Berührungskegel:

$$m_0 = \tan \delta_0 .$$

Sollen zwei Parallelkreise mit den Poldistanzen δ_1 und δ_2 längentreu abgebildet werden (sog. Schnittkegel), so ist

$$m_0 = f\,(\delta_1, \delta_2) .$$

b) Die Bilder der übrigen Parallelkreise sind konzentrische Kreise um S'. Ihre Radien m werden unter Berücksichtigung der Eigenschaft des Entwurfs als Funktionen von δ_0 und δ bzw. δ_0 und δ_1, δ_2 bestimmt. Wir erhalten eine weitere Abbildungsgleichung, die in allgemeiner Form lautet:

$$m = f\,(\delta_0, \delta) \text{ bzw.}$$

$$m = f\,(\delta_1, \delta_2, \delta) .$$

c) Die Meridiane werden als gerade Linien dargestellt, die sich in S' schneiden. Dem Längenunterschied λ zweier benachbarter Meridiane auf der Kugel entspricht in der Abbildung ein Winkel α. Der Zusammenhang zwischen den beiden Winkeln ergibt sich aus folgender Überlegung: Bei Annahme eines Berührungskegels ist der Öffnungswinkel des verebneten Kegelmantels (Kreisausschnitt)

$$\sigma = \frac{\text{Bogen}}{\text{Radius}} = \frac{2\,\pi \sin \delta_0}{\tan \delta_0} = 2\pi \cos \delta_0 .$$

Dem Winkel σ in der Abbildung entspricht aber auf der Kugel der volle Winkel $360° = 2\pi$ im Pol. Wir erhalten daher die Beziehung $\sigma/2\pi = \alpha/\lambda$.

Das Verhältnis $\sigma/2\pi$ wird als „Konstante der Abbildung“ $= n$ bezeichnet. n ist der Faktor, mit dem die Längenunterschiede λ multipliziert werden müssen, um den Winkel α in der Abbildung zu erhalten:

$$\alpha = n \cdot \lambda .$$

Für den Berührungskegel ist

$$n = \frac{2\pi \cos \delta_0}{2\pi} = \cos \delta_0 \, .$$

Der Wert von n ist immer kleiner als 1. $(0 < n < 1)$.
Dieses ergibt die dritte Abbildungsgleichung:

$$n = f(\delta_0) \quad \text{bzw.}$$
$$n = f(\delta_1, \delta_2) \, .$$

35.1 Einfache mittabstandstreue konische Abbildung

Längentreu abgebildet werden der Berührungskreis und die Meridiane.

Die Abbildungsgleichungen lauten daher:

$$m_0 = \tan \delta_0$$
$$m = \tan \delta_0 + \operatorname{arc} (\delta - \delta_0)$$
$$n = \cos \delta_0$$

Die Verzerrungen können auch hier mit Hilfe der Indikatrix berechnet werden:

$$t = \frac{\text{Länge des Par.-Kreises in Abb.}}{\text{Länge des Par.-Kreises a. Kugel}} = \frac{2 \cdot m \cdot \pi \cdot n}{2 \cdot \pi \cdot \sin \delta} =$$
$$= \frac{m \cdot n}{\sin \delta} = \frac{m \cdot \cos \delta_0}{\sin \delta} \, .$$

$$r = \frac{\mathrm{d}m}{\mathrm{d}\delta} = 1 \quad \text{(mittabstandstreu)},$$

$t > 1$, daher $t = a$, $r = b$.

$$S = a \cdot b = \frac{m \cdot \cos \delta_0}{\sin \delta} \, ,$$

$$\sin \omega = \frac{a - b}{a + b} = \frac{m \cdot \cos \delta_0 - \sin \delta}{m \cdot \cos \delta_0 + \sin \delta} \, ,$$

$$w = 2\omega$$

Die Tabelle 4 gibt für $\varphi_0 = 50°$ $(\delta_0 = 40°)$ und $R = 1$ die Radien für ein 10°-Netz und deren Zuwachs Δm sowie die Verzerrungen an $(b = 1,\ n = \cos 40° = 0{,}7660)$.

Wie die Tabelle zeigt, wird der Pol nicht als Punkt, sondern als Kreisbogen abgebildet; das ist jedoch praktisch bedeutungslos, da mit einer konischen Abbildung niemals ein Gebiet vom

Äquator bis zum Pol dargestellt wird, sondern immer nur eine begrenzte Zone.

Tabelle 4

δ (°)	m	Δm	$a = S$	w
0	0,1410	0,1745	∞	180°88′
10	0,3155	0,1745	1,3918	18°36′
20	0,4900	0,1746	1,0975	5°19′
30	0,6646	0,1746	1,0182	1°18′
40	0,8391	0,1745	1,0000	0°00′
50	1,0136	0,1746	1,0136	0°47′
60	1,1882	0,1745	1,0509	2°51′
70	1,3627	0,1745	1,1109	6°06′
80	1,5372	0,1746	1,1958	10°11′
90	1,7118		1,3113	15°20′

35.2 Mittabstandstreue konische Abbildung mit zwei längentreuen Parallelkreisen (sog. Schnittkegelprojektion)

Längentreu abgebildet werden die Parallelkreise mit den Poldistanzen δ_1 und δ_2 sowie die Meridiane (Abb. 69).

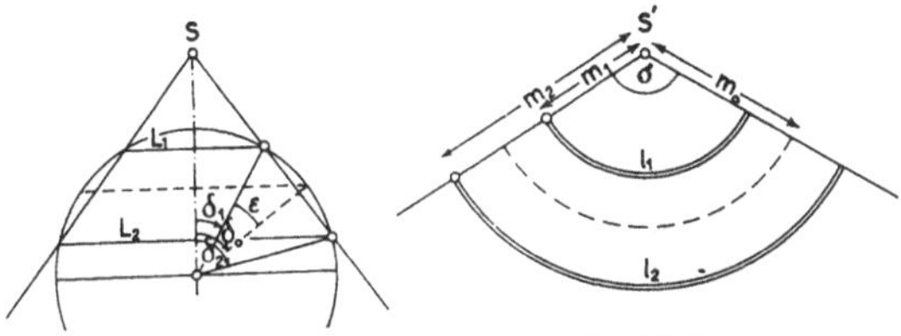

Abb. 69. Abbildung nach De l'Isle

Durch Einführung eines Mittelparallels

$$\delta_0 = \frac{\delta_1 + \delta_2}{2}$$

und des Winkels

$$\varepsilon = \frac{\delta_2 - \delta_1}{2}$$

ergibt sich

$$\delta_1 = \delta_0 - \varepsilon \quad \text{und} \quad \delta_2 = \delta_0 + \varepsilon .$$

Der Radius des Mittelparallels sei m_0. Wegen der Mittabstandstreue ist dann

$$m_1 = m_0 - \text{arc}\,\varepsilon\,,$$
$$m_2 = m_0 + \text{arc}\,\varepsilon\,.$$

Die Abbildungsgleichungen, auf deren Herleitung hier verzichtet wird, lauten:

$$n = \frac{\cos\delta_0 \sin\varepsilon}{\text{arc}\,\varepsilon}\,,$$

$$m_0 = \frac{\sin\delta_0 \cdot \cos\varepsilon}{\cos\delta_0 \cdot \sin\varepsilon} \cdot \text{arc}\,\varepsilon = \tan\delta_0 \cdot \cot\varepsilon \cdot \text{arc}\,\varepsilon\,.$$

Für einen beliebigen Radius m mit der Poldistanz δ gilt:

$$m = m_0 + \text{arc}\,(\delta - \delta_0)\,.$$

Die Abbildung unterscheidet sich also von der vorhergehenden nur durch die Konstanten n und m_0; das Halbmessergesetz bleibt dagegen erhalten.

Indikatrix:

$$t = \frac{n \cdot m}{\sin\delta}\,;\; r = 1\,.$$

Der Wert von t ist in der inneren Zone < 1, in der äußeren > 1 [vgl. 37.2]. Die große Achse der Indikatrix liegt also in der inneren Zone in radialer, in der äußeren Zone in tangentialer Richtung.

$$S = a \cdot b = r \cdot t = t.$$

In der inneren Zone tritt Flächenverkleinerung, in der äußeren Flächenvergrößerung ein.

$$\sin\omega = \begin{cases} \dfrac{\sin\delta - n \cdot m}{\sin\delta + n \cdot m} & \text{(innere Zone)} \\[2ex] \dfrac{n \cdot m - \sin\delta}{n \cdot m + \sin\delta} & \text{(äußere Zone)} \end{cases}$$

$$w = 2\omega$$

In der Tabelle 5 sind für $\varphi_0 = 50°$ ($\delta_0 = 40°$) und ein ε von $\pm 15°$ ($\delta_1 = 25°$, $\delta_2 = 55°$) die Radien m für ein 10°-Netz und deren Zuwachs Δm sowie die Verzerrungen angeführt ($R = 1$, $n = 0{,}6355$).

Tabelle 5.

δ (°)	m	Δm	a Richtg.	a Betrag	b Richtg.	b Betrag	S	w
0	0,1217	0,1745	tangential	∞	radial	1	∞	180° 00′
10	0,2962	0,1746		1,2920		1	1,2920	14° 31′
20	0,4708	0,1745		1,0424		1	1,0424	2° 23′
30	0,6453	0,1745	radial	1	tangential	0,9774	0,9774	1° 18′
40	0,8198	0,1746		1		0,9659	0,9659	1° 59′
50	0,9944	0,1745		1		0,9831	0,9831	0° 59′
60	1,1689	0,1745	tangential	1,0222	radial	1	1,0222	1° 15′
70	1,3434	0,1746		1,0827		1	1,0827	4° 33′
80	1,5180	0,1745		1,1673		1	1,1673	8° 50′
90	1,6925			1,2818		1	1,2818	14° 05′

In diesem Entwurf ist die alte Topogr. Übersichtskarte von Deutschland 1 : 200000 [52.5] ausgeführt. Er stammt von dem französischen Astronomen *De l'Isle* (1745) und führt die Bezeichnung *De l'Islesche Projektion.*

35.3 Einfache flächentreue konische Abbildung

Es sind hier zwei Bedingungen zu erfüllen: Der Berührungsparallelkreis mit der Poldistanz δ_0 ist längentreu abzubilden, und die Fläche der Kugelzone zwischen δ_0 und einem beliebigen δ muß gleich sein der entsprechenden Fläche in der Abbildung (Abb. 70).

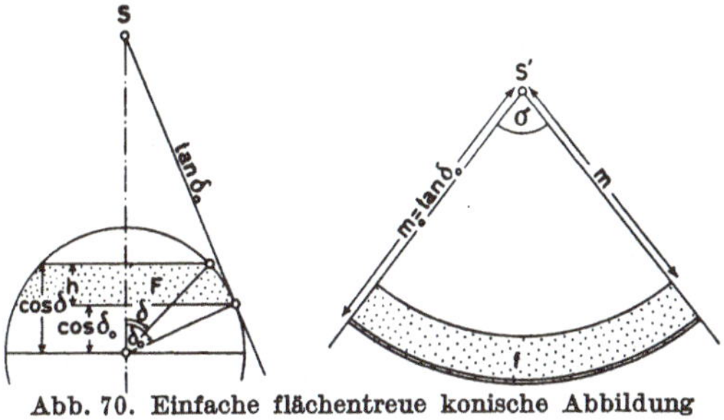

Abb. 70. Einfache flächentreue konische Abbildung

Die erste Bedingung liefert die beiden Abbildungsgleichungen

$$m_0 = \tan \delta_0 \text{ und } n = \cos \delta_0 .$$

Für die zweite Bedingung setzen wir die Fläche der Kugelzone $F = 2\pi h = 2\pi (\cos \delta - \cos \delta_0)$ gleich der Abbildungsfläche (Kreisringsektor):

$$\begin{aligned} f &= m_0^2 \cdot \pi \cdot n - m^2 \cdot \pi \cdot n , \\ &= \pi \cdot (m_0^2 - m^2) \cdot n , \\ &= \pi (\tan^2 \delta_0 - m^2) \cos \delta_0 . \end{aligned}$$

$F = f$ gesetzt, ergibt

$$2 (\cos \delta - \cos \delta_0) = (\tan^2 \delta_0 - m^2) \cos \delta_0 .$$

Aus dieser Gleichung folgt nach einigen Umformungen

$$m = \sqrt{\frac{1 + \cos^2 \delta_0}{\cos^2 \delta_0} - \frac{2 \cos \delta}{\cos \delta_0}} .$$

Indikatrix:

$$t = \frac{m \cos \delta_0}{\sin \delta} ; \quad r = \frac{\mathrm{d}\, m}{\mathrm{d}\, \delta} = \frac{\sin \delta}{m \cos \delta_0} ,$$

$$t > r , \quad \text{daher} \quad t = a , \quad r = b .$$

$$S = a \cdot b = 1 \quad \text{(flächentreu)}$$

$$\sin \omega = \frac{a - b}{a + b} = \frac{(nm)^2 - \sin^2 \delta}{(nm)^2 + \sin^2 \delta} ,$$

$$w = 2\, \omega .$$

In der Tabelle 6 sind für $\varphi_0 = 50°$ ($\delta_0 = 40°$) die Radien für ein 10°-Netz und deren Zuwachs Δm sowie die Verzerrungen angeführt ($R = 1$, $n = \cos 40° = 0{,}7660$).

Tabelle 6

δ (°)	m	Δm	a	b	w
0	0,3054	0,0592	∞	0,0000	180° 00′
10	0,3646	0,1361	1,6083	0,6218	47° 44′
20	0,5007	0,1647	1,1215	0,8917	13° 01′
30	0,6654	0,1737	1,0197	0,9806	2° 14′
40	0,8391	0,1738	1,0000	1,0000	0° 00′
50	1,0129	0,1698	1,0129	0,9873	1° 28′
60	1,1827	0,1631	1,0461	0,9559	5° 10′
70	1,3458	0,1545	1,0971	0,9115	10° 34′
80	1,5002	0,1442	1,1670	0,8569	17° 25′
90	1,6444		1,2597	0,7939	25° 34′

35.4 Flächentreue konische Abbildung mit zwei längentreuen Parallelkreisen

Die Bedingungen lauten: Die Parallelkreise mit den Poldistanzen δ_1 und δ_2 sind längentreu abzubilden, und die Fläche der Kugelzone zwischen δ_1 und δ_2 bzw. zwischen δ_1 (δ_2) und einem beliebigen δ muß gleich sein der entsprechenden Fläche in der Abbildung.

Aus der Flächentreue der Kugelzone zwischen δ_1 und δ_2 folgt

$$n = \frac{\cos\delta_1 + \cos\delta_2}{2},$$

während die Forderung der Flächentreue für eine Kugelzone zwischen δ_1 (bzw. δ_2) und δ die Radien der Parallelkreisbilder zu

$$m = \sqrt{\frac{4}{n^2}\sin^2\frac{\delta_1}{2}\sin^2\frac{\delta_2}{2} + \frac{4}{n}\sin^2\frac{\delta}{2}}$$

ergibt. Auf den Beweis muß hier verzichtet werden.

Indikatrix:

$$t = \frac{n \cdot m}{\sin\delta}.$$

Wegen der Flächentreue ist $r = 1/t$.
Eine nähere Untersuchung zeigt, daß auch hier wieder in der inneren Zone t den größeren Wert a, in der äußeren Zone den kleineren Wert b liefert.

$$S = a \cdot b = 1 \quad \text{(flächentreu)}$$

$$\sin\omega = \frac{a - b}{a + b} = \frac{a^2 - 1}{a^2 + 1},$$

$$w = 2\omega$$

In der Tabelle 7 sind für $\delta_1 = 25°$ ($\varphi_1 = 65°$) und $\delta_2 = 55°$ ($\varphi_2 = 35°$) die Radien m der Parallelkreise für ein 10°-Netz und deren Zuwachs Δm sowie die Verzerrungen angeführt ($R = 1$, $n = 0{,}7399$).

Ein Vergleich mit Tabelle 5 [35.2] zeigt die Überlegenheit dieser Entwurfsart.

Tabelle 7

δ (°)	m	Δm	a Richtg.	a Betrag	b Richtg.	b Betrag	S	w
0	0,2701		tangential	∞	radial	0,0000	1	180° 00′
10	0,3377	0,0676	tangential	1,4390	radial	0,6950	1	40° 48′
20	0,4858	0,1481	tangential	1,0509	radial	0,9515	1	5° 42′
30	0,6596	0,1738	radial	1,0244	tangential	0,9762	1	2° 46′
40	0,8398	0,1802	radial	1,0344	tangential	0,9668	1	3° 52′
50	1,0191	0,1793	radial	1,0159	tangential	0,9843	1	1° 48′
60	1,1935	0,1744	tangential	1,0197	radial	0,9806	1	2° 14′
70	1,3607	0,1672	tangential	1,0714	radial	0,9333	1	7° 54′
80	1,5187	0,1580	tangential	1,1411	radial	0,8763	1	15° 04′
90	1,6661	0,1474	tangential	1,2328	radial	0,8112	1	23° 48′

Die Abbildung stammt von dem Lüneburger *H. Christian Albers* (veröffentlicht 1805) und führt die Bezeichnung „*Albers-Projektion*".

35.5 Winkeltreue konische Abbildung

Die Bedingungen lauten: Längentreue Abbildung des Parallelkreises mit der Poldistanz δ_0 und Winkeltreue.

Die erste Bedingung liefert die beiden Abbildungsgleichungen:

$$m_0 = \tan \delta_0 \text{ und } n = \cos \delta_0$$

Bei jedem winkeltreuen Entwurf sind die beiden Indikatrixachsen gleich. Es ist also $t = r$, d. h.

$$m \frac{\cos \delta_0}{\sin \delta} = \frac{\mathrm{d}m}{\mathrm{d}\delta} .$$

Nach Trennung der Variablen erhalten wir die Differentialgleichung

$$\frac{\mathrm{d}m}{m} = \cos \delta_0 \frac{1}{\sin \delta} \mathrm{d}\delta .$$

Die beiderseitige Integration

$$\int \frac{\mathrm{d}m}{m} = \cos\delta_0 \int \frac{1}{\sin\delta}\,\mathrm{d}\delta$$

liefert $\ln m = \cos\delta_0 \ln\tan\delta/2 + \ln C$, woraus durch Entlogarithmierung

$$m = C\cdot\left(\tan\frac{\delta}{2}\right)^{\cos\delta_0}$$

folgt.

Die Integrationskonstante C muß so gewählt werden, daß die Gleichung auch für $m_0 = \tan\delta_0$ gilt. Es ist also:

$$C\left(\operatorname{tang}\frac{\delta_0}{2}\right)^{\cos\delta_0} = \operatorname{tang}\delta_0. \text{ Daraus } C = \frac{\tan\delta_0}{\left(\tan\frac{\delta_0}{2}\right)^{\cos\delta_0}},$$

und die Abbildungsgleichung für m lautet:

$$m = \frac{\tan\delta_0}{\left(\tan\frac{\delta_0}{2}\right)^{\cos\delta_0}}\cdot\left(\tan\frac{\delta}{2}\right)^{\cos\delta_0}.$$

Für $\delta = 0$ wird $m = 0$, d. h. der Pol wird als Punkt abgebildet. Zwei Kugelmeridiane mit dem Längenunterschied λ im Pol schneiden sich im Bild unter dem Winkel $\alpha = n\cdot\lambda$. Im Pol selbst geht — als einziger Stelle — die Winkeltreue also verloren. Auf den Grund hierfür soll hier nicht eingegangen werden.

Indikatrix:

$$a = b = m\,\frac{\cos\delta_0}{\sin\delta},$$

$$S = a\cdot b = m^2\cdot\frac{\cos^2\delta_0}{\sin^2\delta},$$

$$w = 0 \quad \text{(winkeltreu)}.$$

In der Tabelle 8 sind für $\varphi_0 = 50°$ ($\delta_0 = 40°$) die Radien für ein 10°-Netz und deren Zuwachs Δm sowie die Verzerrungen angeführt ($R = 1$, $n = \cos 40° = 0{,}7660$).

Tabelle 8:

δ (°)	m	Δm	$a = b$	S
0	0,0000	0,2815	—	—
10	0,2815	0,2001	1,2420	1,5426
20	0,4816	0,1820	1,0787	1,1636
30	0,6636	0,1765	1,0167	1,0337
40	0,8391	0,1754	1,0000	1,0000
50	1,0145	0,1803	1,0144	1,0291
60	1,1948	0,1903	1,0569	1,1170
70	1,3851	0,2059	1,1291	1,2749
80	1,5910	0,2289	1,2376	1,5317
90	1,8199		1,3941	1,9436

35.6 Praktische Durchführung von Netzberechnungen bei den konischen Abbildungen

In der Praxis werden die Netze ausschließlich für die Darstellung von Gebieten in mittleren Breiten angewandt. Der Punkt S' (Abb. 71) fällt in der Regel außerhalb der Kartenfläche, auch sind die Kreisbogen der Parallelkreise

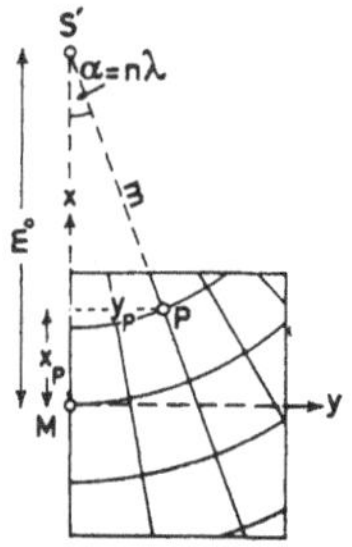

Abb. 71. Netzberechnung konischer Abbildungen

meist sehr flach. Es werden daher zweckmäßig für die benötigten Netzecken (rechte Blatthälfte) rechtwinklige Koordinaten berechnet, die Punkte kartiert und entsprechend mit Lineal bzw. Kurvenlineal verbunden.

Aus den vorweg zu berechnenden Radien m der Parallelkreisbilder und der Konstanten n nach der jeweiligen

Abbildungsart ergeben sich die Koordinatenwerte der Netzpunkte für einen bestimmten Maßstab 1 : $\mathfrak{m}$, bezogen auf den Kartenmittelpunkt M, zu

$$x = \frac{R}{\mathfrak{m}} \cdot [m_0 - m \cdot \cos (n \cdot \lambda)] \quad \text{und}$$

$$y = \frac{R}{\mathfrak{m}} \cdot [m \cdot \sin (n \cdot \lambda)] .$$

Die konischen Abbildungen in transversaler und schiefachsiger Lage haben für geographische Karten wenig Bedeutung.

36 Polykonische Abbildungen, Polyederprojektion

Bei der Herleitung einiger Abbildungen des vorigen Abschnittes haben wir uns der Vorstellung *eines* die Kugel berührenden (oder schneidenden) Kegels bedient. Nun kann man sich auch vorstellen, daß die Kugel von *mehreren* Kegeln in verschiedenen Poldistanzen berührt (oder geschnitten) wird. Man erhält so eine Reihe von Zonen, die jeweils auf einen anderen Kegelmantel abgebildet werden, und bezeichnet diese Abbildungen daher als „polykonische Abbildungen". An die Netze selbst können verschiedene Forderungen gestellt werden, z. B. längentreue Abbildung der Parallelkreise oder Rechtschnittigkeit der Meridian- und Parallelkreisbilder; auch winkel- oder flächentreue Netze lassen sich gewinnen. Hier sollen lediglich die polykonischen Abbildungen mit längentreuen Parallelkreisen behandelt werden[1]). Bei ihnen kommen die einzelnen Berührungsparallelkreise längentreu wieder als Kreise zur Abbildung. Ihre Radien sind $m = \tan \delta$ (δ = Poldistanz des jeweiligen Berührungskreises). Von den Meridianen kann lediglich der Mittelmeridian längentreu abgebildet werden. Da die Kegelspitzen verschiedene

[1]) Bei diesen und den folgenden unechten Abbildungen [37] trifft der in 31.4 angeführte Satz, daß die auf der Kugel und in der Abbildung zueinander senkrechten Richtungen durch die Meridiane und Parallelkreise dargestellt werden, nicht mehr zu. Die Behandlung der Verzerrungsverhältnisse setzt tiefere mathematische Kenntnisse voraus. Deshalb wird hier darauf verzichtet.

Lagen auf der Achse einnehmen, können die Parallelkreisbilder nun keine *konzentrischen* Kreise sein; ihre Mittelpunkte liegen auf dem Bild des Mittelmeridians. Der Öffnungswinkel α für einen Punkt P auf dem Parallelkreis mit der Poldistanz δ ist $\alpha = n \cdot \lambda$, wobei $n = \cos \delta$. Damit ergeben sich die Abbildungsgleichungen für einzelne Netzecken (δ, λ) in rechtwinkligen Koordinaten, bezogen auf den Schnittpunkt des Mittelmeridians mit dem Äquator als Ursprung:

$$y = m \cdot \sin \alpha \,,$$
$$x = \operatorname{arc} (90^\circ - \delta) + (m - m \cdot \cos \alpha) \,.$$

Für $\delta = 90^\circ$ wird $m = \infty$, $n = 0$, d. h. die Ausdrücke werden unbestimmt. Sie besitzen aber endliche Grenzwerte:

$$y_{\delta=90^\circ} = \operatorname{arc} \lambda, \qquad x_{\delta=90^\circ} = 0 \,.$$

Je nach Wahl der Kegel unterscheiden wir folgende Arten polykonischer Abbildungen:

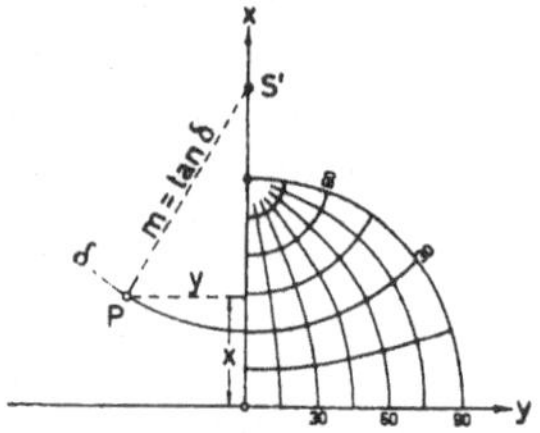

Abb. 72. Polykonische Abbildung mit stetig gekrümmten Meridianbildern

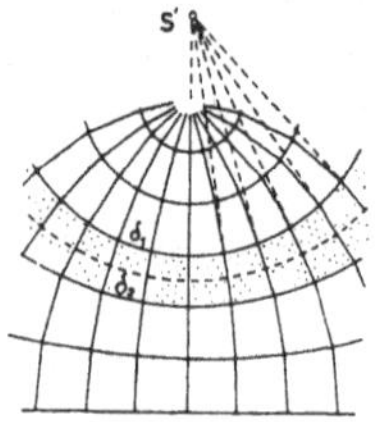

Abb. 73. Polykonische Abbildung mit geradlinigen Meridianbildern

a) Werden die Zonen infinitesimal benachbart angenommen, dann liegen die Berührungsparallelkreise der Kegel unendlich nahe beieinander. Die Meridianbilder haben die Form stetiger Kurven (Abb. 72 rechts).

b) Denken wir uns Zonen von endlicher Breite — zwischen δ_1 und δ_2 — und den Kegel im Parallelkreis $1/2\,(\delta_1 + \delta_2)$ berührend, dann sind die Meridianbilder gerade Linien, die in der jeweiligen Zone nach einem gemeinsamen Punkt S' konvergieren (Abb. 73).

Bei diesen Abbildungen wachsen die Längenverzerrungen auf den beiderseits des Mittelmeridians gelegenen Meridianen sehr stark an. Netze dieser Art haben daher für eine geschlossene Wiedergabe größerer Gebiete wenig Bedeutung.

c) Modifizierte polykonische Projektion: Um die Längenverzerrung der seitlichen Begrenzungsmeridiane zu mildern, kommt nicht der Mittelmeridian, sondern ein östlich und westlich von ihm gelegener Meridian längentreu zur Abbildung. Der Mittelmeridian selbst erscheint etwas verkürzt (Abb. 74).

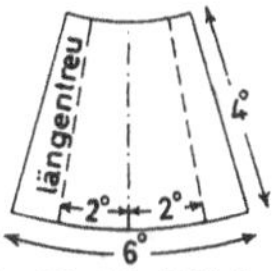

Abb. 74. Modifizierte polykonische Abbildung

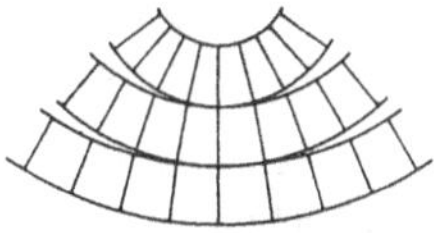
Abb. 75. Klaffungen bei polykonischen Abbildungen

In dieser modifizierten Form wird die polykonische Abbildung u. a. bei den Einzelblättern der Internationalen Weltkarte 1 : 1 Million [52.7] angewandt.

d) Denkt man sich die Kugeloberfläche in Zonen eingeteilt, die von je zwei Parallelkreisen begrenzt werden, und stellt man von jeder Zone eine Abbildung mit zwei längentreuen Parallelkreisen (den nördlichen und südlichen Begrenzungskreisen) her, so entstehen bei der Verebnung Kreisringsektoren, die sich im Schnitt mit dem Mittelmeridian berühren, östlich und westlich von ihm jedoch auseinanderklaffen. Durch die geradlinigen Bilder bestimmter Meridiane werden die Zonen in einzelne Kartenblätter aufgeteilt (Abb. 75).

Bei einem verhältnismäßig großen Kartenmaßstab werden die einzelnen Kartenblätter nur eine geringe Ausdehnung in der geographischen Länge und Breite aufweisen. Die Parallelkreisbilder erscheinen dann als sehr flache Kreisbogen, die praktisch für jedes einzelne Blatt durch eine gerade Linie ersetzt werden können. Jedes Blatt bekommt somit die Form eines Trapezes. In einer Ebene lassen sich die Trapeze nicht ohne Klaffungen aneinanderlegen (Abb. 76). Bei einem lückenlosen Zusammenfügen entsteht ein räumliches Polyeder.

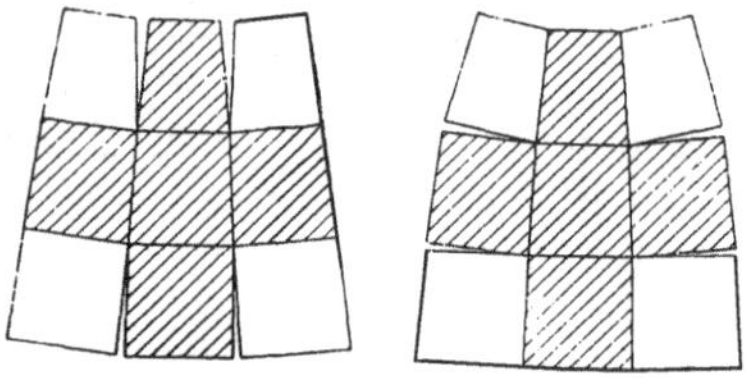

Abb. 76. Polyederprojektion

Auf diese Weise läßt sich die bei einigen topographischen Kartenwerken — insbesondere bei der topographischen Karte 1 : 25000 (Meßtischblätter) [52.2] — früher angewandte Abbildungsart, die sog. „*Preußische Polyederprojektion*", erklären.

37 Unechte Abbildungen

Die bisher behandelten Abbildungen ließen sich durch die Vorstellung eines geometrischen Körpers (Kegel, Zylinder, Polyeder) oder einer Berührungsebene erklären bzw. veranschaulichen. Bei den unechten Abbildungen besteht diese Möglichkeit nicht mehr. Sie sind lediglich durch gewisse an die Abbildung gestellte Bedingungen definiert. Die unechten Abbildungen lassen sich jedoch in vielen Fällen auf eine echte zurückführen. Für die wichtigsten von ihnen wird im folgenden die Netzkonstruktion angegeben[1]).

37.1 Stab-Wernersche Abbildung

Sie ist von der mittabstandstreuen azimutalen Abbildung [32.1] in der Weise abgeleitet, daß neben dem Mittelmeridian alle

[1]) Siehe Fußnote bei 36, S. 113.

Parallelkreise längentreu zur Abbildung kommen. Die Abbildungsgleichungen lauten:

$$m = \operatorname{arc} \delta ,$$
$$\alpha = \frac{\lambda \cdot \sin \delta}{\operatorname{arc} \delta} ,$$
$$x = \operatorname{arc} (90^\circ - \delta) - m \cdot \cos \alpha ,$$
$$y = m \cdot \sin \alpha .$$

Der Entwurf ist flächentreu (Abb. 77).

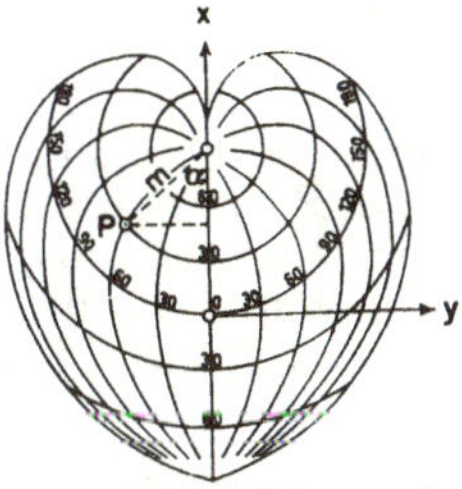

Abb. 77. Stab-Wernersche Abbildung

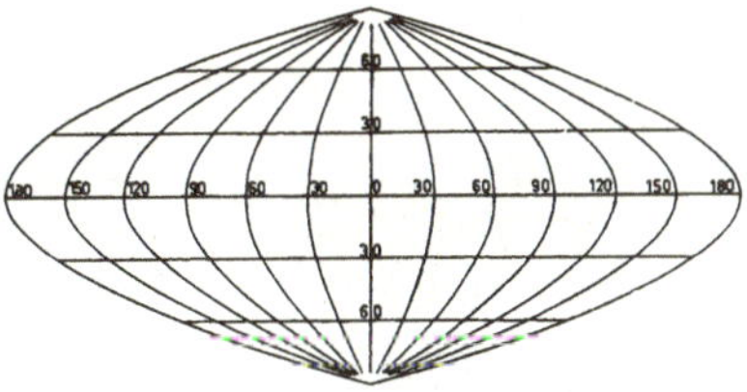

Abb. 78. Sanson-Flamsteedsche Abbildung

37.2 Sanson-Flamsteedsche Abbildung

Sie wird von der mittabstandstreuen zylindrischen Abbildung mit längentreuem Äquator abgeleitet, wobei wiederum der Mittelmeridian und die Parallelkreise längentreu zur Abbildung kommen. Die einfachen Abbildungsgleichungen lauten:

$$x = \operatorname{arc} \varphi ,$$
$$y = \lambda \cdot \cos \varphi .$$

Auch dieser Entwurf ist flächentreu (Abb. 78).

37.3 Bonnesche Abbildung

Während die beiden vorgenannten Netzentwürfe praktisch kaum noch angewandt werden, finden wir die Bonnesche Abbildung doch noch recht häufig, obwohl die Verzerrungsverhältnisse bei ihr nicht günstig liegen[1]). Dieser Entwurf ist von der einfachen mittabstandstreuen

[1]) Über die Verzerrungsverhältnisse siehe Wagner: Kartographische Netzentwürfe, S. 162.

konischen Abbildung [35.1] abgeleitet und kommt folgendermaßen zustande: Ein Parallelkreis wird als Berührungskreis ausgewählt. Sein Radius ist $m_0 = \tan \delta_0$ und sein Mittelpunkt S'. Die übrigen Parallelkreisbilder sind konzentrische Kreise um S'. Der Mittelmeridian wird längentreu abgebildet, daher ergeben sich die Parallelkreisradien zu $m = m_0 + \operatorname{arc}(\delta - \delta_0)$. Die Parallelkreise selbst werden ebenfalls längentreu unterteilt (Abb. 79). Aus dieser Bedingung ergibt sich der Öffnungswinkel α für einen Punkt P auf einem Parallelkreis mit der Poldistanz δ zu $\alpha = \lambda \cdot \sin \delta / m$.

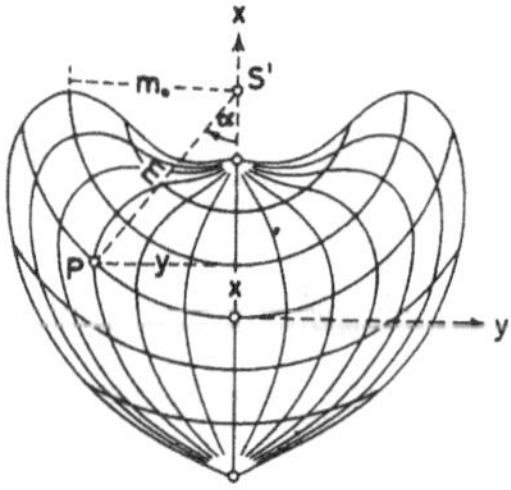

Abb. 79. Bonnesche Abbildung

Damit sind die Abbildungsgleichungen in Polarkoordinaten gewonnen. In rechtwinkligen Koordinaten mit dem Kartenmittelpunkt als Ursprung lauten sie:

$$x = m_{90^\circ} - m \cos \alpha \,,$$
$$y = m \cdot \sin \alpha \,.$$

Der Entwurf ist flächentreu. Er führt die Bezeichnung nach dem Franzosen *Rigobert Bonne* (1752).

37.4 Planisphären

Als Planisphären werden Weltkarten bezeichnet, auf denen die gesamte Erdoberfläche zusammenhängend dargestellt ist. Von den Eigenschaften solcher Netze wird — neben einer ansprechenden äußeren Form — für geographische Zwecke die Flächentreue meist bevorzugt. Häufig angewandt wurde die

37.41 *Abbildung von Mollweide.* Sie ist flächentreu, und zwar wird die halbe Kugeloberfläche auf einer Kreisfläche, die ganze auf einer Ellipsenfläche zur Darstellung gebracht. Ist der Radius des Kreises b (Abb. 80), so ergibt sich die große Achse a der Ellipse aus folgender Beziehung:

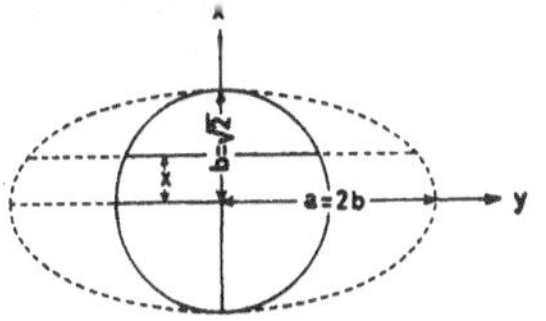

Abb. 80. Siehe Text

Oberfläche der Halbkugel ($R = 1$) $= 2\pi$,

Kreisfläche . . . . . . $= b^2 \cdot \pi$,

$$b = \sqrt{2}.$$

Oberfläche der Kugel $= 4\pi$.

Fläche der Ellipse $= ab\pi$,

$$a = \frac{4}{b} = \frac{4}{\sqrt{2}} = 2\sqrt{2} = 2b.$$

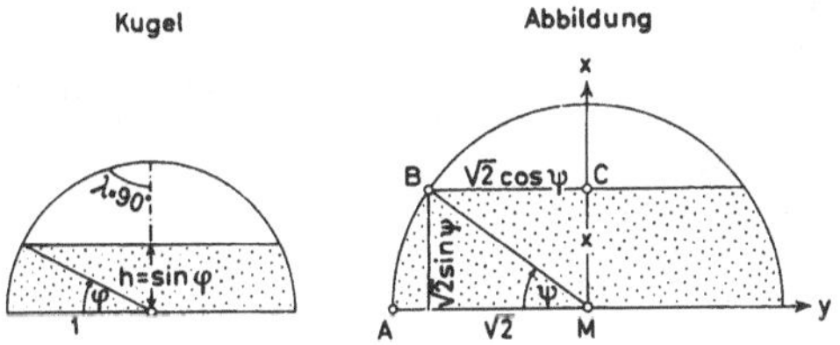

Abb. 81. Siehe Text

Die Achse a ist das Bild des Äquators. Die Parallelkreisbilder sind parallele Geraden zum Äquatorbild. Ihre Abstände x sind so zu bestimmen, daß die Flächentreue gewahrt bleibt, d. h. die Fläche einer halben Kugelzone mit der Höhe $h = \sin\varphi$ (halbe Kugel = Kreisfläche (s. o.)) muß gleich der entsprechenden Fläche in der Abbildung sein. Diese setzt sich aus zwei Kreisausschnitten ABM und zwei Dreiecken BCM zusammen (Abb. 81).

Nach Einführung des Parameters ψ in der Abbildung, der einer geographischen Breite φ auf der Kugel entsprechen soll, sind die Abbildungsgleichungen aus Abb. 81 abzulesen. Es ist

$$x = \sqrt{2}\sin\psi,$$

und da der Punkt B (Abstand $BC = \sqrt{2}\cos\psi$ vom Mittelmeridian) dem Bildpunkt eines Meridians mit der geographischen Länge $\lambda = 90°$ entspricht, erhalten wir für ein beliebiges λ

$$y = \frac{\lambda}{90°}\sqrt{2}\cos\psi.$$

Der Zusammenhang zwischen ψ und φ ergibt sich aus der Bedingung der Flächentreue wie folgt:

$$\frac{2\pi h}{2} = \frac{(\sqrt{2})^2}{2\varrho} \cdot 2\psi + \sqrt{2} \cdot \sin\psi \cdot \sqrt{2}\cos\psi\,^{1)},$$

$$\pi \cdot \sin\varphi = \frac{2\psi}{\varrho} + 2\sin\psi\cos\psi\,^{2)},$$

$$\pi \cdot \sin\varphi = \operatorname{arc} 2\psi + \sin 2\psi\,.$$

Aus dieser transzendenten Gleichung kann ψ für bestimmte Werte von φ nur durch Näherungsverfahren bestimmt werden.

Eine für die Praxis meistens ausreichende Genauigkeit wird man erreichen, wenn man für runde Werte von ψ die entsprechenden (unrunden) φ-Werte berechnet und durch lineare Interpolation für die benötigten runden φ-Werte die (unrunden) Werte von ψ bestimmt.

Der Entwurf (Abb. 82) zählt zu den unechten zylindrischen Abbildungen. Er stammt von dem deutschen Mathematiker *Karl Mollweide*, der ihn 1805 veröffentlichte.

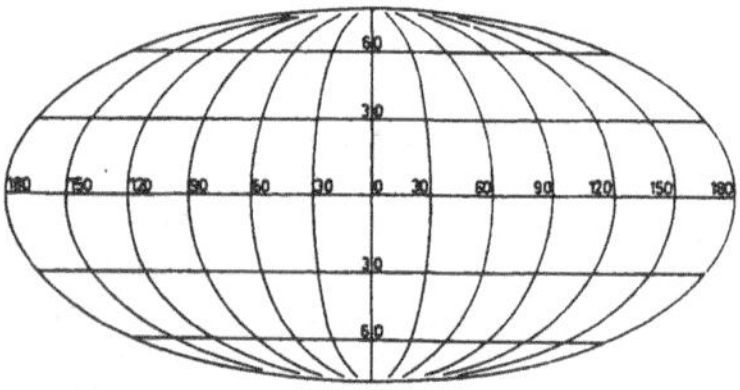

Abb. 82. Abbildung von Mollweide

37.42 *Die Abbildungen von Aitoff und Hammer*

Diese vermittelnden Entwürfe sind sog. Abkömmlinge von transversalen azimutalen Abbildungen und derart entstanden,daß eine Zusammenziehung des Netzes auf der Kugel durch eine Dehnung (Umbezifferung) in der Ebene ausgeglichen wird. Ausgangsentwurf ist bei Aitoff die mittabstandstreue azimutale Abbildung [32.1], bei Hammer die flächentreue azimutale Abbildung [32.2],

[1]) Die Fläche eines Kreisausschnittes mit dem Radius r und dem Zentriwinkel α ist $\frac{r^2 \cdot \pi}{360°} \cdot \alpha = \frac{r^2}{2 \cdot \frac{180°}{\pi}} \cdot \alpha = \frac{r^2}{2\varrho} \cdot \alpha$.

[2]) Siehe 32.1.

jeweils in transversaler Lage. Die Abbildungsgleichungen für die Netze in *normaler* Lage lauten

bei Aitoff	bei Hammer	
in Polarkoordinaten mit dem Ursprung im Pol		
$\alpha = \lambda, \; m = \operatorname{arc} \delta$	$\alpha = \lambda\,, \; m = 2 \sin \frac{\delta}{2}$	(1)
in rechtwinkligen Koordinaten		
$x = \operatorname{arc} \delta \cos \alpha$	$x = 2 \sin \frac{\delta}{2} \cos \alpha$	(2)
$y = \operatorname{arc} \delta \sin \alpha$	$y = 2 \sin \frac{\delta}{2} \sin \alpha$	

Bei den Abbildungen in *transversaler* Lage stellen α und δ die sphärischen Polarkoordinaten eines Netzpunktes mit dem Ursprung im Äquator dar. δ ist ein Großkreisbogen, α sein Azimut. Die Berechnung von α und δ aus den geographischen Koordinaten des Netzpunktes φ und λ erfolgt nach den Formeln [vgl. 33]:

$$\left.\begin{aligned} \cos \delta &= \cos \lambda \cos \varphi\,, \\ \cos \alpha &= \frac{\sin \varphi}{\sin \delta}\,. \end{aligned}\right\} \tag{3}$$

Durch Einsetzen der Werte δ und α aus (3) in die Abbildungsgleichungen (2) erhalten wir ein transversales Netz, das die Darstellung einer *Halb*kugel auf einer Kreisfläche gestattet (siehe Abb. 80). Man kann die *ganze* Kugeloberfläche auf dieser Kreisfläche darstellen, wenn man zuvor die gesamte Kugeloberfläche auf einer Halbkugel abbildet, indem man an Stelle von λ in Gl. (3) $\lambda/2$ setzt.

Hammer und Aitoff gleichen nun die auf der Kugel durchgeführte Zusammenziehung in der Ebene dadurch wieder aus, daß sie die y-Koordinaten verdoppeln. Der Umfangsmeridian erhält dadurch die Gestalt einer Ellipse, und die Abbildungsgleichungen lauten:

bei Aitoff	bei Hammer	
$x = \operatorname{arc} \delta \cos \alpha$	$x = 2 \sin \frac{\delta}{2} \cos \alpha$	(4)
$y = 2 \operatorname{arc} \delta \sin \alpha$	$y = 4 \sin \frac{\delta}{2} \sin \alpha$	

Abb. 83 zeigt den Entwurf von Hammer, bei dem die Flächentreue erhalten ist. Der Aitoffsche Entwurf ist dem von Hammer sehr ähnlich. Das Netz stammt von dem russischen Kartographen Aitoff und hat Hammer zur Schaffung seines Netzes angeregt. Das Verfahren der Dehnung und Streckung kann auch auf andere Ausgangsentwürfe angewandt werden. Näheres siehe [2]).

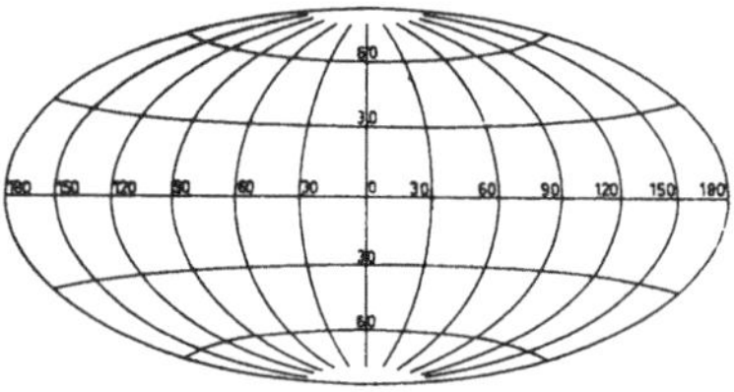

Abb. 83. Abbildung von Hammer

37.43 *Die Abbildung von Winkel*[1])

Eine andere Art vermittelnder Entwürfe entsteht durch Kombination zweier (oder mehrerer) Abbildungen. Karten mit derartigen Netzen werden auch als Mischkarten[2]) bezeichnet. Die Abbildung von Winkel entsteht durch Bildung des arithmetischen Mittels zwischen dem Aitoffschen Entwurf [37.42] und der mittabstandstreuen zylindrischen Abbildung mit zwei längentreuen Parallelkreisen [34.2].

Die Abbildungsgleichungen bei Aitoff lauten:

$$x = \operatorname{arc} \delta \cos \alpha \,,$$
$$y = 2 \operatorname{arc} \delta \sin \alpha \,.$$

Dabei ist

$$\cos \delta = \cos \frac{\lambda}{2} \cos \varphi \quad \text{und} \quad \cos \alpha = \frac{\sin \varphi}{\sin \delta} \,.$$

Für die zylindrische Abbildung gilt:

$$x = \operatorname{arc} \varphi$$
$$y = \operatorname{arc} \lambda \cos \varphi_0 \,.$$

[1]) O. Winkel: Übersicht der Gradnetzkombinationen, Pet. Geogr. Mitt. 1928.

[2]) K. Wagner: Kartogr. Netzentwürfe, S. 217. ff.

Daraus folgt das arithmetische Mittel:

$$x = \frac{\operatorname{arc} \varphi + \operatorname{arc} \delta \cos \alpha}{2},$$

$$y = \frac{\operatorname{arc} \lambda \cos \varphi_0 + 2 \operatorname{arc} \delta \sin \alpha}{2}.$$

Wenn man δ und α durch φ und λ ausdrückt, ergeben sich komplizierte Formeln. Der Weg über die Einzelberechnung der beiden Abbildungen und anschließende Mittelbildung führt einfacher zum Resultat. Der Entwurf ist in Abb. 84 mit $\varphi_0 = 40°$ dargestellt. Er wird neuerdings für Erdkarten (Planisphären) mit Vorliebe angewandt, obwohl er in keiner Weise verzerrungsfrei ist. Die Flächen erscheinen äquatorwärts verkleinert und polwärts vergrößert.

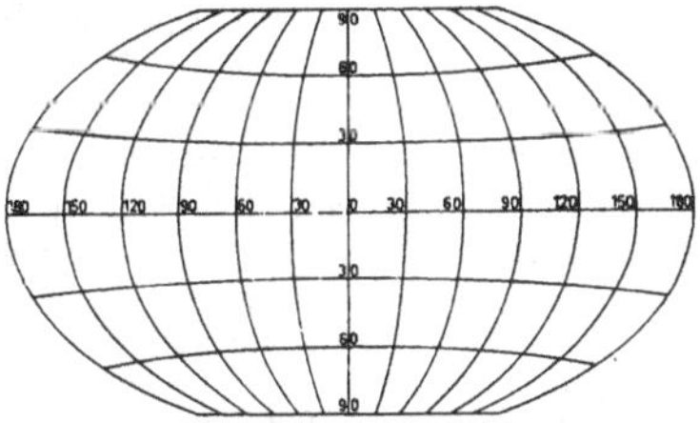

Abb. 84. Abbildung von Winkel

37.5 Planigloben

Weltkarten, welche die Erdoberfläche in zwei Halbkugeln (Kreisflächen) wiedergeben, werden als Planigloben bezeichnet. Für diese Darstellungsart eignen sich alle transversalen azimutalen Abbildungen mit Ausnahme der Zentralprojektion. Da die Berechnung solcher Netze einigen Aufwand erfordert, werden für untergeordnetere Zwecke des öfteren einfachere Konstruktionen bevorzugt:

37.51 *Globularprojektion*

Bei ihr wird eine Halbkugel durch eine Kreisfläche dargestellt. Der von rechts nach links bzw. der von unten nach oben verlaufende Durchmesser des Kreises sind die Bilder des Äquators bzw. des Mittelmeridians, die beide längentreu unterteilt werden. Die Meridianbilder sind Kreise durch die beiden Pole und die jeweiligen Äquatorteilpunkte. Auch die Parallelkreise werden durch Kreise dargestellt. Sie verlaufen durch die Teilpunkte des längentreu unterteilten Begrenzungsmeridians und die entsprechenden Punkte des Mittelmeridians. Die einfache geometrische Konstruktion geht aus Abb. 85 hervor.

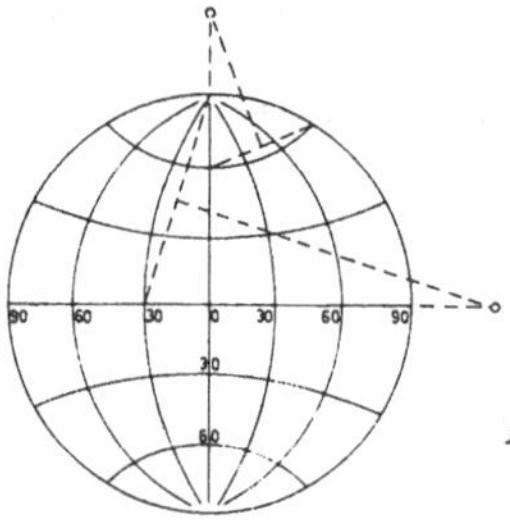

Abb. 85. Globularprojektion

37.52 *Nells modifizierte Globularprojektion*

Sie gehört zur Gruppe der kombinierten Entwürfe und ist aus der Globularprojektion [37.51] und der transversalen stereographischen Projektion [32.3] hervorgegangen. Bei beiden Entwürfen sind sowohl die Bilder der Parallelkreise als auch die der Meridiane Kreisbögen. Die Meridianbilder beider Arten treffen sich in den Polen und weichen auf dem Äquatorbild etwas voneinander ab; die Parallelkreisbilder treffen sich im Bild des Grenzmeridians und weichen auf dem Mittelmeridianbild voneinander ab. Die Meridian- und Parallelkreisbilder der modifizierten Globularprojektion sind Kreisbögen, die überall in der Mitte zwischen den beiden entsprechenden Kreisbögen liegen.

38 Geodätische Abbildungen

Die geodätischen Abbildungen unterscheiden sich in einigen wesentlichen Punkten von den kartographischen Abbildungen. Während letztere in der Regel für die Darstellung größerer Teile der Erdoberfläche in kleinen Maßstäben zur Anwendung kommen, werden bei den geodätischen Abbildungen im allgemeinen verhältnismäßig kleine Gebiete (Länder) in großen Maßstäben wiedergegeben. Die Kugel als Erdfigur wird dabei allgemein durch das Rotationsellipsoid abgelöst. In der Geodäsie handelt es sich nicht — bzw. nicht in erster Linie — darum, die ebenen Bilder von Meridianen und Parallelkreisen graphisch darzustellen; vielmehr sollen für einzelne Punkte, die auf dem Ellipsoid durch ihre geographischen Koordinaten oder in anderer Weise festgelegt sind, rechtwinklig-ebene Koordinaten berechnet werden. Eine verzerrungsfreie Übertragung der Ellipsoidkoordinaten in eine Ebene ist auch hier nicht möglich. Bei den geodätischen Abbildungen tritt jedoch die Forderung nach einer weitgehenden Ähnlichkeit zwischen Urbild und Abbildung noch stärker in den Vordergrund. Es sind vor allem zwei Systeme rechtwinkliger Koordinaten, die sich für geodätische Zwecke als geeignet erwiesen haben[1]):

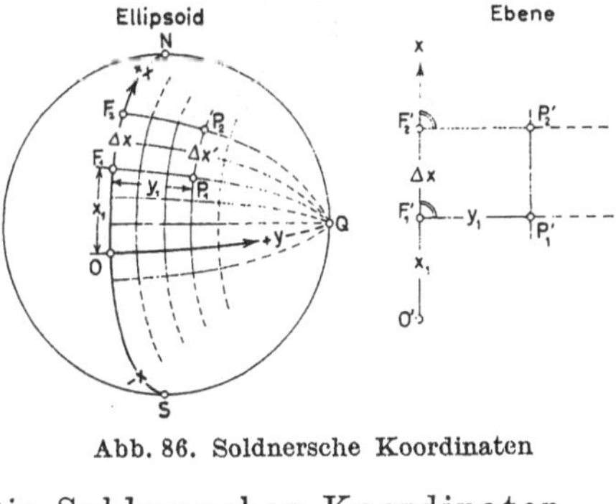

Abb. 86. Soldnersche Koordinaten

38.1 Die Soldnerschen Koordinaten

Bei Soldner wird ein in der Mitte des Vermessungsgebietes liegender Hauptmeridian als Abszissenachse (x-Achse) angenommen. Ein ausgezeichneter Punkt O ist Koordinatenursprung. Die Ordinate y eines Punktes P_1 wird durch das ellipsoidische Lot von P_1 auf die x-Achse dargestellt: $y_1 = \overline{F_1 P_1}$ (Abb. 86). Seine Abszisse x_1 ist

[1]) Werkmeister-Großmann: Vermessungskunde II; Slg. Göschen, Bd. 469 [48.3], [48.4] und [48.5].

der Meridianbogen vom Ursprung O bis zum Fußpunkt F_1: $x_1 = \overline{OF}_1$.

In der Ebene wird der ellipsoidische Hauptmeridian längentreu auf der x-Achse eines rechtwinkligen Koordinatensystems abgebildet. Die ellipsoidischen Ordinaten werden ebenfalls in wahrer Länge als y-Werte rechtwinklig zur Abszissenachse abgetragen. Die Abbildung entspricht also der in 34.1 für die Kugel behandelten mittabstandstreuen zylindrischen Abbildung mit längentreuem Äquator, jedoch in transversaler Lage.

Da die Ordinaten auf dem Ellipsoid gegen den Punkt Q konvergieren, erleiden die Abszissenunterschiede Δx in der Abbildung eine Dehnung. Um diese in tragbaren Grenzen zu halten, hat man z. B. in Preußen, das für die Katastervermessungen Soldnersche Koordinaten benutzt hat, die Systeme auf 64 km beiderseits des Hauptmeridians beschränkt und das Staatsgebiet in eine entsprechend große Anzahl selbständiger Systeme eingeteilt.

38.2 Die Gaußschen Koordinaten

C. F. Gauß hat für die von ihm geleitete hannoversche Landesvermessung (1822—1847) das Verfahren der winkeltreuen (konformen) Abbildung mit längentreuem Hauptmeridian entwickelt. Damit die Abbildung winkeltreu wird, müssen die Längen der ellipsoidischen Ordinaten gedehnt werden. Diese Abbildung ist der in 34.4 behandelten Mercatorprojektion für die Kugel analog; ihre Lage jedoch ist transversal.

Wie in 38.1 bereits erwähnt, erleiden die Abszissenunterschiede auf dem Ellipsoid mit zunehmender Entfernung vom Hauptmeridian infolge der Konvergenz der Ordinaten eine Verkürzung. Die Länge eines Abszissenunterschiedes $\Delta x'$ (Abb. 86) in einer Entfernung y vom Hauptmeridian ist, wenn r den Krümmungshalbmesser des Ellipsoids darstellt, $\Delta x' = \Delta x \cos y/r$. Die Differenz $\Delta x - \Delta x'$ stellt die Verzerrung (Vergrößerung) in der Abbildung dar. Ihr Wert ist $\Delta x - \Delta x \cos y/r = \Delta x \times$

$(1 - \cos y/r)$, und wenn wir $\cos y/r$ in einer Reihe entwickeln und uns dabei auf das erste Glied beschränken,

$$\Delta x \left[1 - \left(1 - \frac{1}{2!} \cdot \frac{y^2}{r^2} + \cdots\right)\right] = \Delta x \cdot \frac{y^2}{2\,r^2}.$$

Damit die Winkeltreue gewahrt bleibt, muß jedes Stück Δy einer Ordinate den entsprechenden Zuschlag $dy \cdot y^2/2\,r^2$ erhalten. Für die ganze Ordinate ist demnach der

$$\text{Zuschlag} = \int_0^y \frac{y^2}{2\,r^2} \cdot \mathrm{d}y = \frac{y^3}{6\,r^2}.$$

Durch die verbesserten Ordinaten wird die Abbildung konform.

Die von Gauß unzusammenhängend hinterlassene Darstellung hat *L. Krüger* vervollständigt. Daher führen die Gaußschen Koordinaten in Deutschland die Bezeichnung *Gauß-Krüger-Koordinaten*. Im englisch sprechenden Ausland heißen sie meist *transversale Mercator-Koordinaten*.

38.3 Die Gauß-Krügerschen Meridianstreifensysteme

Mit zunehmender Entfernung vom Hauptmeridian nehmen die Zuschläge immer größere Werte an. Um sie in tragbaren Grenzen zu halten, wurden in Deutschland Systeme eingerichtet, bei denen die Meridiane 6°, 9°, 12° usw. die Hauptmeridiane = Abszissenachsen darstellen. Jedes System hat nach beiden Seiten eine Ausdehnung von zwei Längengraden (rd. 130 km), so daß zwei benachbarte Systeme sich in einem Streifen von 1° überdecken, in dem die Dreieckspunkte [22] in beiden Systemen berechnet sind (Abb. 87).

Die Meridianstreifensysteme sind folgendermaßen eingerichtet[1]): Damit negative Vorzeichen bei den Ordinaten vermieden werden, erhält jeder Hauptmeridian den Wert $y = 500\,000$ m. Davor erscheint als Kennziffer die fort-

[1]) Baumgart: Die Bezifferung des Meldegitters in Übereinstimmung mit den tatsächlichen Koordinatenwerten; Ztschr. f. Verm.wesen 1919.

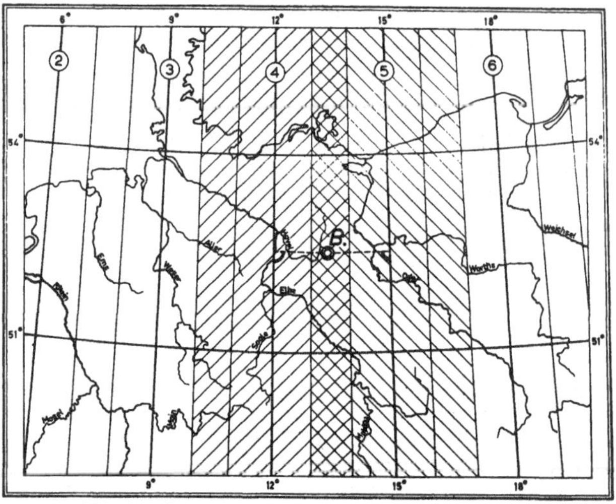

Abb. 87. Gauß-Krügersche Meridianstreifensysteme

laufende Nummer jedes Streifens. Sie ist gleich der durch 3 geteilten Längengradzahl des Hauptmeridians. Die so veränderten Ordinaten heißen *Rechtswerte*. Die Abszissen werden vom Äquator auf dem Hauptmeridian gezählt und als *Hochwerte* bezeichnet.

Als Beispiel sei der Rathausturm Berlin-Mitte mit den geographischen Koordinaten

$$\lambda = 13°24'36{,}01'', \quad \varphi = 52°31'11{,}65''$$

angeführt. Seine Gauß-Krüger-Koordinaten sind:
im System des 12. Längengrades

$$R_{12} = 45\ 95\ 696{,}00 \text{ m}, \ H_{12} = 58\ 21\ 529{,}20 \text{ m}$$

im System des 15. Längengrades

$$R_{15} = 53\ 92\ 088{,}39 \text{ m}, \ H_{15} = 58\ 21\ 783{,}04 \text{ m}$$

Der Ordinatenfußpunkt ist im ersten System 5821529,20 m, im zweiten System 5821783,04 m vom Äquator entfernt. Die Gaußsche Ordinate ist im ersten System + 95696,00 m (der

Punkt liegt östlich des Hauptmeridians von 12°), im zweiten System — 107911,61 m (der Punkt liegt westlich des Hauptmeridians von 15°).

38.4 Das Gitternetz

Jeder Meridianstreifen von je 2° Längenausdehnung ost- und westwärts des Hauptmeridians bildet ein ebenes rechtwinkliges Koordinatensystem. Nun können bestimmte runde Rechts- und Hochwerte in den Karten durch Linien dargestellt werden. Bei wertgleichen Abständen in beiden Richtungen erhalten wir in der Karte ein Quadratnetz, das sog. *Gitternetz*, das in allen amtlichen deutschen Kartenwerken eingetragen oder am Rande angedeutet ist.

Die Maschenweite des Gitters beträgt bei Karten in den Maßstäben 1 : 5000, 1 : 25 000 und 1 : 50 000 4 cm, entsprechend einer Länge von 200 m, bzw. 1 km bzw. 2 km in der Natur; bei den Maßstäben 1 : 100 000 und 1 : 200 000 5 cm, entsprechend 5 km bzw. 10 km in der Natur.

Abb. 88. Planzeiger

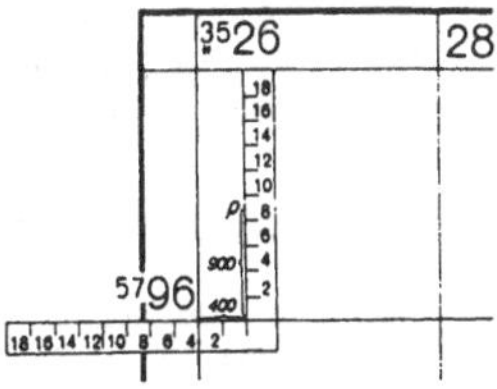

Mit Hilfe eines *Planzeigers* (Abb. 88), der an eine entsprechende untere Gitterlinie angelegt wird, lassen sich grobe Rechts- und Hochwerte eines bestimmten Kartenpunktes aus der Karte entnehmen.

Sämtliche den Rechtswert angebenden Gitterlinien in einem Meridianstreifen verlaufen parallel zu dem nach *Geographisch*-Nord weisenden Hauptmeridian. Die als *Gitter*-Nord bezeichnete Richtung der Gitterlinien fällt also nur im Hauptmeridian mit Geographisch-Nord zusammen, während sie in jedem östlich oder westlich gelegenen Punkt von Geographisch-Nord um einen bestimmten Winkel abweicht. Dieser Winkel γ, der von den Richtungen nach Geographisch-Nord und Gitter-Nord gebildet wird, heißt *Meridiankonvergenz* (Abb. 89). Er wird vom Meridian aus im Uhrzeigersinn gezählt, so daß γ ostwärts der Abszissenachse positiv, westwärts negativ ist. Die Größe der Meridiankonvergenz in einem bestimmten Punkt hängt von dessen Lage ab, nämlich von seinem

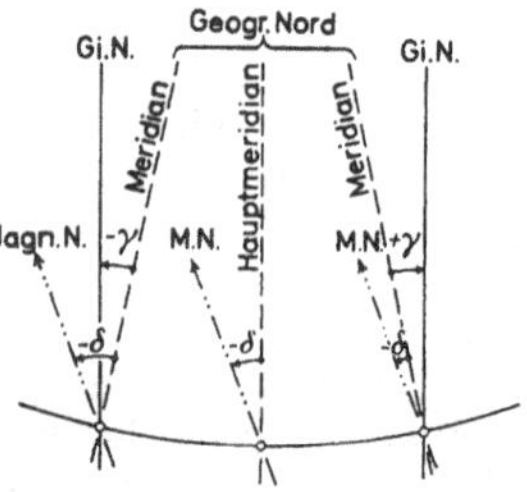

Abb. 89. Meridiankonvergenz, Deklination, Nadelabweichung

Längenunterschied l oder seinem Abstand y gegen den Mittelmeridian und von seiner geographischen Breite φ. Genähert ist $\gamma = l \cdot \sin \varphi \approx y/R \cdot \varrho \cdot \cos \varphi$, wobei R den Krümmungsradius der Ordinate auf dem Ellipsoid darstellt.

Die deutschen amtlichen Kartenwerke sind, mit Ausnahme der Deutschen Grundkarte 1 : 5000, durch geographische Netzlinien begrenzt. Das eingetragene Gitternetz verläuft daher nicht parallel zu den östlichen oder westlichen Begrenzungslinien, sondern weicht von ihnen um den Betrag der Meridiankonvergenz ab.

Bei Arbeiten mit einem Kompaß (z. B. beim Einnorden einer Karte) oder mit einer Bussole (z. B. bei Kartenberichtigungen), kommt noch eine weitere Nordrichtung in Frage, nämlich die Richtung einer freischwebenden Magnetnadel, die als *Magnetisch*-Nord bezeichnet wird. Der Winkel δ, den die Richtungen nach Magnetisch-Nord und nach Geographisch-Nord einschließen, ist die *Deklination*, und der Winkel zwischen den Richtungen nach Magnetisch-Nord und Gitter-Nord heißt *Nadelabweichung*. Diese ist die Differenz von Deklination und Meridiankonvergenz. Da die Deklination in Deutschland z. Z. durchweg westlich, also negativ ist, ist die Nadelabweichung in den deutschen Koordinatensystemen, absolut betrachtet, ostwärts des Hauptmeridians gleich der Summe, westlich des Hauptmeridians gleich der Differenz von Deklination und Meridiankonvergenz[1]).

Durch die Konvergenz der Hauptmeridiane treten bei der Abgrenzung zweier Streifen Schwierigkeiten auf. Um sie zu beheben, ist folgende Anordnung getroffen: Als westliche Begrenzungslinie eines jeden Systems gilt bis zum Hochwert 5700 km des westlichen Nachbarstreifens die Gitterlinie mit dem Rechtswert +390 km[2]), nördlich darüber hinaus jedoch die Gitterlinie mit dem Rechtswert +400 km[3]).

Die in Abb. 90 angedeutete Sprungstelle mit dem Hochwert 6200 km und dem Rechtswert +410 km kommt für deutsche Kartenwerke nicht mehr in Frage.

Abb. 91 zeigt die Anordnung des Gitternetzes an einer Sprungstelle.

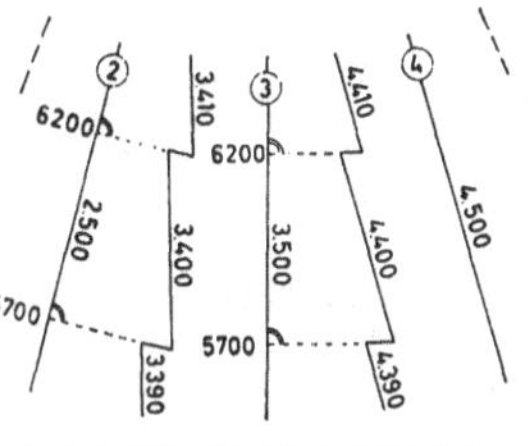

Abb. 90. Abgrenzung der Meridianstreifen

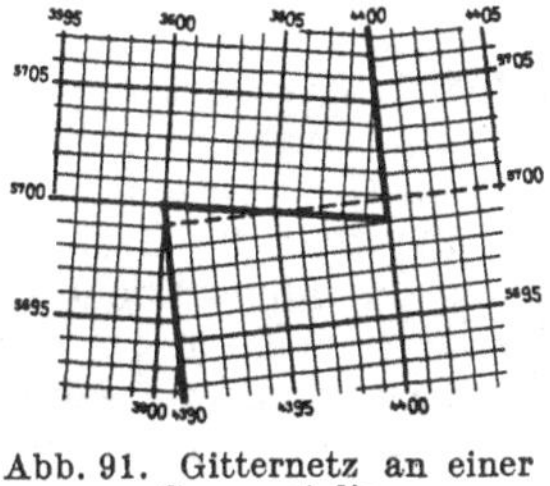

Abb. 91. Gitternetz an einer Sprungstelle

4. Der Karteninhalt

Unter den vielen Kartenarten [14] spielen die topographischen und geographischen Karten die bedeutendste Rolle. Ihr Inhalt setzt sich zusammen aus der Situationszeichnung, der Geländedarstellung und der Kartenschrift.

---

1) Werkmeister-Großmann: Vermessungskunde III; Slg. Göschen, Bd. 862 [44.1].

2) Das Kreuz bedeutet die Kennziffer des Streifens.

3) Blatteckenwerte für die amtlichen Kartenwerke des Reichsamts für Landesaufnahme, Berlin 1925.

41 Die Situationszeichnung (Grundrißzeichnung)

Mit der Situationszeichnung werden vor allem die Gegenstände und Dinge in der Karte zur Darstellung gebracht, die sich auf der Erdoberfläche befinden. Dazu zählen: einzelne Gebäude bzw. ganze Siedlungen, das Verkehrs- und Gewässernetz mit seinen Bauwerken und die topographischen Gegenstände; ferner der Boden selbst, seine Eigenschaft, seine Bedeckung und Gestaltung; endlich die Grenzen, geodätische Festpunkte, morphologisch wichtige Punkte, kulturgeschichtliche und sonstige Denkmäler u. a.

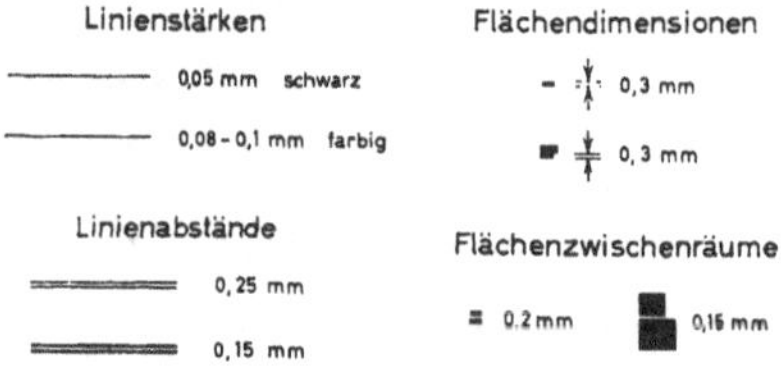

Abb. 92. Minimaldimensionen von Kartenelementen

Der Umfang der Situationswiedergabe hängt wesentlich vom Kartenmaßstab ab, der wiederum weitgehend vom Kartenzweck bestimmt wird. Für die Art der Darstellung sind die Grenzen maßgebend, die uns einerseits durch das menschliche Sehvermögen, andererseits durch die Reproduktion gesteckt sind. Um Einzelheiten in der Karte einwandfrei lesen bzw. drucktechnisch noch wiedergeben zu können, dürfen die Kartenelemente Minimaldimensionen nicht unterschreiten. Als solche gelten[1]): für Linienstärken 0,05 mm (schwarz) bzw. 0,08 ... 0,1 mm (farbig), für kleinste Flächendimensionen 0,3 mm, für Linienabstände 0,15 ... 0,25 mm und für Flächenzwischenräume 0,15 ... 0,2 mm (Abb. 92).

Unter Berücksichtigung dieser Minimaldimensionen werden folgende Arten der Grundrißdarstellungen angewandt: grundrißtreue Darstellungen, grundrißähnliche Darstellungen und Darstellungen durch Signaturen.

[1]) Nach Imhof: Das Siedlungsbild in der Karte; Mitteilg. d. Geogr.-Ethnogr. Ges. Zürich, 1936/37, Bd. XXXVII.

41.1 Darstellung der Siedlungen

41.11 *Grundrißtreue Darstellung*

Bei dieser Darstellungsart sollen wesentliche Einzelheiten von Bauwerken (Häusern) in der Karte maßstäblich wiedergegeben werden. Betrachtet man Gebäudeteile (Vorbauten, Erker u. dgl.) mit Dimensionen von etwa 1,5 m als die noch maßstäblich darzustellenden kleinsten Objekte, so errechnet sich mit der anwendbaren Minimaldimension von 0,3 mm die Maßstabszahl [13] für eine grundrißtreue Darstellung zu $m = 1500 : 0{,}3 = 5000$. Der Maßstab 1 : 5000 läßt also eine Wiedergabe der Häuser mit allen wesentlichen Einzelheiten zu.

Es liegt nahe, die in diesem Maßstab dargestellten Einzelgebäude durch Signaturen nach ihrem Verwendungszweck in der Karte kenntlich zu machen. So unterscheidet die „Deutsche Grundkarte 1 : 5000“ [52.1] Wohn- und Wirtschafts- bzw. Industriegebäude durch verschiedene Schraffuren (siehe Anl. 1). Der Schweizer Grundbuch-Übersichtsplan trifft diese Unterscheidung nicht.

Im Maßstab 1 : 10000 kann die Forderung nach maßstäblich richtiger Wiedergabe nur noch für Häuserdetails mit Dimensionen von mindestens 3 m streng erfüllt werden (0,3 mm in der Karte ≙ 3 m in der Natur). Dieser Maßstab wird häufig als Grenzmaßstab für die grundrißtreue Darstellung bezeichnet.

41.12 *Grundrißähnliche Darstellung*

Mit kleiner werdendem Maßstab würden zuerst Details, später ganze Objekte unter einer bestimmten Ausdehnung bei maßstabsgetreuer Wiedergabe dieMinimaldimensionen unterschreiten. Solche Einzelheiten müssen teilweise vernachlässigt und dadurch die Formen vereinfacht werden; kleinere Objekte fallen weg. Erscheint es jedoch notwendig, typische Einzelheiten bzw. ganze Objekte zur Darstellung zu bringen, so müssen die Dimensionen eine Vergrößerung erfahren. Das führt zu Verzerrungen der gegenseitigen Lageverhältnisse und im weiteren Verlauf zu der Notwendigkeit, mehrere Einzelobjekte zu einem Komplex zusammenzufassen. Alle diese Arbeiten werden als „*Generalisierung*" bezeichnet.

Durch die Generalisierung geht zwar die Grundrißtreue verloren. Bei der hier behandelten Darstellungsart bleibt jedoch eine gewisse Ähnlichkeit mit der Örtlichkeit — im einzelnen, in Teilen oder im ganzen — erhalten; sie wird daher „grundrißähnlich" genannt[1]).

Die Generalisierung selbst ist naturgemäß je nach dem Maßstab verschieden. In den Maßstäben um etwa 1:30000 wirkt sie sich bei Siedlungen in *offener Bauweise*, d. h. bei freistehenden Einzelgebäuden, so aus, daß einerseits Gebäudeteile (Vorbauten), kleine Gebäude, Lichtschächte und Innenhöfe vernachlässigt werden, andererseits aber schmale Gebäudeseiten bzw. ganze Gebäudegrundrisse und typische Einzelheiten eine Vergrößerung erfahren. Die Abstände der Bauwerke von Verkehrswegen oder Schrägstellungen zu ihnen werden unterdrückt und die gegenseitigen Entfernungen der einzelnen Objekte ausgeglichen. Durch Zusammenfassung wird die Zahl der Gebäude verringert. Diese Darstellungsart, bei der noch einzelne Objekte — wenn auch verzerrt — zur Wiedergabe kommen, soll als „grundrißähnliche Einzeldarstellung" bezeichnet werden. Die kleineren Maßstäbe zwingen zu immer stärkeren Vernachlässigungen und Vereinfachungen, zu größeren Verzerrungen und insbesondere zu weitergehenden Zusammenfassungen.

Die Ausführung einwandfreier Generalisierungen verlangt vom Kartographen Sachkenntnis und Erfahrung. Beim Aufbau eines Ortsbildes[2]) sind zuerst Kirchen, Kapellen, Brücken u. dgl. möglichst lagerichtig zu zeichnen. Anschließend werden Eisenbahnen, Bahnhöfe, charakteristische Plätze und Hauptdurchgangsstraßen festgehalten. Vom Ortskern ausgehend folgen abschnittsweise die übrigen Straßen, Gewässer, Häuserblöcke und Einzelhäuser. Typische Formen von Straßenkreuzungen und Abzweigungen sind eher zu übertreiben als abzuschwächen. Untergeordnete kurze Straßen- und Wegezüge müssen mitunter vernachlässigt werden. Wichtige Bauwerke werden jeweils zuerst eingetragen. Großer

---

[1]) Nach Imhof, Fußnote S. 132.

[2]) Siehe Musterblatt für die Top. Karte 1 : 100000, München 1961.

Wert ist auf die Erhaltung des Siedlungscharakters zu legen. Je nach Raumbedarf müssen mitunter die äußere Bebauungsgrenze und die daran anschließende Gartenfläche unter Beachtung des sich ebenfalls ändernden Höhenlinienbildes leicht verdrängt werden.

Wertvolle Hinweise für die Generalisierung lassen sich oft aus der Entstehungs- und Entwicklungsgeschichte der Siedlung erhalten. Bei der Ableitung kleinerer Maßstäbe aus bereits generalisierten Unterlagen empfiehlt es sich, eine grundrißtreue Darstellung oder noch besser ein Luftbild vergleichend zu Rate zu ziehen.

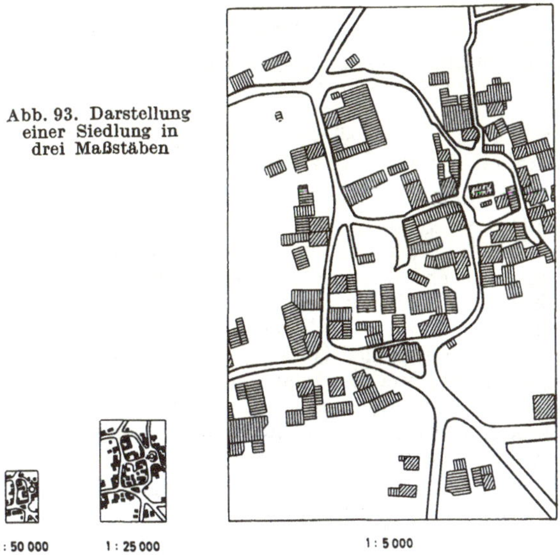

Abb. 93. Darstellung einer Siedlung in drei Maßstäben

Die Abb. 93 zeigt eine Siedlung in den Maßstäben 1 : 50000, 1 : 25000 und in dem grundrißtreuen Maßstab 1 : 5000, wie sie in der Karte erscheint. Um die Auswirkungen der Generalisierung besser vor Augen zu führen, sind in Abb. 94 die drei Originale auf den gleichen Maßstab 1 : 10000 reduziert.

(1: 50 000) (1: 25 000) (1: 5 000)

Abb. 94. Reduktion der Siedlung (Abb. 93) auf den einheitlichen Maßstab 1 : 10 000

Grundrißähnliche Einzeldarstellungen finden wir in Maßstäben bis etwa 1 : 200000.

Bei Siedlungen in *geschlossener Bauweise*, d. h. bei eng bebauten Stadtteilen, führt die Zusammenfassung zur sog. „*Teilblockdarstellung*". Diese Darstellungsart gibt einzelne, durch Straßenzüge begrenzte Siedlungsblöcke durch deren Umrisse wieder. Dabei werden die im Innern der Blöcke gelegenen Freiflächen und schmale Zwischenstraßen vernachlässigt. Da aber die Umfangsstraßenzüge in der Regel eine Verbreiterung erfahren, bleibt die Grundfläche der Gebäudemasse in etwa erhalten. Teilblockdarstellungen lassen die innere Gliederung einer Stadt noch erkennen. Sie können in den Maßstäben 1 : 25000 (hier insbesondere zur Wiedergabe der sehr eng bebauten alten Stadtkerne) bis etwa 1 : 500000 Anwendung finden. Als Beispiel einer Teilblockdarstellung mit Einzeldarstellungen ist in Abb. 95a ein Ausschnitt einer „Topographischen Karte 1 : 25000" auf den Maßstab 1 : 8000 vergrößert und einer grundrißtreuen Verkleinerung auf denselben Maßstab (Abb. 95b) gegenübergestellt. Man beachte, daß im Maßstab 1 : 25000 die Verzerrungen durch Generalisierung gering sind (sie sollen 0,2 mm in der Karte ≙ 5 m in der Natur nicht überschreiten).

a

Abb. 95 a b. Grundrißähnliche und grundrißtreue Darstellung. (Siehe Text)

b

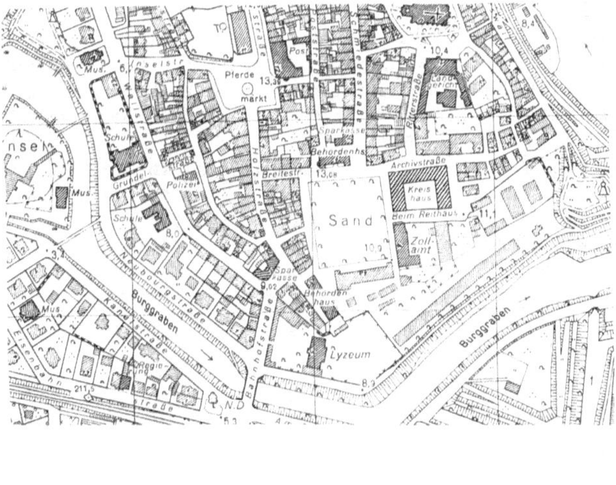

In Maßstäben 1 : 300000 und kleiner kann auch bei größeren Siedlungen die innere Struktur nicht mehr zum Ausdruck gebracht werden. Ihre Wiedergabe erfolgt durch „Gesamtumrisse“, die z. T. auch als Ganzes eine Vergrößerung erfahren. Die Abb. 96 stellt ein Beispiel aus der „Internationalen Weltkarte 1 : 1000000“ dar (siehe auch Anl. 7). Gesamtumrisse finden wir bis zu Maßstäben 1 : 5 Mill.

41.13 *Ortssignaturen*

Beginnend mit dem Maßstab ≈ 1 : 300000 schrumpfen die Umrißdarstellungen kleinerer Siedlungen so zusammen, daß sie Form, Größe und Charakter nicht mehr wiedergeben können. So müßte z. B. in 1 : 300000 ein Ort von etwa 600 m Ausdehnung grundrißtreu auf einer

Abb. 96. Gesamtumriß und Ortssignatur

Fläche von 2 mm dargestellt werden. Auf dieser kleinen Fläche ist eine Differenzierung nicht mehr möglich, eine entsprechende Vergrößerung würde zu starken Verzerrungen der Umgebung führen. Man geht daher zu einer symbolischen Darstellung mittels Signaturen über. Ortssignaturen sind abstrakte Zeichen (einfache oder Doppelkreise in verschiedener Größe — siehe Abb. 96 —, Kreise mit schwarzen Kernen, regelmäßig oder unregelmäßig begrenzte Figuren u. ä.). Mit diesen Signaturen werden nun nicht mehr die Siedlungsräume (bebaute Flächen) und deren Gliederung, sondern die Menschenanhäufungen — ausgedrückt durch die Einwohnerzahl — in der Karte nachgewiesen. Hier findet also der Übergang von der topographischen Darstellung zur geographischen Beschreibung statt.

In verschiedenen Kartenmaßstäben bringen gleiche Ortssignaturen verschiedene Einwohnerzahlen zum Ausdruck. Es ist also notwendig, auf jeder Karte die Bedeutung der Signaturen durch eine Kartenlegende (Zeichenerklärung, Zeichenschlüssel) zu erläutern. In kleineren Maßstäben werden Orte unter einer gewissen Größe nur noch in einer Auswahl gebracht. Die Auswahl kann nach verkehrstechnischen, wirtschaftlichen, kulturellen, historischen, politischen und ähnlichen Gesichtspunkten getroffen werden[1]).

In Karten zwischen den Maßstäben 1 : 25000 und 1 : 5 Mill. kommen immer mehrere Darstellungsarten zur Anwendung; z. B. finden wir in einer Karte 1 : 300000 je nach Größe der Siedlungen Teilblockdarstellungen, Gesamtumrisse und Ortssignaturen. Die allgemein üblichen Arten sind in der folgenden Übersicht zusammengestellt:

Darstellung der Wohnplätze											
Darstellungsart	Kartenmaßstab 1:										
	5000 u. größer	10000	25000	50000	100000	200000	300000	500000	1 Mill.	5 Mill.	10 Mill. u. kleiner
1. Grundrißtreu	▒	▒									
2. Grundrißähnlich: a) Einzeldarstellung			▒	▒	▒	▒					
b) Teilblockdarstellung			▒	▒	▒	▒	▒	▒			
c) Gesamtumriß							▒	▒	▒	▒	
3. Ortssignaturen							▒	▒	▒	▒	▒

41.2 Das Verkehrs- und Gewässernetz

In den großen Maßstäben bis 1 : 5000 lassen sich Eisenbahnen und Straßen mit den Dämmen und Einschnitten grundrißtreu darstellen; Wege können unter Ausnutzung des zulässigen kleinsten Linienabstandes (0,25 mm) durch ihre Begrenzungslinien bis zu einer Breite von 1,25 m herab maßstäblich wiedergegeben werden.

Das Musterblatt für die „Deutsche Grundkarte 1 : 5000" [52.1] schreibt vor, daß Wege unter einer Breite von 3 m wie 3 m breite Wege zu behandeln sind. Hier wurde mit Rücksicht darauf, daß die Karte nicht durch ausgebildete Kartographen, sondern durch Techniker hergestellt wird, die Minimaldimension überschritten.

[1]) Näheres über Ortssignaturen siehe Imhof: Fußnote S. 132.

In allen kleineren Maßstäben erfolgt die Wiedergabe der Verkehrswege durch Signaturen, mit denen die Art, die Bedeutung oder die Leistungsfähigkeit zum Ausdruck gebracht werden kann.

Für die Darstellung der Eisenbahnen ist in den deutschen amtlichen Kartenwerken die Spurweite und die Anzahl der Gleise maßgebend. Die „Topographische Karte 1 : 25000" unterscheidet außerdem zwischen Haupt- und Nebenbahnen. Kleinmaßstäbliche Karten bringen lediglich die Hauptverkehrslinien.

Als Signatur für die Wiedergabe der Eisenbahnen dienen zwei parallele Striche in einem vorgeschriebenen Abstand; in der „Topographischen Karte 1 : 25000" zeigen in Gruppen angeordnete Querstriche zwischen den Strichen die Zahl der Gleise an. In den amtlichen Kartenwerken der kleineren Maßstäbe wechseln sich schwarz ausgefüllte und freie Rechtecke ab. Ein Querstrich in den freien Feldern kennzeichnet die mehrgleisige Bahn. In Übersichts- und geographischen Karten dient gewöhnlich der volle Strich der Wiedergabe von Bahnlinien.

Das Straßen- und Wegenetz kann man entweder nach der Verkehrsbedeutung (entsprechend dem Gesetz über die einstweilige Neuregelung des Straßenwesens und der Straßenverwaltung vom 26. 3. 1934) oder nach der Leistungsfähigkeit, d. h. nach dem tatsächlichen Ausbau, einteilen. In den amtlichen Kartenwerken wird im allgemeinen durch die Signatur die Leistungsfähigkeit zum Ausdruck gebracht; allein die „Deutsche Grundkarte 1 : 5000" trägt — durch entsprechende Beschriftung — beiden Gesichtspunkten Rechnung. In Karten kleiner Maßstäbe werden mit Rücksicht auf die Übersichtlichkeit wiederum nur die Hauptverkehrsadern zur Darstellung gebracht.

Die Signaturen[1]) der amtlichen Kartenwerke unterscheiden: *Autobahnen*, d. s. besondere, dem Verkehr von Kraftfahrzeugen dienende und nach einheitlichen Gesichtspunkten erbaute Straßen, meist mit zwei getrennten Fahrbahnen von je 7,5 m Mindestnutzbreite.

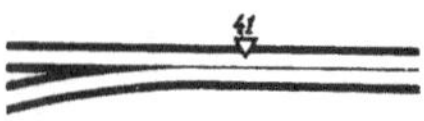

[1]) Die gegebenen Beispiele entsprechen der Topographischen Karte 1 : 25000.

Straßen I A haben guten Unterbau und starke Fahrbahndecke. Mindestnutzbreite 5,5 m (nach den vorläufigen Ausbaurichtlinien für Landstraßen I. Ordnung = 6 m). Für Lkw jederzeit brauchbar. Bundesstraßen sind numerierte I A-Straßen.

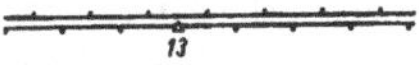

Straßen I B haben guten Unterbau und leichtere Fahrbahndecke. Mindestnutzbreite etwa 4—5,5 m (nach den vorläufigen Ausbaurichtlinien für Landstraßen II. Ordnung = 6 m). Für Lkw jederzeit brauchbar.

Unterhaltene Fahrwege II A haben feste Fahrbahn mit grobem Pflaster, Stein- usw. Schüttung ohne besonderen Unterbau. Für Pkw jederzeit brauchbar.

Unterhaltene Fahrwege II B sind weniger gut befestigt, meistens Ortsverbindungswege. Für Pkw nur bei guter Witterung brauchbar.

Feld- und Waldwege III A dienen land- und waldwirtschaftlichen Zwecken und zeichnen sich vor III B-Wegen durch Breite, Güte oder Zweck aus.

Waldwege III B.

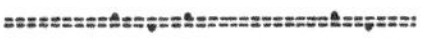

Baumpflanzungen längs der Straßen und Wege werden durch Punkte an den Begrenzungslinien angedeutet, die in der „Topographischen Karte 1 : 25000“ im Abstand von 4 mm ($\triangleq$ 100 m in der Natur) gezeichnet sind und für Entfernungsbestimmungen benutzt werden können.

Fußweg IV. Im allgemeinen werden nur solche dargestellt, die Wohnplätze untereinander oder Straßenzüge verbinden; in Gebirgen Saum- und Wanderwege.

Die Generalisierung der Verkehrswege in der Karte drückt sich einerseits durch die zeichnerische Verbreiterung, andererseits durch die Unterdrückung von Krümmungen aus. Die Straßenverbreiterungen betragen bereits im Maßstab 1 : 25000 etwa das Vierfache und erreichen in 1 : 100 000 etwa das Fünfzehnfache der natürlichen Breite. Die teilweise Unterdrückung von Krümmungen führt zu Verkürzungen der Längen, ein Umstand, der bei Entfernungsmessungen in Karten zu berücksichtigen ist.

Zum Gewässernetz zählen alle dauernd oder zeitweise mit Wasser bedeckten Flächen. In allen amtlichen Kartenwerken werden die fließenden Gewässer von der Quelle bis zur Mündung dargestellt. Bäche und Wassergräben von etwa 2 m Breite ab sind in 1 : 25000 mit einer Doppellinie gezeichnet. Die Uferlinien der Flüsse, Ströme und Seen wie auch die Meeresküsten werden möglichst naturgetreu wiedergegeben. In mehrfarbigen Kartenausgaben werden der gesamte Gewässergrundriß und die ihn erläuternde Beschriftung in blauer Farbe gebracht. Für die Gewässernamen wird häufig eine rückwärtsliegende Schrift angewandt.

Die Gewässerbauten, wie Brücken und deren Pfeiler, Durchlässe, Fähren, Uferbekleidungen, Stauanlagen, Schiffahrtszeichen, Badeanstalten, Pegel, Kilometersteine u. dgl. kommen in schwarzer Farbe zur Darstellung.

In Karten kleineren Maßstabes müssen die Wasserläufe eine gewisse Generalisierung erfahren. Sie drückt sich in einer Verbreiterung und insbesondere in einer Streckung der Krümmungen aus. Die Vereinfachung der Bogen, Schleifen und Schlingen bewirkt eine Verkürzung der Flußläufe, die einen erheblich größeren Wert annehmen kann als bei Straßen und Wegen.

41.3 Topographische Signaturen

Alle Gegenstände, Dinge und Erscheinungsformen auf der Erdoberfläche außer den Siedlungen und dem Verkehrs- und Gewässernetz werden häufig unter dem Begriff „Topographische Gegenstände" zusammengefaßt[1]). Diese Gegenstände lassen sich meistens wegen ihrer Kleinheit und Vielgestaltigkeit nicht im Grundriß und wegen ihrer Vielzahl nur in einer Auswahl wiedergeben. Sie werden

[1]) Z. B. in den Musterblättern der deutschen amtlichen Kartenwerke. Die Signaturen für die Darstellung des Bodens und der Bodenbewachsung sind in den Musterblättern in einem besonderen Abschnitt wiedergegeben. Da sie auch zu den topographischen Gegenständen gerechnet werden können, werden sie hier einbezogen.

in der Regel durch Signaturen kenntlich gemacht, deren Gestaltung dem Betrachter eine Vorstellung von dem darzustellenden Objekt geben soll. Diese Aufgabe werden sie um so eher erfüllen, je ähnlicher sie dem betreffenden Gegenstand selbst sind. Bei Signaturen, die in ihrer Ausführung ein möglichst getreues Abbild des sie verkörpernden Gegenstandes (eines Idealtypus) darstellen, sprechen wir von „anschaulichen Signaturen“[1]). Im Gegensatz zu diesen stehen die „abstrakten Signaturen“, die in der Regel keine direkte Ähnlichkeit mit dem Gegenstand aufweisen, den sie in der Karte versinnbildlichen sollen (siehe Abb. 97). Sie sind daher oft schwerer zu erkennen und zu behalten. In ihren Formen sind sie jedoch meist so vereinfacht, daß sie leicht von verschiedenen Bearbeitern völlig gleichartig ausgeführt werden können — ein Vorteil, der wegen der notwendigen Einheitlichkeit eines ganzen Kartenwerkes in der Praxis sehr ins Gewicht fällt und daher ihre Anwendung bei den amtlichen Kartenwerken rechtfertigt.

Abb. 97. Anschauliche und abstrakte Baumsignaturen

Die Signaturen können nach verschiedenen Gesichtspunkten eingeteilt werden. *Eckert-Greifendorff*[2]) unterscheidet allgemein zwischen Grundriß-, Aufriß- und konventionellen Symbolen. In die erste Gruppe reihen sich ein die Ortszeichen, Eisenbahnen, Kanäle, sämtliche Straßen und Wege, Grenzen u. a., in die zweite Gruppe die Zeichen für Windmühlen, Wassermühlen, Wegweiser, Einzelbäume, Förstereien, Bojen, Treibbaken, Feuerschiffe u. a. und in die dritte Gruppe die Zeichen für Bergwerksbetriebe, ver-

[1]) H. Lehmann: Aufgaben und Methoden morphogr. Karten; Jahrb. d. Kartogr. 1941, S. 122.

[2]) Eckert-Greifendorff, M.: Kartographie; Berlin 1939, S. 89.

lassene Schächte, wichtige Schlachtfelder, Ruinen, Schlösser, Kirchen, trigonometrische Punkte u. a. m.

Imhof[1]) unterscheidet Objekt- und Eigenschaftssignaturen und gliedert jede Gruppe in lokale, lineare und Flächensignaturen. Als Beispiele werden angeführt:

a) Objektsignaturen

Lokale: Kirchen, Schlösser, Bahnhöfe, Flughäfen, Kraftwerke, Denkmäler, Leuchttürme, Quellen, Wasserfälle, Vermessungsfixpunkte.

Lineare: Bäche und Flüsse, Kanäle, Straßen, Wege, Bahnen, Kraftleitungen, Ölleitungen.

Flächenhafte: Wälder, Rebberge, Sümpfe, Moore, Gerölle, Wüsten.

b) Eigenschaftssignaturen

Lokale: Schlachtfelder, Punkte mit schöner Aussicht, magnetischer Nord- und Südpol.

Lineare: Politische Grenzlinien, Fluglinien, Schiffskurse, in speziellen Karten klimatische oder andere Grenzlinien.

Flächenhafte: Farbtöne politischer Gebiete, der Grundbesitzverhältnisse, Naturreservate, in speziellen Karten Farbflächen der Klimazonen usw.

Betrachten wir die gesamte Situationszeichnung mit Einschluß aller Signaturen, so kommen wir zu folgender Übersicht:

Von den mit der Situationszeichnung in den Karten zur Darstellung zu bringenden Gegenständen, Dingen und Erscheinungsformen können wir unterscheiden

a) Gegenstände, die sich orthogonal — grundrißtreu oder generalisiert — wiedergeben lassen und als solche eindeutig erkennbar sind; es sind die reinen Grundrißdarstellungen. Zu den verhältnismäßig wenigen reinen Grundrißdarstellungen zählen z. B. Wasserläufe, Wege, Bahnlinien.

b) Gegenstände, deren orthogonale Wiedergabe zwar möglich ist, deren Darstellung aber einer Kennzeichnung bedarf, um sie erkennbar zu machen oder sie nach Art, Gattung usw. unterscheiden zu können; sie erhalten eine zusätzliche Signatur. Zusätzliche Signaturen sind: Schraffuren (parallele Linien) in verschiedener Anordnung, Volltöne, verschiedene Stricharten und Strichverstärkungen, Querbalken, einfache Figuren, Schraffen, Geländezeichnungen u. dgl. Sie sind nur auf Grund einer Zeichenerklärung verständlich.

[1]) Imhof: Gelände und Karte, S. 101.

c) Gegenstände, die weder grundrißtreu noch orthogonal dargestellt werden können; ihre Wiedergabe erfolgt durch eine abgeleitete Signatur. Die abgeleiteten Signaturen sind Bildsymbole. Sie sollen — wenigstens für den Fachmann — leicht verständlich sein und eine gewisse suggestive Wirkung ausüben. Man unterscheidet zwischen anschaulichen und abstrakten Signaturen. In den Kartenwerken größerer Maßstäbe kommen sie in großer Zahl vor und geben durch ihre Ausführung dem Gesamtwerk das Gepräge.

d) Dinge oder Eigenschaften, die in der Natur nicht unmittelbar oder überhaupt nicht sichtbar sind, aber dennoch dargestellt werden müssen; ihre Wiedergabe erfolgt durch reine Signaturen. Als reine Signaturen kommen abstrakte Zeichen in Frage, die nur einer gewissen Konvention zu folgen haben.

42 Die Geländedarstellung

Die Aufgabe der Geländedarstellung besteht darin, mit graphischen Mitteln die räumlichen Bodenformen in der Kartenebene so wiederzugeben, daß die Darstellung geometrisch einwandfrei ist und daß sie möglichst unmittelbar durch den rein optischen Eindruck eine Vorstellung von der Bodengestaltung vermittelt.

Die Geländedarstellung soll in geometrischer Hinsicht vor allem die Lösung folgender Aufgaben gestatten: die Feststellung der Höhenlage beliebiger Kartenpunkte und damit die Bestimmung ihrer Höhenunterschiede, die Entnahme von Böschungswinkeln und die Festlegung von Fallrichtungen, insbesondere aber die Ausführung aller ingenieurbautechnischen Projektierungsarbeiten wie Trassierungen, Massenberechnungen u. ä. Die Forderung nach geometrisch einwandfreier Wiedergabe wird hauptsächlich von technischer Seite an Karten größeren Maßstabes gerichtet; sie kann durch die Höhenlinien oder Isohypsen [42.33] erfüllt werden.

Schwieriger ist es, das Gelände so darzustellen, daß der Betrachter möglichst unmittelbar einen räumlichen Eindruck von den Bodenformen gewinnt. Die Versuche, dieses Problem zu lösen, haben im Laufe der Kartenentwicklungsgeschichte zu verschiedenen mehr oder weniger befriedigenden Darstellungsarten geführt. Um die einzelnen Arten nach ihrem Raumvermittlungsvermögen beurteilen und einstufen zu können, sei folgendes vorausgeschickt:

Ist eine Geländedarstellung so gestaltet, daß der Kartenbenutzer beim bloßen Betrachten der Karte einen unmittelbaren Eindruck von der Körperhaftigkeit der Bodenformen gewinnt, so soll diese Art als „*plastisch*" bezeichnet werden. Zur Erzielung solcher plastischer Wirkungen muß sich die Kartographie gleicher oder ähnlicher Mittel bedienen, wie sie auch in der naturalistischen *Malerei* Anwendung finden.

Eine andere Möglichkeit, räumliche Aspekte auf optischem Wege zu vermitteln, bietet die *Zeichnung*, das ist die Formgebung in der Fläche durch Linien. Eine durch zeichnerische Mittel gestaltete Geländedarstellung steht jedoch in bezug auf unmittelbare Raumwirkung der plastischen Darstellung nach; sie soll „*anschaulich*" genannt werden.

Werden endlich die Bodenformen durch ein Mittel wiedergegeben, dessen optisch-räumliche Wirkung gering ist, oder das eine solche überhaupt nicht auszuüben vermag, so haben wir es mit einer „*abstrakten*" Geländedarstellung zu tun.

Ziel der modernen Kartographie ist eine Geländedarstellung, die möglichst plastisch wirkt und auch in geometrischer Hinsicht die Kartenbenutzer befriedigt.

Auf ihrem langen Entwicklungsweg[1]) hat die Geländedarstellung einige sich deutlich abzeichnende Stufen durchlaufen, die sich zeitlich allerdings stark überlagern[2]).

42.1 Vorstufe

Schon die schablonenartigen Gebilde auf der als älteste Karte angesprochenen *Nubischen Goldminenkarte* (Abb.98) aus der Zeit Ramses II. (um 1300 v. Chr.) stellen den Ver-

[1]) Kost, R. W.: Die Entwicklung der Geländedarstellung in Karten; Mitt. d. Reichsamts f. Landesaufn., Sonderheft 14, 1937.

[2]) Imhof: Probleme der kartogr. Geländedarstellung; Nachr. a. d. Karten- u. Vermessungswesen, Heft 10, Frankfurt a. M. 1959.

auch dar, die Berge durch umgeklappte Profile beiderseits der Wege in der Kartenebene wiederzugeben.

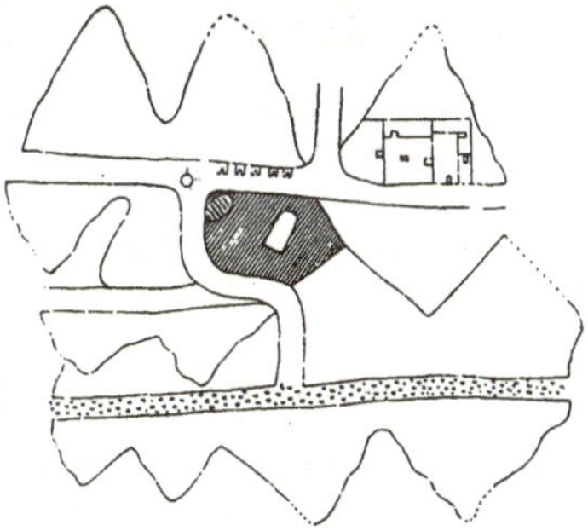

Abb. 98. Nubische Goldminenkarte

Auf anderen uns aus dem Altertum überlieferten Karten finden wir die Berge durch einfache, neben- oder übereinander angeordnete Bogenformen, durch primitive Bergprofile, durch glatte oder kammartige Streifen, durch wellen-, zacken- oder sägeförmige Linien usw. angedeutet.

So zeigen — um nur zwei Beispiele zu nennen — die zahlreichen Kopien der Karten des *Cl. Ptolemäus* (um 150 n. Chr.) die größeren Gebirgszüge nach dem Wissen jener Zeit in ungefährer Lage und Achsrichtung durch schematische Bergprofile oder einfache Streifen[1]) wiedergeben. In der *Peutingertafel*, einer aus dem 12. Jahrhundert stammenden Kopie der Weltkarte des Castorius (?) (zweite Hälfte des 4. Jahrhunderts) finden wir langgestreckte, kammartige und unprofilierte Gebirgszüge.

Die Mönchskarten des Mittelalters bringen die Gebirge — rein symbolisch — durch formenreiche Bänder, die in den meisten Fällen mit ornamentalen, biblischen und mystischen Einzeichnungen versehen sind.

Bei allen Karten jener Zeit wurde lediglich die *Lage* der Berge bzw. Gebirge durch abstrakte Zeichen — elementare Signaturen — angedeutet. Von einer Gelände*darstellung* im eigentlichen Sinne kann kaum die Rede

[1]) Welches von den beiden Symbolen Ptolemäus selbst anwandte, scheint nicht einwandfrei geklärt zu sein.

sein, denn in keinem Falle ermöglicht die Karte konkrete Schlüsse auf die natürliche Gestalt. Daß für eine geometrische Wiedergabe damals noch die Voraussetzungen völlig fehlten, bedarf kaum der Erwähnung.

42.2 Geländedarstellung durch Seiten- oder Schrägansichten

Die Bergzeichnungen in Hügelform, wie sie schon auf den Karten des Altertums zu finden sind, nennt man allgemein Haufenzeichnung oder Maulwurfshügelmanier.

Die Zeichen waren ursprünglich rein schematisch; doch suchte man etwa von 1500 ab bereits mit der Linienführung Form und Bedeutung einzelner Berge zum Ausdruck zu bringen. Die reinen Profile wurden allmählich durch seitliche Ansichten ersetzt und diese naturähnlich gestaltet, so daß jetzt von einer Geländedarstellung gesprochen werden kann. In der individuellen Wiedergabe erreicht die Bergdarstellung bei *Ph. Apian* auf der „Großen Karte von Bayern", im ungefähren Maßstab 1 : 140000 ausgeführt und 1568 erschienen, einen Höhepunkt (Abb. 99). Ihm gelang es, durch Formlinien und Schattenzeichnung ein recht anschauliches Bild des Landes zu vermitteln. Apians Karte — das topographische Meisterwerk des 16. Jahrhunderts — blieb bis ins 19. Jahrhundert Vorbild für die Ausführung von Geländezeichnungen.

Abb. 99. Apians „Große Karte von Bayern"

Im 16. Jahrhundert war die Meßtechnik schon so weit fortgeschritten, daß Geländeaufnahmen mit einfachen Mitteln durchgeführt werden konnten. In der Mitte des 17. Jahrhunderts ging in Deutschland die Kartenaufnahme in die Hände militärischer Stellen über. Diese verlangten vor allem Karten der Befestigungswerke, die neben dem Grundriß auch die Höhenverhältnisse veranschaulichten. Da die üblichen Seitenansichten wesentliche Teile des Geländes verdeckten, kam man auf den Gedanken, die Darstellung von einem erhöht angenommenen Standpunkt aus — ähnlich dem „Kavalier" einer Festung —vorzunehmen. Diese Darstellungsart erhielt die Bezeichnung Kavalier-, Militär- oder Halbperspektive. In dem Bestreben, die Verdeckungen möglichst ganz auszuschalten, rückte man den Standpunkt immer höher und gelangte auf diese Weise zur Vogelperspektive.

In Militär- und Vogelperspektive sind uns viele Karten erhalten. Auf allen erfolgte die Wiedergabe des Geländes rein bildmäßig durch Strichzeichnung, mit der auch gelegentlich Schattenwirkungen zum Ausdruck gebracht wurden. Die Darstellungen entbehren zwar der Geometrie, wirken jedoch im allgemeinen sehr anschaulich.

42.3 Geländedarstellung im Grundriß

Mit der Vogelperspektive wurde der Übergang von der seitlichen Ansicht zur orthogonalen Projektion vollzogen und damit das einheitliche kartographische Darstellungsprinzip für Situation und Höhe erreicht. Die Vogelperspektive gab aber auch den Anstoß zur Einführung eines neuen Kartenelementes für die Wiedergabe der Höhenverhältnisse, das später große Bedeutung erlangen sollte, nämlich der Schraffe. Schraffen sind Formlinien, die in Richtung des stärksten Gefälles verlaufen und bei Zeichnungen zur Erzielung körperlicher Effekte Verwendung finden. In diesem Sinne wurden sie bei den ersten Schraffenkarten (Anfang des 18. Jahrhunderts) angewandt.

Voraussetzung für eine in geometrischer Hinsicht befriedigende Darstellung der dritten Dimension war aber die Entwicklung bequemer Verfahren zur Messung von Höhen und Höhenunterschieden. Solche Messungen wurden schon Ende des 17. Jahrhunderts zur Bestimmung der Wassertiefen an der Mündung schiffbarer Flüsse ausgeführt. Die Kenntnis der Wassertiefen war für eine sichere Schiffahrt notwendig. So wurden die auf den Wasserspiegel bezogenen Tiefen gelotet und lagemäßig in die Flußmündungskarten eingetragen. Die Verbindungslinien zwischen Punkten gleicher Tiefe ergaben ein neues Element für die Höhendarstellung, die Unterwasserhöhenlinien oder Tiefenlinien (Isobathen). Auf diesen Gedanken dürfte, soweit es sich bis jetzt nachweisen läßt, zuerst der Rotterdamer Landmesser *Pierre Ancelin*[1]) gekommen sein, der 1697 eine Karte der Maas mit dem alten Hafen in Tiefenlinien von 5 zu 5 Fuß herausgab (Abb. 100). Die häufig noch als erste Isobathenkarte bezeichnete Mervede-Karte (1733) des Niederländers *Nic. Sam. Cruquius* ist ausführlicher. Sehr bekannt ist ferner die Karte des Ärmelkanals (1757) von *Ph. Buache*[2]).

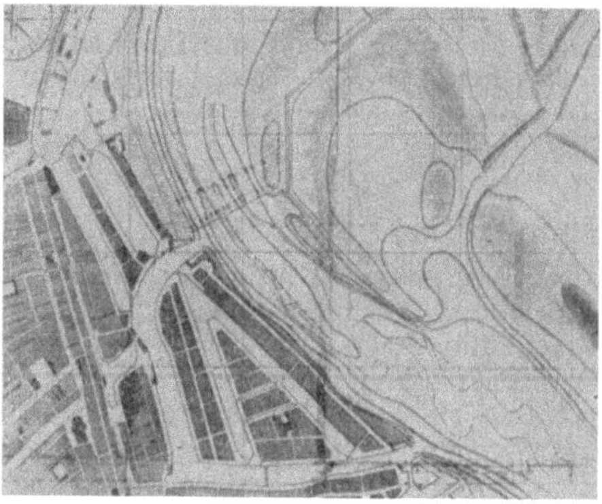

Abb. 100. P. Ancelin, Tiefenlinienkarte der Maas in Rotterdam, 1697; Originalmaßstab 1 : 2500.

An Vorschlägen, auch die Landoberfläche durch Linien gleicher Höhe zur Darstellung zu bringen, fehlte es zwar zu jener Zeit nicht. Der Franzose *Dupain-Triel* brachte 1799 die „Carte de la France" mit vollen Höhenlinien (Äquidistanz 100 m) und punktierten Zwischenlinien (Äquidistanz 10 m) heraus. Größere Verbreitung fand diese Methode aber erst später, nachdem Instrumente und Methoden entwickelt waren, Höhenpunkte in genügender Zahl und mit der notwendigen Genauigkeit leicht zu bestimmen.

[1]) Tijdschrift voor Kadaster en Landmeetkunde 1924, S. 51ff. u. 133ff.

[2]) Die wohl älteste Darstellung der Tiefenverhältnisse durch *eine* Tiefenlinie ist auf einer Karte des Feldmessers *Pieter Bruinss* aus dem Jahre 1584 zu finden. Sie zeigt die Sieben-Fuß-Tiefenlinie der „Het Spaarne", einem Fluß, der durch die Stadt Haarlem fließt. Diese Mitteilung verdanke ich Herrn Ir. C. Koemann, Dozent für Kartographie an der Reichsuniversität in Utrecht.

42.31 *Schraffen*

42.311 *Die Lehmannschen Schraffen.* Der sächsische Major *Johann Georg Lehmann*[1]) (1765—1811) hat die Schraffen in ein mathematisches System überführt und eine Darstellungsart begründet, die hauptsächlich für militärische Zwecke gedacht war und im 19. Jahrhundert größte Verbreitung fand.

Bei der Entwicklung seiner Methode ging Lehmann von der Beleuchtungslehre aus. Unter der Annahme einer „in der Topographie notwendigen" theoretischen senkrechten Parallelbeleuchtung kann die Größe des Neigungswinkels einer schiefen Fläche aus der Beleuchtungsstärke ermessen werden. In Abb. 101 seien F_1 und F_2 zwei ebene Flächen, die unter den Winkeln α_1 bzw. α_2 gegen die Horizontale geneigt sind. Bei der angenommenen Beleuchtung verhält sich die Beleuchtungsstärke E der beiden Flächen wie der cos ihrer Neigungswinkel, nämlich

$$E_1 : E_2 = \cos\alpha_1 : \cos\alpha_2 \,. \tag{1}$$

Infolge der verschiedenen Beleuchtungsstärken weisen die geneigten Flächen verschiedene Helligkeiten (Tonwerte) auf. Die horizontale Fläche F_0 erhält das volle Licht, erscheint also in der Zeichnung weiß, die senkrechte Fläche F_3 hingegen, die kein Licht empfängt, schwarz. Der Tonwert einer um α geneigten Fläche ergibt sich aus dem Verhältnis des Lichtverlustes s (schwarz) zum empfangenen Licht w (weiß) durch die Proportion

$$s : w = (1 - \cos\alpha) : \cos\alpha \tag{2}$$

Dieser Ton könnte in der Zeichnung durch Mischung von schwarzer und weißer Farbe (praktisch durch Verdünnung schwarzer Tusche mit einem entsprechenden Anteil von Wasser) er-

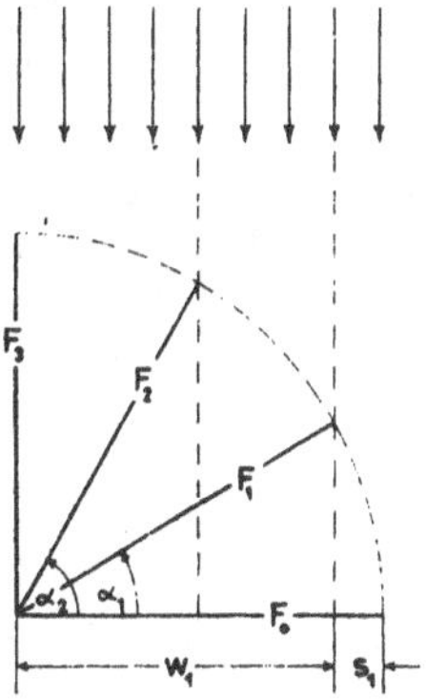

Abb. 101. Beleuchtungstheorie bei senkrechter Parallelbeleuchtung

[1]) Lehmann, J. G.: Die Lehre der Situation-Zeichnung . . ., herausgegeben von R. A. Becker und G. A. Fischer; Dresden u. Leipzig 1828.

reicht werden. Lehmann wählt hierfür schmale, rechteckförmige Federstriche, deren Breite und Abstände so abgestimmt sind, daß sie beim Betrachten aus größerer Entfernung einen der Geländeneigung entsprechenden Grauton bieten, aus der Nähe jedoch die Schätzung des Verhältnisses $s : w$ ermöglichen. Diese Striche, Schraffen oder Bergstriche genannt, werden in der Fallrichtung angeordnet; ihre Länge richtet sich nach der Geländeform.

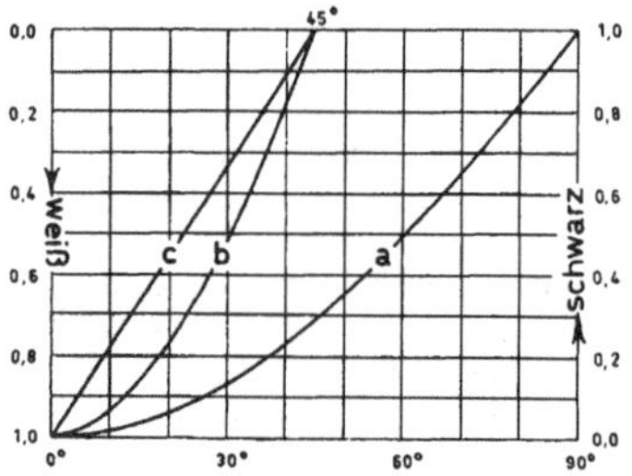

Abb. 102. Siehe Text

Lehmann selbst gibt jedoch aus praktischen Erwägungen die strenge Beleuchtungstheorie (Abb. 102, Kurve a) auf, indem er einige Vereinfachungen vornimmt. So beschränkt er den Neigungswinkel auf maximal 45°, die damalige Grenze der militärischen Besteigbarkeit, und erhält aus (2)

$$s : w = (1 - \cos 2\alpha) : \cos 2\alpha \, , \tag{3}$$

d. h. Flächen über 45° Neigung werden schwarz gezeichnet (Abb. 102, Kurve b).

In der richtigen Erkenntnis, daß sich bei theoretischer Parallelbeleuchtung das Verhältnis $s : w$ bei den am meisten vorkommenden flachen Neigungen sehr wenig, bei steilen jedoch sehr stark ändert, nimmt schließlich Lehmann zwischen 0° und 45° linearen Lichtabfall an und erhält damit das einfache Gesetz (Abb. 102, Gerade c)

$$s : w = \alpha : (45° - \alpha) \, . \tag{4}$$

Durch diese Einschränkungen folgen die Lehmannschen Schraffen lediglich dem Grundsatz „je steiler, desto dunkler". Sie werden daher mit Recht als Böschungsschraffen bezeichnet.

Für die Geländeneigungen stellt Lehmann Stufen von 5° zu 5° auf und erhält aus (4) die folgenden Verhältniszahlen:

Gel.-Neig. α	0°	5°	10°	15°	20°	25°	30°	35°	40°	45°
$s:w$	0:9	1:8	2:7	3:6	4:5	5:4	6:3	7:2	8:1	9:0

Die Schraffen werden in horizontalen Reihen angeordnet (Abb. 103a) und auf Grund einer Höhenlinien-Hilfszeichnung entworfen. Eine Berechnung des Neigungswinkels α ist aus (4) mit $\alpha = 45s:(s + w)$ wohl möglich, jedoch wird man wegen der geringen Schätzgenauigkeit kaum praktisch brauchbare Werte erhalten können[1]).

Die Lehmannsche Art der Geländedarstellung fand bald in vielen europäischen Kartenwerken Eingang. Da die Stufenreihe bis 45° für die Darstellung des Gebirges nicht ausreichte, wurde sie später erweitert, z. B. in Bayern auf 60°, in Österreich auf 80°.

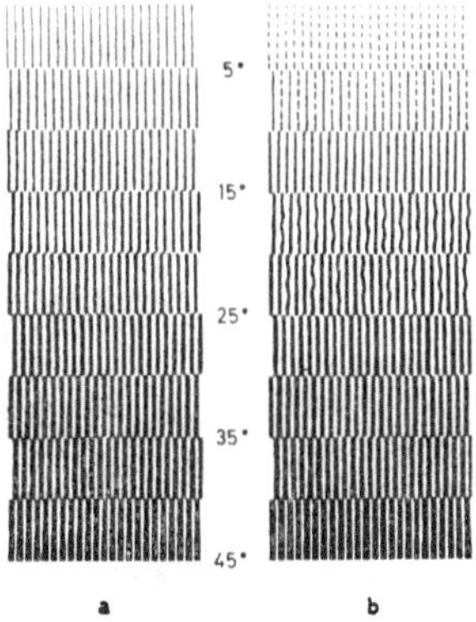

Abb. 103. Schraffen nach Lehmann und v. Müffling

42.312 *Schraffendarstellung nach Müffling*

Eine genauere Feststellung der Geländeneigung aus einer Lehmannschen Schraffendarstellung ist auch bei großer Übung nicht möglich. Der preußische General *v. Müffling* suchte deshalb 1821 eine leichter unterscheidbare Reihe dadurch zu gewinnen, daß er den Schraffen neben den verschiedenen Stärken auch unterschiedliche Formen gab (gerade volle Striche, gerade gerissene Striche und volle geschlängelte Striche) (Abb. 103b). Die geschlängelten Schraffen liefern kein schönes Bild und wurden praktisch kaum verwendet.

---

[1]) Lehmann (Fußn. S. 151) gibt als Schätzgenauigkeit 1° bei Neigungen unter 10° und 2° bei größeren Neigungen an.

Eine Geländedarstellung in Schraffen finden wir heute noch z. B. in der „Karte des Deutschen Reiches 1:100000", siehe [52.4] und Anl. 4.

42.313 *Schattenschraffen*

Wird ein Geländemodell schräg von der Seite — etwa von links oben — beleuchtet, so tritt eine Scheidung von Licht- und Schattenflächen auf. Dieser Effekt wird bei einer Geländedarstellung durch Schattenschraffen berücksichtigt. Der Charakter der Böschungsschraffe bleibt dabei grundsätzlich erhalten; es werden lediglich die Lichthänge nach einer dünneren, die Schattenhänge dagegen nach einer stärkeren Skala schraffiert. Dadurch wird eine gewisse Plastik erzielt, die besonders bei Gebirgsdarstellungen deutlich in Erscheinung tritt.

Das klassische Beispiel einer vollendeten Geländedarstellung mittels Schattenschraffen ist die in den Jahren 1844 bis 1864 erschienene *Dufourkarte,* das frühere amtliche Kartenwerk der Schweiz im Maßstab 1:100000 (Abb. 104).

Abb. 104.
Schattenschraffen – Dufourkarte

42.314 *Würdigung und Grenzen der Schraffendarstellungen.* Die Schraffenmanier, die kartographische Errungenschaft des vorigen Jahrhunderts, ist heute veraltet, weil sie den Anforderungen in geometrischer Hinsicht nicht genügt. Schon die Bestimmung der Höhenlage eines beliebigen Punktes aus einer solchen Darstellung ist fast unmöglich. Während die Böschungsschraffe noch die Geländeneigung mit einer geringen, für die meisten Zwecke allerdings nicht ausreichenden Genauigkeit zu entnehmen gestattet, versagt die Schattenschraffe in dieser Hinsicht völlig. Die Forderung nach optischer Vermittlung der Geländeformen hingegen erfüllt eine Schraffendarstellung recht gut. Die Schraffe ist ein zeichnerisches Element für die Wiedergabe räumlicher Gebilde. Als Mittel für die Geländedarstellung wirkt sie anschaulich. Die Schattenschraffe vermittelt zusätzlich naturähnliche Schatten, daher ihre z. T. plastische Wirkung. Mittelgebirge lassen sich durch Schraffen sehr ausdrucksvoll gestalten, im Hochgebirge ist die Zeichnung unübersichtlich dunkel. Bei kleinförmigem Gelände zwingt die Schraffendarstellung zu Vereinfachungen. Der Grenzmaßstab für eine exakte Geländedarstellung in Schraffen liegt bei etwa 1 : 500000.

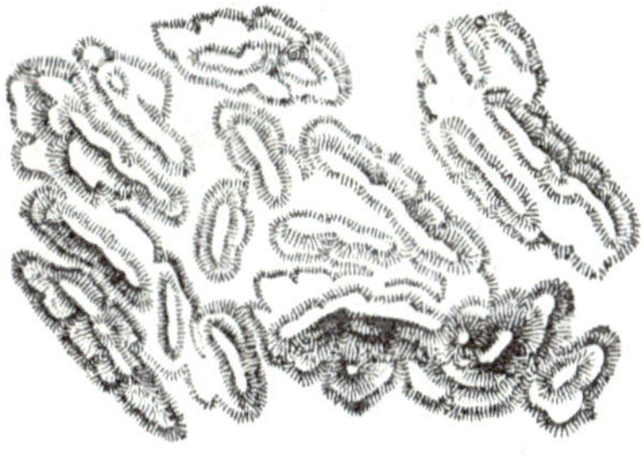

Abb. 105. Vereinfachte Gebirgsschraffen

42.315 *Vereinfachte Gebirgsschraffen.* Bei kleineren Maßstäben können die Schraffen wegen Platzmangels nicht mehr entsprechend der oft feingliedrigen Geländegestaltung streng in Richtung der Fallinien und in horizontalen Reihen angeordnet werden. Die Darstellung erfolgt durch vereinfachte Gebirgsschraffen. Je kleiner der Maßstab ist, desto stärkere Vereinfachungen und Zusammenfassungen sind notwendig; sie dürfen jedoch nicht zu groben morphologischen Verfälschungen führen. Hier wird die Schraffe zum subjektiven Gestaltungselement des Kartographen. Vereinfachte Gebirgsschraffen finden wir heute noch in den meisten älteren Hand- und Schulatlanten (Abb. 105).

42.32 *Höhenlinien (Isohypsen)*

Um die Mitte des 19. Jahrhunderts begann die Technik ihren Siegeszug. Sie verlangte einerseits immer mehr nach einer geometrisch einwandfreien Geländedarstellung, schuf aber auch andererseits die Voraussetzungen, diese Forderung zu erfüllen. Mit der Entwicklung geeigneter geodätischer Instrumente und Aufnahmeverfahren war es möglich geworden, auf einfache Art genauere Lage- und insbesondere Höhenmessungen durchzuführen; von nun an setzte sich die Höhenlinie als Mittel für die Geländedarstellung in topographischen Karten durch.

Die Höhenlinien, auch Niveaulinien, Schichtlinien, Höhenschichtlinien, Höhenkurven oder Isohypsen genannt, sind gedachte Linien im Gelände, die Punkte gleicher Meereshöhe miteinander verbinden, also horizontal verlaufen und den Ein- und Ausbuchtungen der Formen folgen. Sie können auch als Schnittlinien des Geländes mit gleichabständigen, zum Ausgangsniveau parallelen Flächen definiert werden. Der lotrechte Abstand zweier derartiger Flächen ist die Schichthöhe oder Äquidistanz. Die orthogonale Projektion dieser Linien ergibt die Höhenliniendarstellung oder das Höhenlinienbild in der Kartenebene.

Eine Höhenliniendarstellung ist die einzige Art der Geländedarstellung, mit der die Formen geometrisch einwandfrei erfaßt und wiedergegeben werden können. Die aus praktischen Messungen hervorgegangene Darstellung kann nie völlig fehlerfrei sein; wir verlangen jedoch, daß sie in geometrischer Hinsicht eine entsprechende Genauigkeit besitzen und morphologisch richtig sein soll [24.3].

Die geometrische Genauigkeit ist bestimmt durch den mittleren Fehler m_h der Gesamtheit aller Höhenlinienpunkte. In der von *C. Koppe* angegebenen Form ist

$$m_h = \pm (a + b \tan \alpha) .$$

Dabei ist α die Geländeneigung; a und b sind Konstanten, die vom Kartenmaßstab, von der Aufnahmeart, den Aufnahmeverhältnissen und anderen Faktoren abhängig sind. Anschaulicher ist der Lagerfehler m_l, der aus dem Höhenfehler mit

$$m_l = \pm\, m_h \cdot \cot\alpha = \pm\, (b + a \cot\alpha)$$

hervorgeht (Abb. 106).

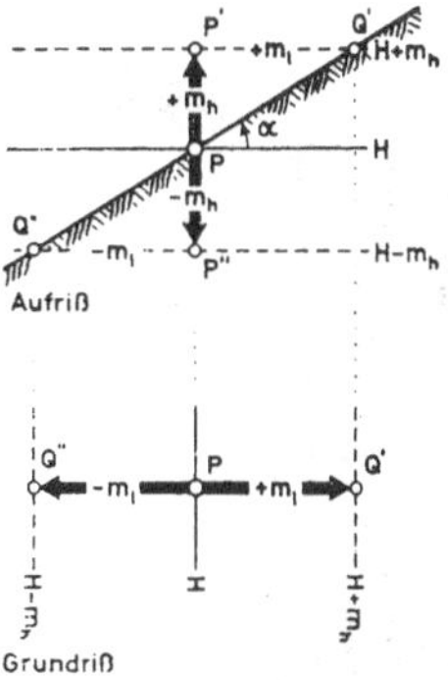

Abb. 106. Lage- und Höhenfehler von Höhenlinien

Für die „Deutsche Grundkarte 1 : 5000“ [52.1] wurde als mittlerer Fehler $m_{h\,[m]} = \pm\,(0{,}4 + 5 \tan\alpha)$ festgelegt. Danach ist z. B. bei einer Geländeneigung von 10° der zulässige mittlere Höhenfehler ± 1,28 m, dem ein Lagefehler von ± 7,27 m in der Natur oder ± 1,4 mm in der Zeichnung entspricht. Praktisch bedeutet das, daß jede Höhenlinie in der Darstellung, die von der richtigen, fehlerfreien Lage um ± 1,4 mm abweicht, der geometrischen Genauigkeit genügt. Für andere deutsche amtliche Kartenwerke ist die geometrische Genauigkeit in dieser Form nicht festgelegt.

Morphologisch richtig ist eine Höhenliniendarstellung, wenn sie die Bodenformen einwandfrei in der Karte wiedergibt. Zur Erklärung diene Abb. 107[1]). Die linke Hälfte (a) zeigt ein fehlerfreies Höhenlinienbild ($M = 1 : 5000$) und die Fehlersäume gemäß der Formel $m_l = \pm\,(5 + 0{,}4 \cot\alpha)$. Da auch jede Linie der rechten Hälfte (b) innerhalb des entsprechenden Fehlersaumes liegt, genügt auch diese Darstellung wohl den geometrischen An-

[1]) Nach Brandstätter, B.: Exakte Schichtlinien und topographische Geländedarstellung; Sonderheft der Österr. Ztschr. f. Verm.wesen, Wien 1957.

sprüchen; sie wird jedoch der morphologischen Forderung nicht gerecht, da sie offensichtlich die Formen falsch wiedergibt. Z. B. zeigt der gleichförmig geneigte Talgrund einige Stufen, Hangrinne und Hangnase werden vernachlässigt, der scharfkantige Hangfuß ist ausgerundet gezeichnet usw.

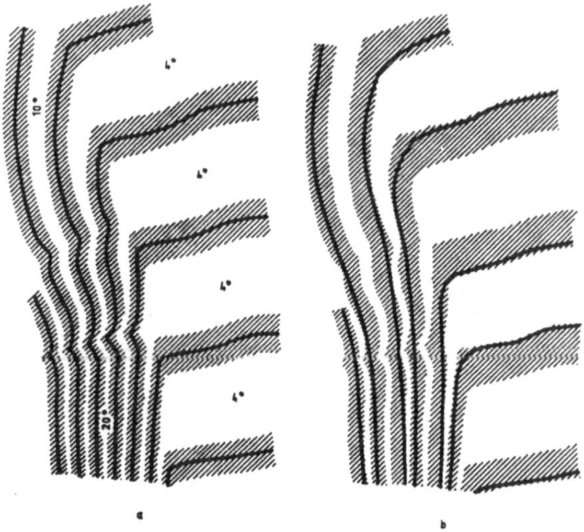

a b

Abb. 107. Geometrische Genauigkeit und morphologische Richtigkeit von Höhenlinien

Die *Äquidistanz (Schichthöhe)* hängt vom Kartenmaßstab, von der Geländeneigung und vom Formenreichtum ab. Bei einer geringen Schichthöhe werden zwar die Kleinformen besser erfaßt, doch belastet ein zu enger Linienabstand das Kartenbild sehr stark, macht es unübersichtlich und schwer lesbar.

Rechnerisch ergibt sich die Äquidistanz A — ausgedrückt in Metern — nach der Formel

$$A = \frac{\mathfrak{m} \tan \alpha}{1000\, k} \; ;$$

darin ist $\mathfrak{m}$ der Maßstabsfaktor, α die Geländeneigung und k die Anzahl der Linien pro mm in der Zeichnung. Für α ist die maximale

Geländeneigung des Kartengebietes maßgebend. k wird mit Rücksicht auf gute Lesbarkeit mit 2 oder 3 zu wählen sein. Nimmt man z. B. $\alpha_{max} = 45°$ (Mittelgebirge) und $k = 2$, so ist $A = \mathfrak{m}/2000$. Danach ergeben sich für die gebräuchlichsten Kartenmaßstäbe die folgenden Äquidistanzen in Metern:

$\mathfrak{m}$	5000	10000	25000	50000	200000	500000	1 Mill.
A	2,5	5	12,5	25	100	250	500

In der Praxis hat die Erfahrung zu *günstigen Äquidistanzwerten* geführt, die bei den mittleren Maßstäben den angeführten etwa entsprechen. Für Pläne gilt die Faustformel $A = \mathfrak{m}/1000$. Da in größeren Gebieten (Ländern und Staaten) die Oberflächengliederung — und damit die maximale Geländeneigung — in der Regel recht verschieden ist, ist es kaum möglich, für ein geschlossenes Kartenwerk eine einheitliche Äquidistanz beizubehalten. Die Musterblätter der deutschen amtlichen Kartenwerke berücksichtigen diesen Umstand, indem sie, je nach Landschaftscharakter, verschiedene Äquidistanzen festlegen.

Neben den geometrischen Vorzügen haften einer Höhenliniendarstellung auch gewisse Mängel an. Ein Nachteil ist ihre geringe Anpassungsfähigkeit an die vertikale Geländegestalt. Geht man bei der Wahl der Äquidistanz von den Steilhängen aus, so haben flache Gebiete oft so große Abstände, daß die dazwischen liegenden Kleinformen nicht erfaßt werden. Diesem Umstand wird durch Einführung von *Zwischenhöhenlinien* ($A/2$) und *Hilfshöhenlinien* ($A/3$, $A/4$ usw.) Rechnung getragen. Obwohl solche Linien die morphologische Aussagekraft einer Karte zweifellos erhöhen, sollte ihre Anwendung doch nur auf zwingende Fälle beschränkt bleiben, da sog. *schwingende Äquidistanzen* innerhalb eines Kartenblattes die Vorstellung der Neigungsverhältnisse erschweren bzw. unmöglich machen. In der Wiedergabe von natürlichen Steilabfällen, künstlichen Böschungen und Felsgebieten versagen die Höhenlinien teilweise oder ganz und müssen durch Geländezeichnung (Schraffen, Felsdarstellung) ergänzt bzw. ersetzt werden.

Höhenlinien sind fiktive Linien, die in der Natur fast niemals tatsächlich in Erscheinung treten. Sie sind daher in der Darstellung wenig anschaulich, und die räumliche Vorstellung der Geländeformen aus einer Höhenliniendarstellung kann nur auf geistigem Wege erfolgen. In bezug auf die Raumvermittlung muß also ein Höhenlinienbild a priori als eine abstrakte Art der Höhenwiedergabe angesprochen werden.

Die Abb. 108 stellt ein Stereopaar einer Höhenliniendarstellung $M = 1:200000$ dar. Man versuche zuerst, aus *einem* Bild der Abbildung eine Vorstellung von den Formen zu gewinnen und

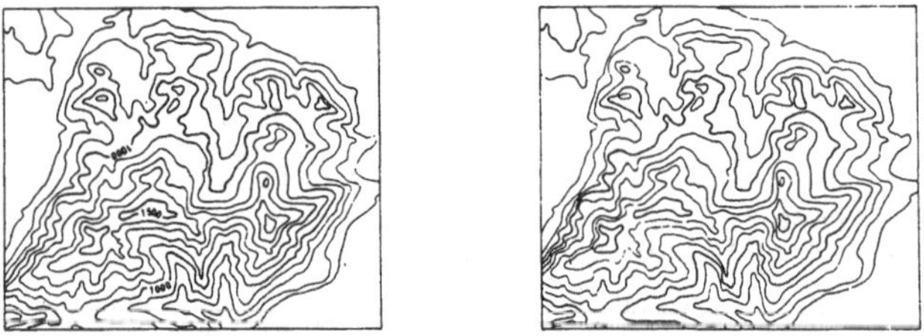

Abb. 108. Höhenlinien (Stereobildpaar)

überprüfe sie durch den bei stereoskopischer Betrachtung gewonnenen Eindruck. Steht kein Taschenstereoskop zur Verfügung, so wird ein senkrecht zwischen die Augen gehaltenes Papierblatt das Zustandekommen des stereoskopischen Effekts erleichtern.

Eine optisch-räumliche Wirkung vermag ein Höhenlinienbild nur dann auszuüben, wenn benachbarte Höhenlinien in der Zeichnung formverwandt verlaufen (eine günstige Scharung aufweisen[1]), und wenn ihr gegenseitiger Abstand so gering ist, daß der Eindruck des Zusammenhanges gewahrt bleibt (nach Leupin darf er höchstens 7 mm betragen)[2]).

Bei den kleinen Maßstäben (1 : 500000 und 1 : 1 Mill.) erreichen die errechneten Äquidistanzen beträchtliche Werte. Gleichmäßig geneigte Hänge in dieser Höhe treten kaum auf; in der Regel werden vielmehr die Gelände-

[1]) Vgl. Fußnote S. 157.

[2]) Leupin, E.: Maßstab-Äquidistanz; Schweiz. Ztschr. f. Verm. und Kulturtechn. 1934.

formen von Höhenschicht zu Höhenschicht so verschieden sein, daß kein zusammenhängendes Bild der Bodengestaltung mehr zu gewinnen ist. Als Grenze für eine exakte Höhenliniendarstellung wird daher der Maßstab 1:500000 anzusehen sein.

Im Gegensatz zur Situation verlangt die Höhenliniendarstellung erst in kleinen Maßstäben gewisse Vereinfachungen. Die Maßstäbe 1 : 5000 und 1 : 25000 erlauben im allgemeinen die Festlegung aller charakteristischen und für die Beurteilung der Oberflächengestaltung wichtigen Bodenformen, und selbst im Maßstab 1 : 100000 kann fast ausnahmslos eine formentstellende Generalisierung vermieden werden[1]).

42.33 *Schummerung (Schattierung)*

Die Schummerung ist eine Flächentönung in verschiedenen Abstufungen. Sie wird in der Karte zur Wiedergabe von Schatteneffekten angewandt und hat die Aufgabe, die Geländeformen plastisch zum Ausdruck zu bringen.

Von Hand ausgeführte Flächentönungen zur Kennzeichnung der Böschungsverhältnisse finden wir schon z. B. auf den Blättern der Kurhannoverschen Landesaufnahme (1764—1786), also zu einer Zeit, als eine drucktechnische Vervielfältigung von Halbtönen noch nicht möglich war. Erst mit der Entwicklung der Autotypie [72.31] im vorigen Jahrhundert gewann die Schummerung ihre volle Bedeutung.

Um zum Vorbild einer schattenplastischen Schummerung zu kommen, denken wir uns ein *Geländemodell* durch eine Lichtquelle beleuchtet. Wegen der unterschiedlichen Neigung der einzelnen Flächenelemente zur Beleuchtungsrichtung treten im Modell hellere und dunklere Flächen (Licht- und Schattenpartien) auf. Durch diese Tonunterschiede können wir — auch bei monokularer Betrachtung — die räumliche Gestalt des Modells wahrnehmen. Wenn wir nun ein *Bild* des Modells mit denselben Tonunterschieden ansehen, so müssen wir, da die Netzhautbilder in beiden Fällen gleich sind, denselben Raumeindruck gewinnen.

---

[1]) Finsterwalder, R.: Die deutsche Originalkartographie; Ztschr. d. Ges. f. Erdkunde 1943; ferner: Zur Höhendarstellung und deren Generalisierung im Maßstab 1 : 100000; Allg. Vermessungsnachr. 1951.

Wird die Lage der Lichtquelle gegenüber dem Modell verändert, so ändert sich sowohl der plastische Effekt als auch der visuelle Formeneindruck. Versuche mit verschiedenen Beleuchtungsarten und Lichtrichtungen zeigen, daß eine senkrechte Beleuchtung ungeeignet ist, stärkere Kontraste hervorzurufen [vgl. 42.31]. Lediglich *schräg* einfallende Lichtstrahlen vermögen ausgeprägte Licht- und Schattenpartien zu erzeugen und bei senkrechter Betrachtung eine gute Plastik zu vermitteln. Während die vertikale Neigung des einfallenden Lichtstrahles die *Raumwirkung* beein-

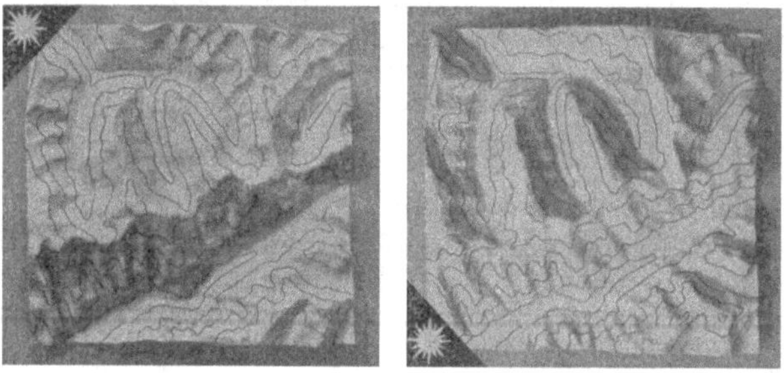

Abb. 109. Mechanische Schummerung mit verschiedenen Beleuchtungsrichtungen

flußt, ist die azimutale Richtung für den *Formeneindruck* bestimmend. Wird ein Geländemodell mit verschieden ausgebildeten und verschieden gelagerten Formen aus einer *einheitlichen* Richtung (z. B. aus Nordwest) beleuchtet, so werden langgestreckte Bergkämme und Täler, die senkrecht zur Beleuchtungsrichtung liegen, sehr kräftig herausgehoben, während die parallel zum Lichtstrahl verlaufenden, ebenso ausgebildeten und gleichberechtigten Formen nur wenig hervortreten (Abb. 109). Ein weiterer Nachteil zeigt sich in der mangelnden Übersichtlichkeit, weil die Kleinformen in gleichem Maße erscheinen wie die Großformen, anstatt sich ihnen unterzuordnen.

Aus diesen Erkenntnissen folgt, daß eine einheitliche Beleuchtungsrichtung weder theoretisch noch praktisch zu einem befriedigenden Schattenbild führen kann. Um alle Formen einwandfrei zum Ausdruck bringen zu können, muß eine angenommene Hauptrichtung gewisse örtliche Variationen erfahren. Nur auf diese Art läßt sich durch geschickte Licht- und Schattenverteilung jede Geländeform richtig wiedergeben. Als Hauptlichtrichtung empfiehlt sich die Richtung von links oben. Sie entspricht bei der allgemein üblichen Nordorientierung unserer Karten einer Nordwest-Beleuchtung, ist also unnatürlich. Wir sind jedoch als Rechtshänder gewohnt, das Licht von links oben zu empfangen und erhalten bei der Betrachtung einer nach Südbeleuchtung geschummerten und dadurch zweifellos naturähnlich gestalteten Karte leicht den Pseudoeffekt.

Eine die angeführten Gesichtspunkte berücksichtigende sog. *Schummerung bei Schrägbeleuchtung* kann nur manuell mit Kreidestiften, Wasserfarben und Spritzapparaten erstellt werden. Sie fällt unter die schwierigsten kartographischen Arbeiten, liefert allerdings die besten plastischen Effekte und gibt die Formen einwandfrei wieder. Bei dieser Schummerungsart erhalten horizontale Flächen einen Ton.

Wenn in einem Kartenbild die Ebenen dominieren, so empfiehlt sich die Anwendung einer *kombinierten Schummerung*. Sie entspricht der Schattenschraffe [42.313]; die Hänge erhalten entsprechend der Geländeneigung eine Tönung nach dem Grundsatz „je steiler, desto dunkler", die Ebenen bleiben weiß. Nach einer angenommenen Lichtrichtung werden nun zusätzlich die Schattenhänge dunkler gestaltet. Durch lokale Lichtdrehungen können Formenverfälschungen ausgeglichen werden.

Die einfache *Böschungsschummerung*, die lediglich nach dem Prinzip „je steiler, desto dunkler" ausgeführt ist, ist in ihrer plastischen Wirkung gering.

Der *mechanischen Schummerung*[1]) liegt das photographische Bild eines in der Regel überhöhten Reliefs zugrunde. Das aus einer Gipsmasse ausgefräste und entsprechend dem Kartenmaßstab morphologisch überarbeitete Geländemodell wird schräg beleuchtet und mit einer langbrennweitigen Kamera photographiert. Zur Vermeidung von Störeffekten werden mehrere Lichtquellen günstig angeordnet. Das photographische Schummerungsbild verlangt eine eingehende sorgfältige Retusche, um die oben angeführten Mängel möglichst zu beheben. Die mechanische Schummerung wurde um 1930 von dem Münchener Bildhauer *K. Wenschow* entwickelt und ist heute in Deutschland, Frankreich, Italien, England und den USA verbreitet.

Schummerungen können — bewegtes Gelände vorausgesetzt — in den Maßstäben 1 : 25000 und kleiner zur

[1]) Kneißl, M., und Pillewizer, W.: Reliefherstellung, Anaglyphenkarten und photomechanische Schummerung; Veröff. d. Deutsch. Geod. Kommission, Reihe B, Heft 5, 1952.

plastischen Ausgestaltung des Kartenbildes Verwendung finden. Wegen ihres völligen Versagens in geometrischer Hinsicht werden sie bis etwa 1 : 500000 in der Regel in Verbindung mit einer Höhenliniendarstellung angewandt. Der Vorteil der Schummerungen liegt darin, daß sie — im Gegensatz zu den Schraffen — die Lesbarkeit des übrigen Karteninhalts kaum beeinträchtigen. In Karten kleinerer Maßstäbe ist die Schummerung in Verbindung mit einigen Höhenzahlen alleiniges Mittel für die Geländedarstellung. Als *vereinfachte Gebirgsschummerung* kann sie bis zu kleinsten Maßstäben benutzt werden.

42.34 *Farbtöne*

Keine von den bisher behandelten Geländedarstellungen vermag allein aus der Anschauung einen unmittelbaren Eindruck über die absolute Höhenlage einzelner Punkte oder Geländeteile zu vermitteln. Diese Forderung wird jedoch von verschiedener Seite, in letzter Zeit insbesondere von der Luftfahrt, gestellt.

Auf den Gedanken, großförmige Geländetypen durch Flächenkolorit zusammenzufassen, ist *E. v. Sydow* gekommen. Auf Schulkarten (1838) bezeichnete er das Tiefland (bis 200 m) grün, das Hügelland (bis 500 m) farblos und das Mittel- und Hochgebirge braun.

Die nach ihm benannten

42.341 *Regionalfarben* mit einer später erweiterten Skala von Grün über Gelb oder Hellbraun zu Mittelbraun und Dunkelbraun (Rotbraun) dienen in geographischen Karten zur Kennzeichnung von Tiefland, Hügelland, Bergland, Mittel- und Hochgebirge.

42.342 *Farbige Höhenschichten.* Werden in einer Höhenliniendarstellung die Böschungsflächen zwischen zwei Linien bestimmter Höhenlage durch Farben unterschieden, so erhalten wir eine sog. *Höhenschichtenkarte.*

Den anfänglich regellosen Farbzusammenstellungen und -abstufungen hat *v. Hauslab* (1864) ein System zugrunde gelegt, das sich auf den Grundsatz „je höher, desto dunkler“ stützte.

Um die Jahrhundertwende hat *K. Peucker* (1859—1940) den Versuch zur Begründung einer gesetzmäßigen *Farbenplastik* unternommen[1]). Peucker mißt den Farben einen bestimmten Raumwert bei, der bedingt ist durch ihren Helligkeitsgrad, Sättigungsgrad und Farbton.

Die durch die Helligkeitsreihe hervorgerufene „adaptive" Plastik erklärt Peucker mit der Adaptionsfähigkeit des menschlichen Auges. Beim Blick ins Dunkle weitet sich die Augenpupille, beim Blick ins Helle verengt sie sich. Die gleiche Reaktion zeigt sie bei Fern- bzw. Nahsichten. In einer Karte entsprechen der Ferne die Täler, der Nähe die Berggipfel. Daraus leitet er den Grundsatz ab: „je höher, desto heller".

Um durch die Sättigungsreihe raumwirkende Effekte zu erzielen, zieht Peucker die Tatsache heran, daß die Landschaftsfarben in der Nähe satt, mit wachsender Entfernung jedoch durch die Lufttrübung immer dumpfer erscheinen und schließlich in einen grauen Ton übergehen. Diese „luftperspektivische" Erscheinung wendet er in der Karte zur Unterscheidung von Hoch und Tief an und stellt den Grundsatz auf: „je höher, desto farbsatter". Beide Grundsätze führen zu seiner „adaptiv-perspektiven" Farbenplastik.

Peucker behauptet weiter, daß durch Sättigung wohl die warmen Farben (Gelb, Orange, Rot) an Helligkeit und Leuchtkraft gewinnen und dadurch raumnähernd wirken, die kalten Farben (Violett, Blau und z. T. Grün) jedoch diese Eigenschaften umkehren und eine Tiefenwirkung auslösen. Für die adaptivperspektive Plastik kommen daher nur wenige Farben in Frage.

Werden mehr Stufen gebraucht, so zieht Peucker noch das Spektrum heran. Durch den wachsenden Brechungswinkel farbiger Lichtstrahlen in der Richtung von Rot über Orange, Gelb, Grün, Blau bis Violett ordnen sich nach seiner Ansicht diese Farben hintereinander im Raum.

Die drei Merkmale jeder bunten Farbe — Helligkeit, Sättigung und Farbton — bestimmen nach Peucker deren Raumwert. Seine aus 15 Farben bestehende „spektral-adaptive" Skala geht von einer mittleren Höhe in Gelb aus und führt mit den Höhenstufen Orangegelb, Gelborange, Braunorange, Orange, Rotorange, Orangerot und Rot zu den Berggipfeln und mit den Tiefenstufen Grüngelb, Gelbgrün, Grün, Blaugrün, Graugrün, Grüngrau und Grau zu den Tälern. Die blaue Farbe wird den Gewässern vorbehalten.

[1]) Peucker, K.: Schattenplastik und Farbenplastik, Wien 1898; und Höhenschichtkarten, Ztschr. f. Verm.wesen 1911.

Die Peuckersche Farbenlehre wurde seinerzeit begeistert aufgenommen; ihre physikalisch-physiologische Begründung und die These von der Raumwirkung der Farben werden heute abgelehnt[1]).

Die in letzter Zeit für Höhenschichtenkarten angewandte Farbskala steigt gewöhnlich progressiv nach oben etwa in folgender Reihenfolge:

0–100 m	Blaugrün	200– 500 m	Gelb
100–200 m	Gelbgrün	500–1000 m	Hellbraun

1000–2000 m Braun
2000–4000 m Rotbraun
über 4000 m Braunrot

Die blauen Stufen der Ozeane zeigen mit zunehmender Tiefe eine stärkere Sättigung. In Küstennähe werden in der Regel geringere, im offenen Ozean größere, äquidistante Tiefenstufen gewählt.

42.343 *Luftperspektivische Höhenabstufung.* Die in der Schweiz entwickelte und auch dort vornehmlich angewandte Farbskala verfolgt andere Gesichtspunkte. Sie ist so gewählt, daß unter Ausnutzung des Effektes der Luftperspektive und unter Berücksichtigung des Zusammenspiels von Oberflächenfarbe und Schattenton möglichst natürliche Vorstellungen von der Landschaft geweckt werden. Um die Schummerung nicht zu beeinträchtigen, muß für die Höhenfarbe ein heller Ton gewählt werden, der jedoch mit dem Grünblau der Tiefe möglichst kontrastiert. Dieser Ton ist ein helles, rötliches Gelb. Die luftperspektivische Farbleiter umfaßt im allgemeinen von unten nach oben folgende Farbtöne: graues Grünblau, Blaugrün, Grün, Gelbgrün, Gelb und rötliches Gelb. Die Farben werden in Höhenschichten angeordnet und gehen allmählich ineinander über[2]).

42.35 *Kombinationen*

Wie ein Rückblick auf die besprochenen Darstellungsarten zeigt, gibt es unter ihnen keine, die — allein an-

[1]) Imhof, E.: Die Reliefkarte; Mitt. d. ostschweiz. Geogr.-commerz. Ges., St. Gallen 1924.

[2]) Nach Imhof, E.: Gelände und Karte.

gewandt imstande wäre, die eingangs gestellten allgemeinen Forderungen an eine Geländedarstellung (S. 145) zu erfüllen. Es liegt also nahe, dies durch Kombination geeigneter Arten zu erreichen.

42.351 *Große und mittlere Maßstäbe* (bis 1 : 500000) werden in der Regel zur geometrischen Wiedergabe der Formen eine Höhenliniendarstellung erhalten. Dann sind folgende Kombinationen möglich:

a) *Höhenlinien und Schraffen.* Sie wurden im vorigen Jahrhundert häufig angewandt, und zwar als Böschungsschraffen oder Schattenschraffen; durch Ausführung in brauner Farbe konnte die Übersichtlichkeit gesteigert werden.

b) *Höhenlinien und Schummerung.* Diese Kombination setzt sich heute in topographischen Karten immer mehr durch und liefert bei guten Schummerungen eine befriedigende Geländedarstellung. Wir finden Schummerungen in manueller und mechanischer Ausführung. Ein die Lichthänge aufhellender zarter gelber oder rötlicher Farbton erhöht den Kontrast und trägt zur Steigerung der Plastik bei.

c) *Höhenlinien und farbige Höhenschichten.* Sie ermöglichen eine rasche Orientierung über die absolute Höhenlage und finden insbesondere bei Luftfahrtkarten Anwendung. Wegen ihrer Objektivität werden sie auch in militärischen Karten bevorzugt[1]).

d) *Reliefkarten.* Diese in der Schweiz entwickelten Karten bilden den „Höhepunkt kartographischer Geländedarstellung. Bei ihnen finden wir Höhenlinien, Felsgerippezeichnung, Schummerung bei Schrägbeleuchtung und luftperspektivische Höhenabstufung zu einem harmonischen Gesamtbild vereinigt“[2]).

42.352 *Kleine Maßstäbe.* In Karten kleiner Maßstäbe versagen die Höhenlinien. Die praktische Anwendung

---

[1]) Skop, J.: Die Karte in der modernen Kriegsführung; Nachr. a. d. Karten u. Vermessungsw., Heft 7, Frankfurt a. M. 1958.

[2]) Vgl. Fußnoten S. 166

solcher Karten ist jedoch auf Gebiete beschränkt, die allgemein eine exakte geometrische Wiedergabe nicht fordern, sondern größeren Wert auf eine übersichtliche und morphologisch anschauliche Darstellung legen. An Kombinationen kommen hauptsächlich in Frage:

e) *Vereinfachte Gebirgsschraffen und farbige Höhenschichten.* Sie stellen das bisher übliche Mittel für die Geländewiedergabe in Atlanten dar. Neuerdings finden wir die Kombination von

f) *Schummerungen mit farbigen Höhenschichten* (siehe Anlage 8).
Zu ihr gehören auch die *Wenschow-Reliefkarten,* bei denen die Schummerung mechanisch durch Photographieren schräg beleuchteter Gipsreliefs gewonnen wird [vgl. 42.33].

43 Kartenschrift und Kartennamen

Die Kartenschrift ist das erläuternde Element der Karte. Obwohl sie die Situationszeichnung und Geländedarstellung teilweise beeinträchtigt, ist sie doch zu ihrer Ergänzung und zur Wiedergabe geographischer, natur-, kultur- und sprachgeschichtlicher Gegebenheiten unentbehrlich. Stumme Karten wirken unfertig, Karten mit einer uns nicht verständlichen Schrift (z. B. Japanisch) erscheinen uns fremd.

Wir verlangen von der Kartenschrift gute Lesbarkeit, harmonisches Einfügen in das Kartenbild und eine in ästhetischer Hinsicht befriedigende Wirkung.

Die *Lesbarkeit* einer Schrift hängt — neben ihrer Größe und dem optischen Kontrast gegenüber der Umgebung — hauptsächlich von der Schriftart, dem *Duktus*, ab. Die Kartenschriften sind zeichnerisch entwickelt worden; die heute gebräuchlichen Arten lehnen sich jedoch stark an die im Buchdruck üblichen Schriftzeichen an und werden neuerdings auch wie diese benannt. Wir unterscheiden (Abb. 110) die *Antiqua* oder Römische Schrift (a), die *Kursiv* (b) und die *Grotesk,* Block- oder Balkenschrift (c).

Letztere kommt ohne und mit Füßchen zur Anwendung; in feinen Strichen ausgeführt, wird sie als *Haarschrift* bezeichnet (d). Kapital- oder Versalschriften bestehen aus Großbuchstaben (Majuskeln). Jede Schrift kann stehend (a), vorwärtsliegend (b) oder rückwärtsliegend (e) erstellt werden. *Hohlschriften* (e) bestehen aus Doppelstrichen und sind in der Regel schattiert. In das minutiöse, vor-

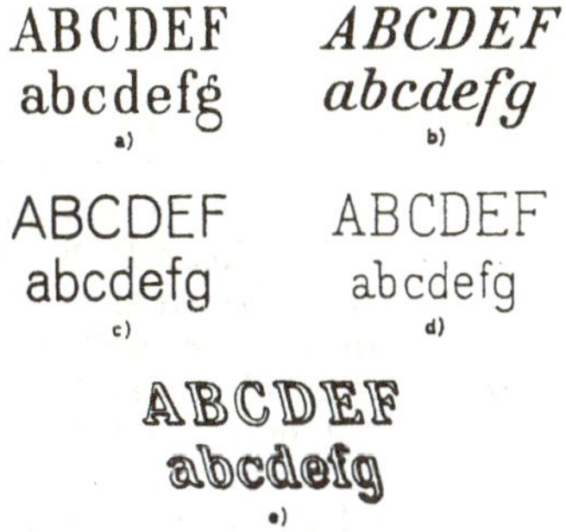

Abb. 110. Kartographische Schriften

wiegend linienhafte Kartenbild vermag sich eine aus stärkeren und feineren Strichen bestehende Schrift besser ein- und unterzuordnen als eine gleichstarke. Die auch in kleiner Ausführung am besten lesbare Groteskschrift wird nur dann das Kartenbild nicht beeinträchtigen, wenn sie die linearen Kartenelemente nicht zerstört — was für die größten Maßstäbe zutrifft — oder wenn solche nicht vorherrschend vorhanden sind — wie z. B. in geographischen Karten —.

Unter den Kartennamen stehen die Siedlungsnamen an erster Stelle. Daneben finden wir Flurnamen (Gewann-, Wald-, Heide-, Berg-, Ruinen- und Burgnamen), verschiedene Einzelnamen und -bezeichnungen, historische Namen, weiter Landschafts-, Gebirgs-, Gelände- und Inselnamen, endlich Hoheits- und Kontinentsbezeichnungen. Eine besondere Gruppe stellen die Gewässernamen dar. Buchstabenabkürzungen (Abbreviaturen) werden zur Entlastung des Kartenbildes und zur näheren

Bezeichnung eines durch eine Signatur[1]) wiedergegebenen Objektes angewandt. Verwandt mit dem Namen ist die Zahl (insbesondere als Höhenangabe), die Nummer (für Straßen usw.) und die Ziffer (z. B. für Koordinatenangaben).

Mit der Wahl der Schrift nach Größe, Stärke, Art, Stellung und Farbe können Wertverhältnisse oder begriffliche Unterschiede zum Ausdruck gebracht werden. Es ist üblich, mit der Schriftart Städte, Gemeinden und Gemeindeteile zu unterscheiden und mit der Größe deren Einwohnerzahlen anzugeben. Gewässer werden häufig mit einer rückwärtsliegenden Schrift und — bei mehrfarbigen Karten — in Blau gekennzeichnet.

Eine nicht unwesentliche Rolle spielt die Schreibweise der Kartennamen, insbesondere die Umschreibung fremder Namen (Transkriptionen)[2]).

Beim Übergang zu kleineren Maßstäben muß auch die Anzahl der wiederzugebenden Namen immer mehr verringert und die Zahl der sonstigen Bezeichnungen beschränkt werden. Dies erfordert eine Auswahl, die je nach Kartenzweck nach bestimmten Gesichtspunkten vorzunehmen ist.

44 Die äußeren Kartenelemente

Die Ergebnisse der amtlichen topographischen Aufnahmen finden in Kartenwerken bestimmter Maßstabsreihen ihren Niederschlag. Diese Werke bestehen aus Einzelblättern, die sowohl in der inneren Gestaltung als auch im äußeren Rahmen nach einheitlichen Richtlinien ausgeführt werden.

44.1 Maßstabsfolge

Den vielfältigen Ansprüchen der Verbraucher auf den zahlreichen Anwendungsgebieten[3]) kann das Kartenwerk

---

[1]) Es ist überflüssig, z. B. der eindeutigen Signatur für eine Ruine ein „R“ oder der für ein Denkmal „Denkm.“ hinzuzufügen.

[2]) Meynen, E.: Die Schreibweise von Orts- und Landschaftsnamen; Kartogr. Nachr. 1952.

[3]) Eine umfassende Übersicht über die Hauptanwendungsgebiete gibt W. Beck in Jordan-Eggert-Kneißl: Handbuch der Vermessungskunde, Bd. Ia, 1957.

eines Maßstabes nicht gerecht werden. Inhalt, Genauigkeit und Verwendungsmöglichkeit hängen wesentlich vom Maßstab ab. Bei der Wahl der Maßstabsfolge müssen mehrere Gesichtspunkte Berücksichtigung finden: Einmal ist dem tatsächlichen Bedürfnis auf den verschiedenen Aufgabengebieten Rechnung zu tragen. Dieses zeigt sich nicht etwa allein aus dem Kartenabsatz; vielmehr hängt die Bedeutung eines Kartenwerkes von dem materiellen *und* ideellen Nutzen ab, den es der Allgemeinheit zu bringen vermag. Weiter ist mit der Folge — zumindest bei den mittleren und kleinen Maßstäben — eine gleichmäßige Abstufung anzustreben; bei den großen Maßstäben lassen sich eventuelle Lücken durch Verkleinerung bzw. Vergrößerung leichter ausfüllen. Schließlich muß auch auf die Regelungen in den Nachbarländern Rücksicht genommen werden.

Wie die Entwicklung der letzten Jahrzehnte gezeigt hat, ist heute ein geschlossenes großmaßstäbiges topographisches *Grundkartenwerk* im Maßstab 1 : 5000, ausnahmsweise 1 : 10000, unentbehrlich geworden. Aus diesem werden die *Folgemaßstäbe* abgeleitet, bei denen sich die nachstehende Reihe immer mehr durchsetzt: 1 : 25000, 1 : 50000, 1 : 100000, 1 : 200000 oder 1 : 250000, 1 : 500000 und 1 : 1000000.

44.2 Blattbegrenzung — Blattschnitt

Die Begrenzung der Kartenblätter ist so vorzunehmen, daß ein lückenloser Zusammenschluß mehrerer Blätter möglich ist, daß tunlichst vier Blätter der vorhergehenden (größeren) Maßstabsreihe ein Blatt der Folgereihe decken, und daß sich ein handliches Format ergibt. Die einzelnen Blätter können entweder durch die *Gitterlinien des ebenen Koordinatensystems* [vgl. 38.4] oder durch *geographische Netzlinien* (Meridiane und Parallelkreise) begrenzt werden. Letztere werden auch „Gradabteilungskarten“ genannt. Bei einem Blattschnitt nach Gitterlinien haben alle Blätter gleiche Größe und gleiche Form (quadratisch oder rechteckig). Nachteilig wirkt sich der Umstand aus, daß durch ebene Systeme nur verhältnismäßig schmale Streifen erfaßt werden können; beim Übergang zum Nachbarstreifen treten gewisse Schwierigkeiten auf. Eine solche Begrenzung wird sich daher nur bei großen Maßstäben empfehlen. Dem Blattschnitt nach geographischen Netzlinien sind praktisch keine Grenzen gesetzt. Wegen der Konvergenz der Meridiane erhalten die Blätter allerdings eine trapezähnliche Form und unterschiedliche Größen.

Die geographischen Längen in den deutschen amtlichen Kartenwerken sind ursprünglich von dem Meridian von Ferro aus gezählt und die Blattbegrenzungen in west-östlicher Richtung nach runden Ferro-Längen vorgenommen worden. In den zwanziger Jahren wurde dann die Längenbezifferung auf Greenwich als Nullmeridian umgestellt. Der Längenunterschied $\Delta\lambda$ zwischen Greenwich und Ferro folgt aus den einmal in bezug auf Ferro und später in bezug auf Greenwich durchgeführten Längenbestimmungen für den Zentralpunkt Potsdam—Helmertturm des deutschen Hauptdreiecksnetzes. Für diesen Punkt ergab sich aus der Hauptdreieckskette Berlin—Schubin $\lambda = 30°44'01{,}14''$ östl.Ferro, während die Ausgleichung des Zentraleuropäischen Längennetzes für ihn den Wert $\lambda = 13°04'01{,}72''$ östl. Greenwich lieferte. Es ist also $\Delta\lambda = 17°39'59{,}42''$. Dieser Wert weicht nur um den bedenkenlos zu vernachlässigenden Betrag von 0,58″ von dem runden Wert 17°40′ ab. Die Grenzmeridiane der Kartenblätter wurden deshalb um 17°40′ umbeziffert, wodurch ohne Änderung des Blattschnitts die runden Ferro-Längen in unrunde Greenwich-Längen überführt wurden[1]).

44.3 Blattbezeichnung

Jedes Blatt muß eine Bezeichnung erhalten, aus der die Maßstabsreihe und die geographische Lage hervorgehen soll. Hierfür stehen Nummern und Buchstaben zur Verfügung. Der Maßstab kann entweder durch eine systematische Gruppierung der Ziffern der Kartennummern oder besser durch eine Kombination von Buchstabe und Nummer zum Ausdruck gebracht werden. Um die geographische Lage zu kennzeichnen, wird das Kartenwerk in horizontale Reihen (Zonen) und in vertikale Spalten (Kolonnen) aufgeteilt. Von einem Ausgangspunkt aus

[1]) Suckow-Ellerhorst: Überblick über das deutsche Vermessungswesen; Liebenwerda 1932.

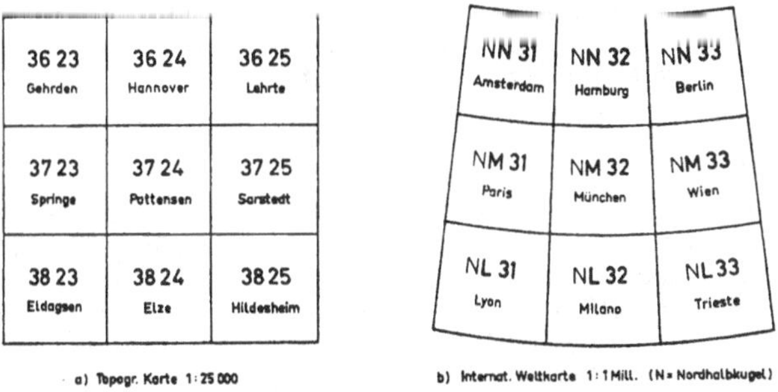

Abb. 111. Blattbezeichnungen

können nun beide numeriert werden (Abb. 111a); übersichtlicher erscheint die Bezeichnung, wenn z. B. die Spalten mit Buchstaben und die Reihen mit Nummern versehen werden (Abb. 111b). Die geographische Lage wird außerdem durch den Namen der auf dem betreffenden Blatt dargestellten größten Siedlung angegeben. Die Bezeichnungen der Nachbarblätter werden in der Regel durch eine Lageskizze auf dem Kartenrand angedeutet.

5. Die amtliche Kartographie und ihre Kartenwerke

51 Deutsche amtliche Kartographie

Wie in den meisten Staaten, lag auch in Deutschland die im vorigen Jahrhundert einsetzende systematische Landesaufnahme in der Hand militärischer Stellen. In Norddeutschland betrieb bis zum ersten Weltkrieg fast ausschließlich die dem Generalstab angeschlossene *Preußische Landesaufnahme* die Kartenherstellung, während in Süddeutschland auch Zivilbehörden beteiligt waren. Nach dem ersten Weltkrieg wurde die Landesaufnahme unter dem Namen *Reichsamt für Landesaufnahme* als zivile Dienststelle in den Geschäftsbereich des Reichsinnenministeriums übernommen, wobei ihr als Aufgaben die Triangulationen I. bis III. Ordnung, die Hauptnivellements und die Herstellung der Meßtischblätter für den norddeutschen Raum sowie die der Karten 1 : 50000 und kleiner vom ganzen Reichsgebiet zugewiesen wurden. Als angesichts des steigenden Kartenbedarfs der Umfang des Reichsamtes immer stärker zunahm, wurden im Jahre 1938, um einer zu starken Zentralisierung entgegenzuwirken, in den meisten preußischen Provinzen *Hauptvermessungsabteilungen* gegründet und ihnen unter der technischen Aufsicht des Reichsamts für Landesaufnahme die Triangulation der III. Ordnung, die Nivellements der II. Ordnung und die Bearbeitung der Kartenwerke 1:5000 und 1:25000 übertragen, und es wurden ihnen auch die zugehörigen Archivunterlagen übereignet.

Die Gründung der Hauptvermessungsabteilungen hat sich als sehr segensreich erwiesen. Aus ihnen sind, nachdem im Grundgesetz die Vermessungs- und Kartenangelegenheiten den Ländern zugewiesen wurden, die heutigen *Landesvermessungsämter* entstanden, welche nicht nur die Arbeiten der Hauptvermessungsabteilungen fortsetzen konnten, sondern für ihr Land auch das Arbeitsgebiet des Reichsamtes für Landesaufnahme übernommen haben.

Als Bundesbehörde besteht heute nur das *Institut für Angewandte Geodäsie* in Frankfurt a. M., das in der Hauptsache ein Forschungsinstitut ist. Durch ein Verwaltungsabkommen zwischen der Bundesregierung, den Regierungen der Länder und dem Senat der Stadt Berlin sind die Herstellung, Laufendhaltung, Vervielfältigung und Veröffentlichung der Kartenwerke 1 : 5000 bis 1 : 100000 Aufgabe der einzelnen Landesvermessungsämter bzw. des Senators für Bau- und Wohnungswesen Berlin, während das Institut für Angewandte Geodäsie und seine Außenstelle Berlin mit der Bearbeitung und Herausgabe der amtlichen Kartenwerke in den Maßstäben 1 : 200000 bis 1 : 1 Mill. für das Gebiet der Bundesrepublik Deutschland beauftragt worden sind.

52 Die deutschen amtlichen Kartenwerke

Die amtliche Kartographie sucht mit ihrer Maßstabsfolge [44.1] möglichst alle Kartenwünsche zu erfüllen.

Sie gibt z. Z. folgende Standard-Kartenwerke heraus:

52.1 Die Deutsche Grundkarte 1 : 5000 (20-cm-Karte)[1]) [Anl. 1] ist eine Entwicklungskarte. Ihre Vorstufe, die Katasterplankarte, kann in Niedersachsen[2]) folgende Entwicklungsstufen durchlaufen:

a) *Rohkarte:* aus Kataster- und Sonderkarten ohne Feldvergleich im Maßstab 1 : 5000 und im Blattschnitt der Deutschen Grundkarte gezeichnet;

b) *Gebäude- und Wegekarte:* nach den Ergebnissen des Feldvergleichs sind die fehlenden Gebäude und Wege nachgetragen;

c) *Signaturenkarte* (Endstufe der Katasterplankarte): sie soll nach Anlage und Inhalt der Grundrißplatte der Deutschen Grundkarte entsprechen.

Durch Höhenaufnahme und Einzeichnen der Höhenlinien entsteht aus der Katasterplankarte die Deutsche Grundkarte 1 : 5000.

Der Deutschen Grundkarte liegt als Abbildungsart das Gauß-Krügersche Meridianstreifensystem [38.3] zugrunde. Jedes Kartenblatt (40×40 cm) umfaßt eine Fläche von 4 km² und wird von den Gitterlinien [38.4] mit gerader Bezifferung begrenzt; Ausnahmen bilden die Blätter an den Grenzmeridianen. Die Gitterlinien von 200 zu 200 m sind im Kartenrahmen ausgezogen und beziffert. Jedes Blatt wird benannt nach dem in ihm enthaltenen wichtigsten Orts-, Berg-, Gewann- u. dgl. Namen sowie den „Rechts"- und „Hoch"-Werten der linken unteren Blattecke.

Die gesamte Situation wird, soweit es der Maßstab erlaubt, grundrißtreu [41.11] gezeichnet[3]). Für Gegenstände, die nicht maßtreu dargestellt werden können, sind besondere Kartenzeichen anzuwenden, deren Ausgestaltung aus dem „Musterblatt" hervorgeht. Die Blätter werden mindestens als Zweifarbendruck herausgegeben. Es erscheinen schwarz: Grundriß, Höhenzahlen der Trig.-

---

[1]) Musterblatt für die Deutsche Grundkarte 1 : 5000; Nieders. Landesvermessungsamt, Hannover 1955.

[2]) Richtlinien f. d. Herstellung der Katasterplankarte in Niedersachsen; Nieders. Min. d. Innern 1952.

[3]) Eine Ausnahme bilden die Wege; vgl. [41.2].

und Niv.-Festpunkte und Höhenangaben für Gewässer, braun: Höhenlinien, Höhenlinienzahlen und Zahlen für Höhenpunkte.

Für die Deutsche Grundkarte ist nach dem Beschluß des Beirats für das Vermessungswesen die Lagegenauigkeit mit $\pm$ 3 m in offenem und $\pm$ 5 m in schwierigem und unübersichtlichem Gelände festgelegt. Der zulässige mittlere Höhenfehler der kotierten Punkte, die nach Lage und Höhe eindeutig bestimmbar sind, beträgt $\pm$ 0,3 m; der mittlere Fehler der Höhenlinien [42.32] ist mit $m_h = \pm (0{,}4 + 5 \tan\alpha)$ [m] vorgeschrieben.

Die Herstellung der Deutschen Grundkarte wird in allen Ländern mit Nachdruck betrieben. Bayern und Württemberg fertigen sie nicht an, da dort die Höhenflurkarten 1 : 5000 und 1 : 2500 vorliegen.

52.2 Die Topographische Karte 1 : 25000 (4-cm-Karte)[1]) [Anl. 2], allgemein als „*Meßtischblatt*" bezeichnet, ist nach geographischen Netzlinien [44.2] im Abstand von 10 Längen- und 6 Breitenminuten geschnitten. Dem größten Teil der vorhandenen Blätter liegt als Abbildungsart die „Preußische Polyederprojektion" [36 d] zugrunde. Jede Einzelkarte bildet eine Abbildungseinheit, deren Begrenzungsmeridiane längentreu als gerade Linien abgebildet werden, und deren Begrenzungsparallelkreise als längentreu aufgetragene Kreisbogenstücke angesehen werden müssen. Statt der sehr flachen Kreisbogen werden jedoch praktisch die Sehnen als nördliche und südliche Begrenzungslinien genommen.

Bei der seit dem Jahre 1927 im Gang befindlichen Umstellung der deutschen Landesvermessungen auf Gauß-Krüger konnte das bisherige Kartenbild ohne Veränderung übernommen werden. Es brauchten lediglich die geographischen Blatteckenwerte[2]) der einzelnen Blätter in „Rechts"- und „Hoch"-Werte nach Gauß-Krüger umgerechnet zu werden.

Jedes Kartenblatt erhält eine Nummer und den Namen des größten Ortes. Die beiden ersten Ziffern der Nummer bedeuten die von Norden gezählten horizontalen Reihen,

[1]) Musterblatt für die Top. Karte 1:25 000; Berlin 1939.

[2]) Blatteckenwerte für die amtl. Kartenwerke des RfL; Berlin 1925.

die beiden folgenden die von Westen nach Osten wachsenden vertikalen Spalten [vgl. 44.0, Abb. 111a].

Die Situation wird lagetreu und, soweit es der Maßstab erlaubt, maßtreu gezeichnet. Für die Wiedergabe der Siedlungen kommt die grundrißähnliche Einzeldarstellung mit Teilblockdarstellung [41.12] in Frage. Das Verkehrs- und Gewässernetz [41.2] wird durch Signaturen wiedergegeben, und die Bodenformen werden durch Höhenlinien zur Darstellung gebracht.

Der Druck der Topographischen Karte 1 : 25000 ist für die größte Anzahl der Blätter bisher einfarbig in Schwarz erfolgt. Bei Neubearbeitungen wird die Vervielfältigung grundsätzlich im Dreifarbendruck durchgeführt, und zwar Grundriß, Schrift, Zahlen und Felsen schwarz, Höhenlinien mit eingeschriebenen Zahlen sowie natürliche Steilhänge braun und Gewässer, Firnhänge, Gletscher, zum größten Teil auch die zugehörigen Namen, blau.

Für das Meßtischblatt 1 : 25000 fordert die Vorschrift für die Topogr. Abt. d. RfL. folgende Genauigkeitsgrenzen: „Für die geometrische Richtigkeit bezüglich der Längenausdehnung etwa 5 m, d. h. 0,2 mm in der Karte. Im übrigen entspricht die Aufnahme den zu stellenden Anforderungen, wenn bei Aufstellung des Meßtisches auf einem beliebigen Punkt die nach sichtbaren Gegenständen gezogenen Richtungslinien deren bildliche Darstellung treffen und wenn bei Berechnung der Höhe beliebiger Punkte die erhaltenen Ergebnisse mit der Lage der Höhenlinien übereinstimmen. Die in letzterer Beziehung zulässigen Abweichungen dürfen das durch die angewandte Schichtstufe gegebene Maß nicht überschreiten.“ *Merkel* bezeichnet eine Karte 1 : 25000 als brauchbar, wenn der mittlere Fehler der Höhenlinien den Wert $m_h = \pm (0{,}8 + 12 \tan \alpha)$ [m] nicht wesentlich überschreitet.

52.3 Die Topographische Karte 1 : 50000[1]) [Anl.3] ist eine Gradabteilungskarte in winkeltreuer Abbildung nach Gauß-Krüger. Ein Blatt umschließt das Gebiet von vier Vollblättern der Topographischen Karte 1 : 25000, ist also 12 Breitenminuten hoch und 20 Längenminuten breit. Die Blattbezeichnung setzt sich zusammen aus dem

[1]) Musterblatt für die Top. Karte 1 : 50000, bearb. vom LVA Baden-Württemberg; Ausg. 1955, 1957 u. 1959.

großen lateinischen Buchstaben L (römische Zahl 50 als Symbol für den Maßstab) und der Blattnummer des südwestlichen Blattes 1 : 25000. Ferner erhält jedes Blatt den Namen des größten oder bedeutendsten auf ihm dargestellten Ortes.

Die Topographische Karte 1 : 50000 ist eine mehrfarbige Höhenlinienkarte. Für die Bearbeitung und Fortführung wird sie gegliedert in:

a) Grundrißplatte mit Siedlungen und Verkehrsnetz, b) Schriftplatte, c) Kulturenplatte, d) Gewässerplatte, e) Höhenplatte. Ihre Zeichengebung geht von einer vierfarbigen Standardausgabe aus: Grundriß und Schrift schwarz, Gewässer blau, Höhenlinien braun und Bodenbewachsung grün. Die fünf- und mehrfarbige Ausgabe sieht eine Karte mit formenplastischer Darstellung des Geländes (Schummerung) vor.

Bearbeitungsgrundlage des z. Z. in der Herstellung befindlichen Kartenwerkes ist die Topographische Karte 1 : 25000. Der Maßstab 1 : 50000 gestattet bei der Situationszeichnung die grundrißähnliche Einzeldarstellung mit Teilblockdarstellung, allerdings in fortgeschrittener Generalisierung. Von letzterer hängt der innere Wert dieser äußerlich nach modernsten Gesichtspunkten ausgeführten Karte wesentlich ab.

52.4 Der Karte des Deutschen Reiches 1 : 100000 (1-cm-Karte)[1]) [Anl. 4] liegt die Polyederprojektion zugrunde. Sie ist nach geographischen Netzlinien von 30 Längen- und 15 Breitenminuten geschnitten. Die Geländedarstellung ist in Schraffen, und zwar von 1° . . . 5° nach Müfflingscher, über 5° nach Lehmannscher Art ausgeführt; im Hochgebirge kommen außerdem Höhenlinien mit einer Äquidistanz von 100 m zur Anwendung.

Die Karte des Deutschen Reiches ist — obwohl heute veraltet — als Schwarzausgabe in Einzelblättern und Großblättern (Zusammendruck von vier Einzelblättern) noch erhältlich.

52.41 Mit der Topographischen Karte 1 : 100000[2]) [Anl. 5] ist eine völlige Neubearbeitung dieses Maßstabes

[1]) Musterblatt und Zeichenerklärung für die Karte des Deutschen Reiches 1 : 100000, herausgegeben vom Reichsamt f. Landesaufn. Berlin.

[2]) Musterblatt für die Top. Karte 1 : 100000; München 1961.

in einem anderen Blattschnitt und einer modernen Ausgestaltung vorgesehen.

52.5 Die Topographische Übersichtskarte des Deutschen Reiches 1 : 200000 ($^1/_2$-cm-Karte), deren Bearbeitung z. T. schon vor dem zweiten Weltkrieg ruhte, ist eine Gradabteilungskarte von 60 Längen- und 30 Breitenminuten. Ihr liegt die De l'Islesche Abbildung [35.2] mit den längentreuen Parallelkreisen 50° und 53° n. Br. zugrunde. Die Bodenformen sind in Höhenlinien mit einer Äquidistanz von 20 m zur Darstellung gebracht. Die 100-m-Linien sind verstärkt, die im flacheren Gelände eingefügten 10-m-Zwischenhöhenlinien fein gerissen. Die dreifarbige Karte ist heute inhaltlich veraltet. Eine Neubearbeitung — wie als Entwurf in Anlage 6 gezeigt — wird vorbereitet[1]).

52.6 Die Übersichtskarte von Mitteleuropa 1 : 300000 ($^1/_3$-cm-Karte) ist eine Gradabteilungskarte von 1° Breite und 2° Länge. Dem Kartenwerk liegen zwei Abbildungsarten zugrunde. Die nördlich von 50° n. Br. und östlich von 10° 20' ö. Gr. gelegenen Blätter sind in winkeltreuer konischer Abbildung [35.5] entworfen, während die übrigen Blätter in der Preußischen Polyederprojektion ausgeführt sind. Das Gelände ist teils in vereinfachten Bergschraffen, teils in Schummerung zur Darstellung gebracht. Die Karte ist in Schwarz- und Mehrfarbendruck, z. T. mit roter Straßenfüllung, grünem Wald- und violettem Grenzüberdruck erschienen.

52.7 Die Internationale Weltkarte (IWK) 1 : 1 Mill. [Anl. 7], die auf Anregung des deutschen Geographen *Penck* ins Leben gerufen und seit der im Jahre 1913 auf der Pariser Konferenz angenommenen Konvention in Herstellung begriffen ist, ist ein internationales Gemeinschaftswerk. Die Funktionen des früheren Zentralbüros dieser Karte in Southampton gingen 1953 auf das Kartographische Büro der Vereinten Nationen über. Der IWK

---

[1]) Finsterwalder, R.: Zur alten und zur neuen Deutschen Topogr. Übersichtskarte 1 : 200000; Allg. Verm.-Nachr. 1959 (mit Literaturangaben).

liegt eine modifizierte polykonische Abbildung [36c] zugrunde, die jedoch nach neuesten Bestrebungen durch die bei der World Aeronautical Chart (WAC) 1 : 1 Mill. der International Civil Aviation Organization (ICAO) angewandten konformen konischen Abbildung ersetzt werden soll. Als Dimensionen des Bezugsellipsoids gelten a = 6378,24 km und b = 6356,56 km[1]). Die Blätter haben eine Abmessung von 6 Längen- und 4 Breitengraden. Sie werden in den Zonen durch Buchstaben, am Äquator mit A beginnend unter Vorsatz von N (nördl.) oder S (südl. Halbkugel) und in den Spalten durch Zahlen, beginnend bei 180° geogr. Länge, in östlicher Richtung bezeichnet [vgl. 44.3, Abb. 111b]. Die IWK ist eine mehrfarbige Höhenschichtenkarte. Sie liegt mit Ausnahme des nördlichen Amerika heute fast für das ganze Landgebiet der Erde vor.

52.8 Kartenwerke im ostdeutschen Raum[2])

Dort hat man die alten deutschen Kartenwerke aufgegeben und in enger Anlehnung an die sowjetische Kartographie völlig neue geschaffen. Die Reihe der topographischen Karten umfaßt die Maßstäbe 1 : 5000, 1 : 10000, 1 : 25000, 1 : 50000 und 1 : 100000. Ihnen liegt eine Gauß-Krüger-Abbildung mit 3° breiten Meridianstreifen für 1 : 5000 und 6° breiten Meridianstreifen für alle übrigen Maßstäbe zugrunde, wobei alle Koordinaten auf das Ellipsoid von Krassowskyj [21.2] bezogen sind. Die Höhenangaben beziehen sich noch auf Normal-Null [23.1], doch sollen künftig für die Maßstäbe 1 : 5000 und 1 : 10000 neue nach der Theorie der Normalhöhen berechnete und auf den Pegel von Kronstadt bezogene Werte verwendet werden. Alle Maßstäbe sind nach geographischen Netzlinien geschnitten, und zwar umfaßt ein Blatt der Karte 1 : 5000 1′52,5″ in der Länge und 1′15″ in der Breite, 1 : 10000 entsprechend 3′45″ × 2′30″, 1 : 25000 7′30″ × 5′,

[1]) Vgl.: Knorr in Mittlg. Nr. 45 d. Inst. f. Angew. Geod.; Frankfurt 1961.

[2]) Schilling, H.: Die topographischen Kartenwerke der Deutschen Demokratischen Republik; Vermessungstechnik 1958.

1 : 50000 15′ × 10′ und 1 : 100000 30′ × 20′. Diese Werte ergeben sich aus der konsequenten Unterteilung des Blattschnitts der Internationalen Weltkarte 1 : 1 Mill. [vgl. 53.8]. Auch Karteninhalt, Zeichenschlüssel und Farbgebung lehnen sich stark an die Kartenwerke der UdSSR an.

53 Amtliche Kartenwerke ausländischer Staaten

Die meisten Staaten der Welt legen ihren Kartenwerken den Blattschnitt nach Gradabteilungen zugrunde. Ausnahmen finden sich vor allem in Ländern mit räumlich geringer Ausdehnung (z. B. Schweiz) oder schmaler, langgestreckter Form (z. B. Schweden). Im folgenden sind die amtlichen Kartenwerke einiger Staaten zusammengestellt.

53.1 Österreich. Die wichtigste Karte des alten Österreich-Ungarn war die *Spezialkarte 1 : 75000*, die im Blattschnitt und in ihrer Geländedarstellung in Schraffen der deutschen Karte 1 : 100000 entsprach. Nach dem 1. Weltkrieg wurde mit der Neuaufnahme begonnen, deren Ergebnis die *Österreichische Karte 1 : 25000* mit Höhenlinien ist. Aus ihr wird die *Österreichische Karte 1 : 50000* abgeleitet, die jetzt mit Vorrang hergestellt wird. Die Spezialkarte 1 : 75000 ist aufgegeben. Sie erscheint nur noch in der Form von Vergrößerungen auf 1 : 50000 als provisorische Ausgabe dort, wo die neue Karte 1 : 50000 noch nicht vorliegt. Die Karte 1 : 50000 umfaßt jeweils ein Gebiet von 15 Längen- und 15 Breitenminuten, die neuesten Blätter enthalten eine Schummerung in Schrägbeleuchtung. Als Übersichtskarte dient die 1885 begonnene und seither in ihrer Form nicht geänderte *Generalkarte 1 : 200000* mit Geländedarstellung in braunen Schraffen. Die Karten Österreichs werden vom Bundesamt für Eich- und Vermessungswesen in Wien herausgegeben.

53.2 Schweiz. Die klassischen Kartenwerke der Schweiz, die Siegfriedkarte (1 : 25000 bzw. 1 : 50000) und die Dufourkarte (1 : 100000, Abb. 104) sind inzwischen durch die 1935 angelaufene Herstellung der neuen *Landeskarten 1 : 25000, 1 : 50000 und 1 : 100000* fast ganz ersetzt worden. Diese in einer schiefachsigen winkeltreuen zylindrischen Abbildung entworfenen Karten, die nicht nach Längen- und Breitengraden, sondern nach einem rechtwinkligen Gitternetz begrenzt sind, zeichnen sich vor allem durch eine hervorragende Wiedergabe des Reliefs aus. Den von der Eidgenössischen Landestopographie in Bern bearbeiteten neuen Landeskarten soll demnächst noch der Maßstab 1 : 200000 hinzugefügt werden.

53.3 Frankreich. Die klassische Karte Frankreichs war bis in jüngster Zeit die *Carte d'Etat-major 1 : 80000*, eine rechteckig geschnittene Schraffenkarte, die von 1818—1878 hergestellt wurde. Heute ist diese Karte nicht mehr erhältlich. Die neuen Aufnahmen finden ihren Niederschlag in der *Carte de France 1 : 20000* mit Höhenlinien und der aus ihr abgeleiteten *Carte de France 1 : 50000*. Diese neuen Karten sind Gradabteilungsblätter, deren Blattränder Längen- und Breitengrade in Neugrad [22.12] bilden; die Größe beträgt 40c in der Länge und 20c in der Breite. Allerdings sind sie gegenwärtig nur für etwas mehr als ein Drittel des französischen Staatsgebietes vorhanden. Für die übrigen Gebiete muß man sich mit einer Vergrößerung der alten Karte 1 : 80000 auf 1 : 50000, jedoch im Blattschnitt der neuen Karte 1 : 50000, behelfen (sog. Type M). 1954 trat als neues Kartenwerk die *Carte de France 1 : 100000* hinzu, deren Herstellung z. Z. mit besonderem Nachdruck betrieben wird. Sie trägt durch ihre klare und großzügige Generalisierung und die Angabe von km-Entfernungen besonders den Bedürfnissen des Kraftverkehrs Rechnung. Von den älteren Karten Frankreichs ist die Karte 1 : 200000 in Benutzung geblieben, die zwar zeichnerisch erheblich modernisiert wurde, aber nicht als Gradabteilungsblatt geschnitten ist. Endlich ist noch die *Carte de France et des pays limitrophes 1 : 500000* zu nennen, eine im Blattschnitt der Internationalen Weltkarte gehaltene Karte, die aber statt Höhenlinien nur eine Art Schummerungsschraffen enthält. Herausgeber: Institut Géographique National, Paris.

53.4 Italien. Auch die italienischen Kartenwerke sind Gradabteilungskarten. Die Aufnahmemaßstäbe sind 1 : 25000 bzw. 1 : 50000, doch wird 1 : 50000 mit der Zeit durch 1 : 25000 ersetzt. Die Blätter sind teils einfarbig, teils mehrfarbig und der deutschen Karte 1 : 25000 ähnlich. Wichtigste Karte ist die *Carta d'Italia 1 : 100000*, die mit der alten Karte des Deutschen Reiches vieles gemeinsam hat, sich aber von dieser durch die Höhendarstellung mittels Höhenlinien unterscheidet. Die Blätter haben eine Abmessung von 30 Längen- und 20 Breitenminuten. Neu ist die seit 1950 erscheinende und jetzt fast fertig vorliegende *Carta d'Italia 1 : 200000*, die ähnlich der Karte 1 : 100000 von Frankreich vor allem auf den Kraftfahrer zugeschnitten ist. Die Geländedarstellung zeigt Höhenlinien mit zusätzlicher Schummerung. Das Instituto Geografico Militare in Florenz, das die italienischen Karten herausgibt, pflegt auch besonders die Herstellung plastischer Karten in Form von Kunststoffolien, die über einem Relief geformt werden.

53.5 Großbritannien. Seitdem 1938 für die britischen Inseln ein einheitliches Gitternetz (National Grid) eingeführt wurde, sind die britischen Karten nach diesem Netz geschnitten. Man unterscheidet in Großbritannien große, mittlere und kleine Maßstäbe. Zu den großen Maßstäben rechnet man die Karten 1 : 1250 und 1 : 2500, Maßstäbe also, die in den meisten anderen Staaten zu den Katasterplänen zählen. In den mittleren Maßstäben finden wir die *6-Inch-Karte* (1 : 10560), den größten für die ganze Insel vorliegenden Maßstab, und die neue Karte *1 : 25000*, die seit dem zweiten Weltkrieg mit Vorrang hergestellt wird. Ein Blatt dieser Karte bedeckt eine Fläche von 10×10 km. Obwohl in Großbritannien das metrische Maß allgemein nicht üblich ist, hat man es doch in der Kartographie eingeführt, so daß neben dem km-Gitter neuerdings auch metrische Maßstäbe wie 1 : 25000 Verwendung finden. So ist in den kleinen Maßstäben gegenwärtig eine Karte *1 : 250000* im Entstehen, welche die alte Karte 1 : 253440 (*(¼-Inch-Karte)* ersetzen wird. Der Maßstab 1 : 633600 *(10-Miles-Karte)* ist bereits von *1 : 625000* abgelöst worden. Bei anderen Kartenwerken ist dagegen der Inch-Maßstab noch beibehalten worden, so bei der *1-Inch-Karte* (1 : 63360) und der *½-Inch-Karte* (1 : 126720). Bei den Karten der kleinen Maßstäbe gibt es meist kein einheitliches Blattformat; die Blätter sind vielmehr so geschnitten, daß sie möglichst günstige Gebiete voll decken und zu den Nachbarblättern überlappen.

53.6 Schweden. Wie in vielen anderen Ländern mit klassischen alten Kartenwerken sind auch in Schweden neue Karten in moderner Ausführung im Entstehen. Als Grundkarte dient dazu die *Wirtschaftskarte 1 : 10000*, die insofern eine Sonderstellung einnimmt, als sie eine echte Bildplankarte ist. Das entzerrte Luftbild wird in Grün untergedruckt und durch aufgedruckte Kartensignaturen und Beschriftung ergänzt und erläutert. Auf der Grundlage dieser Karte ist die *Topografisk karta över Sverige 1 : 50000* im Entstehen begriffen. Ein Blatt deckt eine Fläche von 25×25 km. Eine neue Karte *1 : 250000* ist in Vorbereitung. Alle diese neuen schwedischen Karten sind nach km-Linien des schwedischen Gitters begrenzt. Von den alten noch in Gebrauch befindlichen Kartenwerken seien genannt: die *Generalstabens karta över Sverige 1:100000* (im Süden, Rechteckschnitt) und *1 : 200000* (im Norden, Gradabteilungsschnitt) sowie die rechteckig begrenzte *Översiktskarta 1 : 400000*.

53.7 USA. Die amtlichen Karten der USA werden für den zivilen Bedarf vom US Geological Survey in Washington herausgegeben. Sie sind sämtlich Gradabteilungsblätter und beruhen auf dem Blattschnitt der Internationalen Weltkarte. Als Maßstäbe sind heute folgende gebräuchlich: 1 : 24000, 1 : 62500, 1 : 250000 und 1 : 1 Mill. Man unterteilt dabei 1 Blatt 1 : 1 Mill. in 12 Blätter 1 : 250000; bei allen folgenden Maßstäben bilden inhaltlich jeweils 4 Blätter 1 Blatt des nächstfolgenden kleineren Maßstabes. Somit hat z. B. 1 Blatt 1 : 24000 die Abmessung von 7,5 Längen- und 7,5 Breitenminuten. In der Bezifferung kommt das System der Internationalen Weltkarte jedoch nur bei den Maßstäben 1 : 250000 und 1 : 1 Mill. zur Anwendung. Dabei weicht die Karte 1 : 1 Mill. allerdings in der Zeichengebung von der Internationalen Weltkarte ab. In den großen Maßstäben sind nur die dichter besiedelten Gebiete vorhanden, in der Zukunft soll einmal das ganze Land in 1 : 62500 vorliegen.

53.8 UdSSR. Die Kartenwerke der Sowjet-Union sind streng nach dem System der Internationalen Weltkarte aufgebaut. Auch in der Bezifferung gehen sie von ihr als Grundeinheit aus. Man bearbeitet Karten in den Maßstäben 1 : 10000, 1 : 25000, 1 : 50000, 1 : 100000, 1 : 200000, 1 : 500000 und 1 : 1 Mill. Die Fläche eines Blattes 1 : 1 Mill. wird wie folgt aufgegliedert:

4 Blätter 1 : 500000
36 Blätter 1 : 200000
144 Blätter 1 : 100000
576 Blätter 1 : 50000
usw.

Somit hat z. B. ein Blatt 1 : 100000 eine Ausdehnung von 30 Längen- und 20 Breitenminuten.

Die sowjetischen Karten sind inhaltlich besonders reichhaltig und enthalten zahlreiche Angaben, die man in den topographischen Karten anderer Staaten nicht findet, wie Strömungsgeschwindigkeit bei Flüssen, Höhen der Baumbestände bei Wäldern u. a.

Das System der sowjetischen Karten, die jetzt auf dem Ellipsoid von Krassowskvj [21.2] beruhen, ist auch auf die osteuropäischen Staaten ausgedehnt worden, so daß dort die früheren Kartenwerke, die noch auf deutsche Vorbilder (Polen) oder österreichische Unterlagen (Tschechoslowakei, Ungarn) zurückgingen, verschwunden sind.

C. Thematische Kartographie

61 Allgemeines

Bis zur Mitte des 19. Jahrhunderts bestand die Hauptaufgabe der Kartographie in der Darstellung der Erdoberfläche. Seitdem hat sie sich aber in ständig zunehmendem Maße mit der Wiedergabe aller Erscheinungen beschäftigt, die in irgendeiner Weise räumlich gebunden sind und in Beziehung zu ihrer Umgebung gebracht werden können. Heute übertrifft die Gesamtzahl der hergestellten geologischen, hydrologischen, erdmagnetischen, meteorologischen, klimatologischen, wirtschafts- und bevölkerungsgeographischen Karten, der Vegetations- und Verkehrskarten, der historischen, politischen u. ä. Karten bei weitem die der topographischen und geographischen Karten. Eine das Gesamtgebiet der thematischen Kartographie umfassende systematische Behandlung ist in der deutschen Literatur bisher nicht erschienen. Selbst in der Terminologie herrscht noch keine Einheitlichkeit; man findet neben der Bezeichnung „thematische Karten" fast ebenso häufig die Ausdrücke „angewandte Karten", „wissenschaftliche Karten" oder auch „Spezialkarten".

Während die topographischen Karten ein möglichst vollständiges Bild der Landschaft bringen und somit für die verschiedensten Zwecke verwendet werden können, hebt die thematische Karte einzelne „Tatsachen und Erscheinungen der Landschaft, dingliche Befunde der verschiedenen Naturreiche oder der wirtschaftlichen und siedelnden Tätigkeit des Menschen oder der politischen Verhältnisse"[1]) hervor und läßt die topographische Bezugsgrundlage zurücktreten. Sie ist damit nur noch für den gedachten Zweck verwendbar. Die „thematischen" Gegebenheiten werden durch verschiedenartige Symbole veranschaulicht.

62 Kartographische Ausdrucksformen

Bei einer *thematischen Karte* wird auf Grund einer, wenn auch zuweilen losen räumlichen (geographischen

[1]) Meynen, E.: Die thematische Raumdarstellung; Geogr. Taschenb. 1956/57.

oder topographischen) Festlegung ein Darstellungsgegenstand (ein bestimmtes Thema) vorrangig behandelt oder graphisch besonders hervorgehoben.

Nicht selten aber werden statistische Symbole ohne Rücksicht auf ihre genaue Lagerung in der Umwelt, d. h. ohne Rücksicht auf die „geographische Situation", einfach in den Raum hineingestellt und lediglich in „geographischer Position" wiedergegeben. Man spricht dann nicht mehr von einer thematischen Karte, sondern von einem *Kartogramm*[1]).

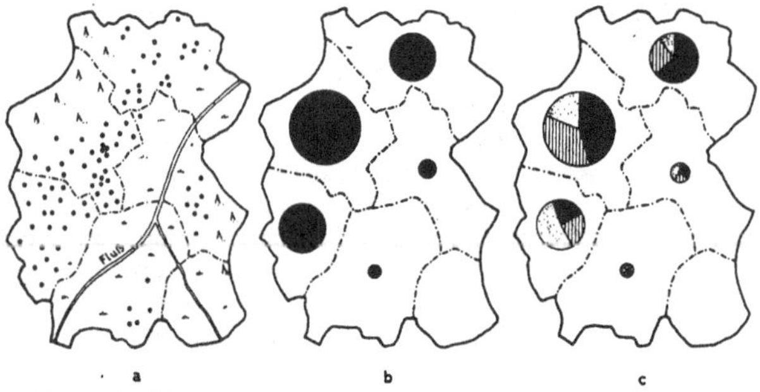

Abb. 112. Thematische Karte, Kartogramm, Diakartogramm

So zeigt z. B. die Abb. 112a die Standorte von Mähdreschern innerhalb der einzelnen Kreise eines Regierungsbezirks. Die Verbindung mit der übrigen Kartensituation (Fluß, Grünland, Wald) läßt Rückschlüsse auf die Ursachen dieser Verteilung zu, es handelt sich um eine thematische Karte. In Abb. 112b dagegen werden lediglich die Stückzahlen durch Symbole, die irgendwo im Kreis plaziert sind, angegeben. Es handelt sich hier um ein Kartogramm. Die Darstellung hätte auch, allerdings weniger anschaulich, in Form einer Tabelle erfolgen können.

Die im Kartogramm verwendeten Symbole können noch weiter differenziert werden, so daß beispielsweise die Anteile verschiedener Fabrikate durch entsprechend

---

[1]) Zur Definition von Kartogramm und thematischer Karte vgl. Eckert I, S. 52, und Meynen: Geographisches Taschenbuch 1951/52 und 1956/57.

große Sektoren erkennbar sind (Abb. 112c). Das Kartogramm wird hierbei durch ein Diagramm ergänzt, man spricht daher vom *Diakartogramm* oder *Kartodiagramm*.

Für die Erstellung einer thematischen Karte, eines Kartogramms oder Diakartogramms ist ein bestimmtes Beobachtungsmaterial notwendig. Je nach der Art der Verarbeitung dieses Materials muß man nach E. Meynen[1]) unterscheiden zwischen

a) „primären Quellenkarten", bei denen direkte Beobachtungen objektiv wiedergegeben werden,
b) „abgeleiteten Quellenkarten", die überarbeitet sind und infolge von Gruppen- und Mittelwertbildungen bereits vom Bearbeiter abhängige subjektive Züge tragen- und
c) „Interpretationskarten", in denen Sachverhalte bewertet oder zu neuen, übergeordneten Begriffen zusammengefaßt werden.

Der thematischen Kartographie steht eine Anzahl von Ausdrucksmitteln zur Verfügung, um Vorkommen, Größenordnungen und Zusammenhänge zu veranschaulichen. Die Wahl der Mittel hängt vom Umfang und der Vollständigkeit der vorhandenen Unterlagen einerseits und vom Verwendungszweck der Karte andererseits ab. Es haben sich verschiedene Methoden herausgebildet:

63 Methoden der thematischen Kartographie

63.1 Die qualitative Methode

Wenn ein Gegenstand oder eine Erscheinung nur nach der Tatsache des Vorhandenseins beurteilt oder nach Eigenschaften unterschieden wird, spricht man von der qualitativen Methode der kartographischen Darstellung. Die Karte gibt lediglich Auskunft über die je nach dem gewählten Maßstab mehr oder weniger genaue Lage des Dargestellten, nicht aber über seine Bedeutung.

Einzelne Objekte geringer Ausdehnung werden durch Punkte oder Signaturen wiedergegeben. Hierzu gehören

---

1) Einheit von Inhalt und Form der thematischen Karte; Geogr. Taschenbuch 1958/59.

z. B. auch einige Signaturen in topographischen Karten wie Mühlen, Aussichtstürme, Bergwerke usw. Abb. 113 zeigt eine Karte der deutschen Universitäten und Technischen Hochschulen ohne Rücksicht auf ihre Hörerzahl.

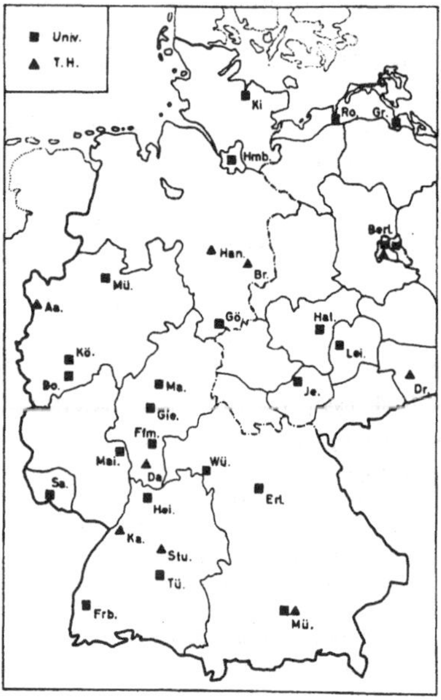

Abb. 113. Qualitative Methode (Deutsche Universitäten und Technische Hochschulen)

Ausgedehnte Verbreitungen werden durch Flächenfärbung, flächenhafte Schraffuren oder Flächenraster dargestellt. Als Beispiel hierfür seien geologische Karten oder Karten der Bevölkerungsverteilung genannt. Hierzu gehört auch die Abb. 1, welche die kartographische Erschließung der Erde angibt.

Der Nachteil der flächenhaften qualitativen Darstellung liegt in der schlechten Wiedergabe von Grenzgebieten und Mischungen. Man kann im Mischungsgebiet beide Anteile miteinander verzahnen (Flächenfärbung), beide Signaturen übereinander drucken (Schraffur) oder eine eigene Farbe oder Signatur verwenden (Abb. 114a, b und c). Die Wirkung ist aber in jedem Falle unbefriedigend, da in der Regel keinerlei Aussagen über das Mischungsverhältnis gemacht werden.

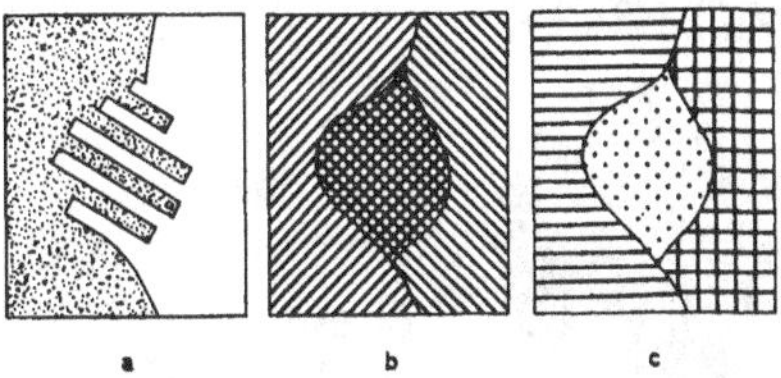

Abb. 114. Mischungsgebiete in qualitativer Darstellung

63.2 Die quantitative Methode

Bei der quantitativen Methode werden die dargestellten Objekte nicht nur nach ihren Eigenschaften, sondern auch nach ihrer Bedeutung unterschieden. Größe, Anzahl, Leistungsfähigkeit, Intensität usw. sind aus der Karte ablesbar. Man unterscheidet drei Darstellungsarten:

63.21 *Die absolute Methode*

Die Erscheinungen oder Gegenstände werden durch bestimmte Größenzeichen ihrer absoluten Zahl nach dargestellt. Die einfachste Möglichkeit besteht darin, jedes einzelne Objekt durch einen Punkt auszudrücken und diesen lagerichtig in die Karte einzutragen. So bedeutet in Abb. 112a jeder Punkt einen Mähdrescher. Die Zahl der vorhandenen Einheiten kann durch Auszählen ermittelt werden. Natürlich lassen sich auch andere Einheiten bilden. Bei einer Karte des Rapsanbaus in Niedersachsen könnte man z. B. einen Punkt entsprechend 2 ha Anbaufläche wählen.

Größere Unterschiede in der Menge und Dichte des Darzustellenden können zu Zusammenballungen von Punkten führen, die nicht mehr auszählbar sind. In diesem Falle wird man daher besser zu verschieden großen Punkten, d. h. zu flächenhaften Signaturen, übergehen.

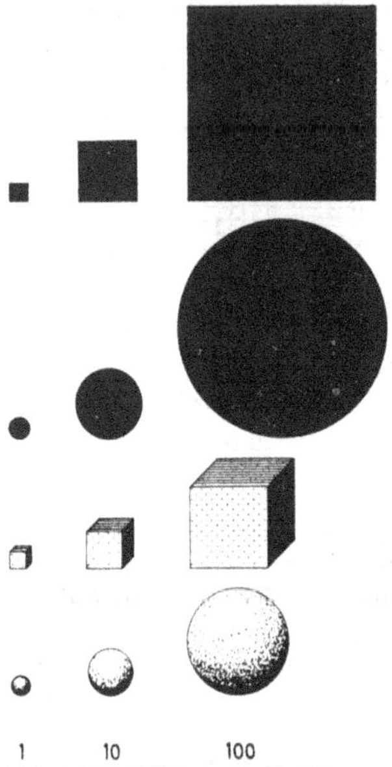

Abb. 115. Flächen- und Körpersymbole (quantitative Methode)

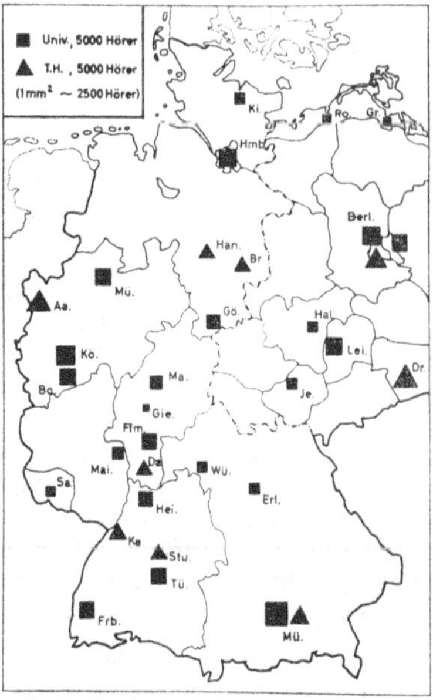

Abb. 116. Quantitative Methode (Deutsche Universitäten und Technische Hochschulen nach der Hörerzahl 1959/60)

Diese können Kreise, Quadrate oder auch symbolische Figuren sein, deren Flächeninhalt proportional zur dargestellten Menge ist. Bei sehr unterschiedlichen Größenordnungen wachsen diese Signaturen jedoch so, daß eine wirklichkeitsgetreue Darstellung ihrer Umgebung unmöglich wird. In diesem Falle wählt man Körpersymbole, wie Kugeln oder Würfel, deren Rauminhalt ein Maß für die abgebildeten Größen ist. Abb. 115 zeigt das unterschiedliche Anwachsen der Signaturen für drei Größen, die sich wie 1 : 10 : 100 verhalten.

Ein Beispiel für die Verwendung flächenhafter Signaturen gibt Abb. 116, in der die deutschen Universitäten und Technischen Hochschulen nach ihrer Hörerzahl unterschieden sind. Für je 2500 Hörer wurde eine Signaturengröße von 1 mm² angenommen. Vom Kartenbenutzer läßt sich so durch Ausmessen der Signaturen der dargestellte Betrag rekonstruieren. Allerdings ist eine Ausmessung unbequem, außerdem kann der ursprüngliche Maßstab beim Kartendruck verlorengehen. Vielfach nimmt man daher eine Klassifizierung vor und stellt nur noch Größenstufen dar, die in einer Legende angegeben sind und durch Vergleich leicht ermittelt werden können.

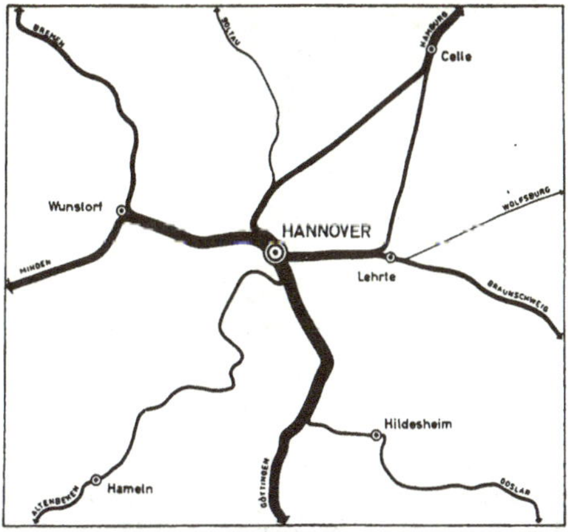

Abb. 117. Verkehrsdichte der von Hannover ausgehenden Schnellzugstrecken (0,3 mm ≙ 10 Züge)

Die absolute Darstellung ist aber nicht nur auf die Punkt- und Signaturenmethode beschränkt. Man findet sie z. B. auch bei den sog. „Verkehrsdichtekarten", bei denen die Verkehrswege ihrer Belastung entsprechend durch verschieden breite Bänder dargestellt werden. Abb. 117 zeigt die Verkehrsdichte der von Hannover ausgehenden Schnellzugstrecken. Eine Bandbreite von 0,3 mm gibt an, daß auf dieser Strecke täglich zehn Schnell- oder Eilzüge verkehren.

63.22 *Mittelwertdarstellung*

Die absolute Methode versagt, wenn eine sehr große Zahl von Einzelwerten vorliegt. Vor allem mangelt es ihr dann an Übersichtlichkeit. Hier liegt es auf der Hand, die beobachteten Einzelwerte nicht mehr unmittelbar anzugeben, sondern zu Mittelwerten zusammenzufassen und nur diese darzustellen. So können z. B. aus einer Anzahl von Temperaturbeobachtungen an den verschiedensten Orten Afrikas durch Interpolation Punkte einer be-

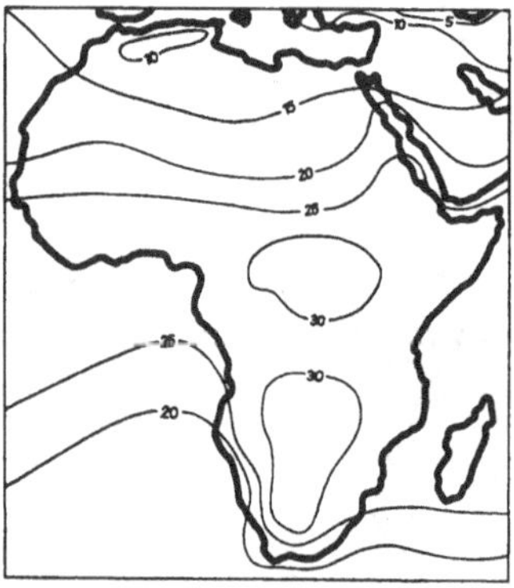

Abb. 118. Januar-Isothermen von Afrika (nach Andrees Handatlas)

stimmten, runden Temperatur ermittelt und durch sogenannte *Isothermen*, Linien gleicher Temperatur, verbunden werden (Abb. 118). Ebenso gebräuchlich sind *Isobaren* (Linien gleichen Luftdrucks), *Isogonen* (Linien gleicher magnetischer Mißweisung oder Deklination), *Isoklinen* (Linien gleicher magnetischer Inklination), *Isodynamen* (Linien gleicher magnetischer Intensität) oder *Isogammen* (Linien gleicher Schwerkraftstörung).

Alle diese Linien gleicher Intensität werden als *Isarithmen* bezeichnet. Da sie durch Interpolation gewonnen werden, setzen sie eine stetige Verteilung voraus. Umgekehrt ist es möglich, aus den Isarithmen einigermaßen zutreffende Zahlenwerte für jeden beliebigen Ort zu entnehmen.

Praktisch zählen auch die in den topographischen Karten gebräuchlichen Höhenlinien (Isohypsen) und Tiefenlinien (Isobathen) zu den Isarithmen.

Die Darstellung einer Verbreitung durch Linien gleichen Zahlenwertes wird häufig auch auf Themen angewandt, bei denen die Voraussetzung einer stetigen Verteilung nicht zutrifft. Demzufolge kann man diese Linien, *Isolinien* oder *Pseudoisarithmen* genannt, auch nicht systematisch durch Interpolation gewinnen. Sie verbinden lediglich einzelne bekannte Punkte gleichen Zahlenwerts oder grenzen Gebiete gleicher oder ähnlicher Größe gegeneinander ab; eine Aussage über die Nachbarschaft ist nicht möglich. Ein Beispiel hierfür sind die *Isotimen*, Linien gleichen Preises für eine bestimmte Ware.

63.23 *Die relative Methode*

Bei der relativen Methode werden die ursprünglichen Zahlenwerte auf eine Gesamtmenge (z. B. Darstellung des Grünlandes in Prozenten der landwirtschaftlichen Nutzfläche) oder Flächeneinheit (z. B. Bevölkerungsdichte) bezogen. Sie ist dadurch besonders für kleinmaßstäbliche Karten geeignet, in denen absolute Werte nicht mehr untergebracht werden können.

In der Regel wird der darzustellende Prozentsatz oder Dichtewert durch einen seiner Größe proportionalen Farbton wiedergegeben, den man durch Rasterung oder Farbeindruck erzeugt. Abb. 119 zeigt den Anteil der Technischen Hochschule Hannover an der Gesamtzahl aller 1959 an deutschen Technischen Hochschulen eingeschriebenen Studierenden. Eine kontinuierliche Darstellung ist nicht möglich. Es müssen Klassen gebildet werden, die in der Legende angegeben sind. Der Schwarzgehalt des Rastertons wächst mit zunehmendem Prozentsatz.

Je nach der Berechnung der relativen Größen unterscheidet man die statistische und die geographische Methode. Die *statistische Methode* bezieht die relativen Zahlenwerte auf eine Verwaltungseinheit, also je nach

Maßstab auf eine Gemeinde, einen Kreis, ein Land oder einen Staat. Diese Darstellungsart ist objektiv, setzt aber eine gleichmäßige Verteilung in der jeweiligen Flächen-

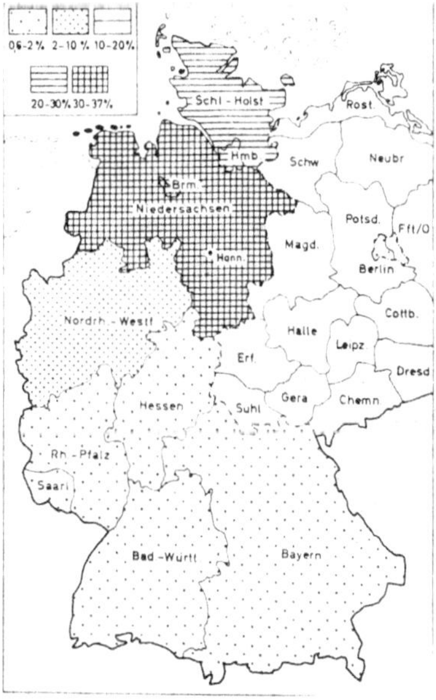

Abb. 119. Relative Methode (Anteil der Technischen Hochschule Hannover an der Gesamtzahl aller deutschen T. H.-Studenten, aufgegliedert nach Heimatländern)

einheit voraus. Abb. 120a zeigt eine Landschaft, bestehend aus Ebene, Fluß, Stadt und Gebirge, mit ihren Verwaltungsgrenzen. In Abb. 120b ist die Bevölkerungsdichte nach der statistischen Methode dargestellt. Die tatsächlichen Verhältnisse werden teilweise erheblich verfälscht, Stadt und Gebirge erscheinen mit der gleichen Bevölkerungsdichte!

Die *geographische Methode* dagegen versucht, die darzustellenden Relationen auf Grund der natürlichen Verteilung zu ermitteln. Man würde also z. B. die Bevölkerungsdichte getrennt nach Ebene und Gebirge berechnen.

Nun werden die Flächen gleicher Bevölkerungsdichte nicht mehr durch Verwaltungsgrenzen, sondern durch Pseudoisarithmen, Isoplethen = Linien gleicher Bevölkerungsdichte, begrenzt (Abb. 120c). Da die Berechnung der natürlichen Verteilung im Gegensatz zur statistischen Methode eine gewisse Willkür nicht ausschließt, beeinflußt das Geschick des Bearbeiters wesentlich das Aussehen und die Richtigkeit der Karte.

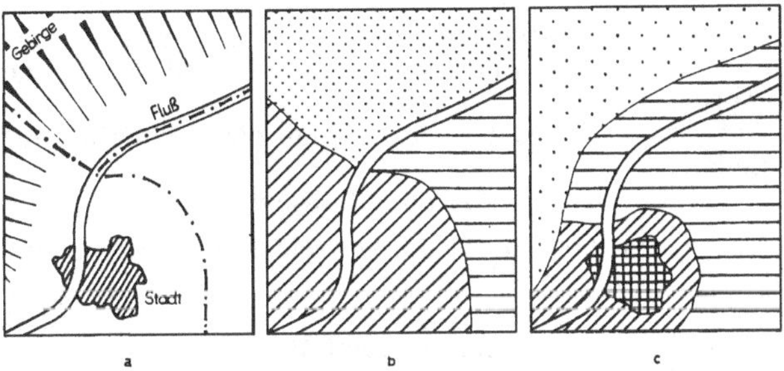

Abb. 120. Darstellung der Bevölkerungsdichte nach der statistischen und geographischen Methode

Die hier aufgezeigten Darstellungsmethoden erschöpfen bei weitem nicht die Ausdrucksmittel, die der thematischen Kartographie zur Verfügung stehen. Sie sind aber grundlegend und tauchen einzeln oder in Kombinationen in allen thematischen Karten auf. Wegen der Beschreibung spezieller Verfahren, die oft nur auf ein einziges Thema zugeschnitten sind, muß auf die Spezialliteratur verwiesen werden.

7. Die Kartenreproduktion

Bei der Kartenherstellung bzw. -vervielfältigung unterscheiden wir drei wesentliche Arbeitsvorgänge: den Kartenentwurf, die Herstellung der Kartenoriginale und den Kartendruck.

71 Der Kartenentwurf

Durch den Kartenentwurf wird der Karteninhalt [4] nach seinem Umfang und insbesondere nach der Art seiner Gestaltung und Wiedergabe festgelegt. Der Entwurf einer Karte beruht ausschließlich auf der schöpferischen Tätigkeit des wissenschaftlichen und praktischen Kartographen[1]). Er enthält nötigenfalls Angaben über die Ausführung der äußeren Kartenelemente [44], über das zur Herstellung der Karte dienende Ausgangsmaterial u. a. m. Für den Kartenentwurf der amtlichen Kartenwerke haben die zuständigen Stellen Musterblätter und Richtlinien herausgegeben.

Auf Grund des Entwurfes werden die Kartenoriginale erstellt.

72 Herstellung der Kartenoriginale

Früher wurden die Originale selbst als Druckformen für die zu druckenden Karten benutzt. So sind die ersten gedruckten Karten in Holz geschnitten und als Holzschnitte in geringen Auflagen mit Hilfe einer Handpresse vervielfältigt worden. Heute dienen die Kartenoriginale ausschließlich zur Herstellung der Druckplatten.

72.1 Klassische Verfahren

Beim *Holzschnitt* war naturgemäß die Wiedergabe feinerer Linien nicht möglich.

72.11 Der *Kupferstich*[2]) brachte einen großen technischen Fortschritt, da er Karten von höchster Qualität und feinsten Strichstärken liefert. Er wird heute nur noch selten angewandt.

Die Grundlage für den Kupferstich bildet eine plangeschliffene Kupferplatte von 3 bis 4 mm Stärke, auf welche die zu gravierende Zeichnung — ursprünglich durch eine Gelatinepause, später durch Kopie — übertragen wird. Bei der folgenden Handgravur werden die Linien und Flächenelemente des Kartenbildes mit verschiedenartig angeschliffenen Sticheln und Nadeln in die Platte eingegraben (eingestochen); Kartenzeichen und Zahlen können mit Stahlstempeln eingeschlagen werden. Um beim Druck ein seiten-

[1]) Veit, H.: Über die Technisierung der Kartenherstellung; in Fortschrittsberichte auf dem Gebiet des Kartendrucks und der Kartenreproduktion, Hamburg 1958.

[2]) Die Erfindung des Kupferstichs fällt in die Mitte des 15. Jahrh.

richtiges Bild zu erhalten, muß der Stich seitenverkehrt erfolgen. Bei der *galvanischen Gravur* erfolgt die Tieflegung der Zeichnung auf elektrolytischem Weg. Da die verhältnismäßig weichen Kupferoriginale einem großen Auflagedruck nicht standhalten, wird die Vervielfältigung mit Hilfe von Maschinendruckplatten (Stein oder Metall) ausgeführt, die entweder im Wege des Umdrucks [73.11] oder durch Kopie [73.12] hergestellt werden.

72.12 Bei der *Kartolithographie* bildet der Lithographiestein das Ausgangsmaterial, dessen glattgeschliffene Oberfläche zuerst gegen die Aufnahme von Öl und Fett widerstandsfähig gemacht wird. Eine darübergebrachte schwarze Schicht hat den Zweck, die anschließend herzustellende gravierte Zeichnung sichtbar zu machen. Die Gravur selbst erfolgt mit verschiedenartig geschliffenen Graviernadeln, wobei die Oberfläche des Steines nur geringfügig eingerissen wird (≈ 0,1 mm). Auch hierbei muß seitenverkehrt graviert werden. Nach beendeter Gravur wird der Stein mit Lein- oder Olivenöl eingerieben, das in die freigelegten Stellen einzieht und eine gute Haftung der Druckfarbe bewirkt. Der Auflagendruck erfolgt, wie beim Kupferstich, nicht vom Originalstein (Abb. 121), sondern von Maschinendruckplatten.

Abb. 121 Originalstein

72.2 Moderne Verfahren

72.21 *Zeichnung auf Karton und transparenten Folien.* Vor Erfindung des Holzschnitts, des Kupferstichs und der Lithographie wurden die handgezeichneten Originale eventuell in wenigen Exemplaren durch manuelles Kopieren vervielfältigt. Später dienten die Handzeichnungen als Vorlagen für die Originale auf Holz, Kupfer oder Stein. Mit der Entwicklung der Reproduktionsphotographie [72.31], der Kopierverfahren [72.33] und des Flachdrucks [73.24] gewannen die Zeichenverfahren bei der Herstellung der Originale die ihnen auch heute noch zukommende große Bedeutung.

Beim Zeichnen eines Kartenoriginals handelt es sich darum, mit einem Zeichengerät die einzelnen Kartenelemente in bestimmten Farben auf dem Zeichenträger darzustellen. Als Zeichengeräte kommen verschieden ausgebildete Zeichenfedern, Pinsel, Lineale, Schablonen, Zirkel, Schraffiergeräte u. a. m. zur Anwendung. Bei den Zeichenträgern unterscheiden wir zwischen den Zeichenpapieren und den meist transparenten Zeichenfolien. Die für kartographische Zwecke verwendeten Zeichenpapiere haben eine glatte Oberfläche und sind — um die notwendige Maßhaltigkeit zu gewährleisten — in der Regel auf Aluminiumfolien von 0,03 bis 0,5 mm Stärke aufgezogen. Eine besondere Bedeutung erlangten in letzter Zeit die transparenten Kunststoffolien. Es sind 0,1 ... 1 mm dicke Platten aus Polyester oder Vinyl-(Misch-) Polymerisaten (PVC-Material), deren Oberfläche in der Regel eine Körnung aufweist. Gezeichnet wird mit Tusche; für Folien sind Spezialtuschen entwickelt worden.

Die Art des Entwurfs der auszuführenden Tuschezeichnung hängt von den Unterlagen ab. Neukartierungen werden unter Zuhilfenahme von Koordinatographen, Transporteuren, Maßstäben u. dgl. auf das Papier oder auf die mattierte Folienoberfläche aufgetragen und hernach in Tusche ausgeführt. Vielfach sind jedoch bereits Vorlagen vorhanden. Diese können als sog. *Blaudrucke*[1]) (siehe Kopie [72.33]) auf die Zeichenfläche gebracht und — gegebenenfalls entsprechend abgeändert (z. B. ergänzt, berichtigt, generalisiert) — mit schwarzer Tusche überzeichnet werden. Bei Mehrfarbendrucken werden auf diese Art die einzelnen Farbauszüge erstellt. Transparente Folien erlauben das „Hochzeichnen" vorliegender Unterlagen, wobei wiederum Abänderungen vorgenommen bzw. Auszüge hergestellt werden können.

72.22 Die *Schichtgravur* ist das modernste, noch in der Entwicklung befindliche Verfahren der Originalherstellung; bei ihr werden die Elemente des Kartenbildes in eine Schicht eingraviert, die auf dem — meist transparenten — Träger aufgebracht ist. Bei der Gravur wird die Schicht entfernt und damit der Schichtträger freigelegt.

[1]) Die Linien eines Blaudruckes werden bei photographischer Reproduktion unter Verwendung blauempfindlicher Emulsionen im Negativ ebenso geschwärzt wie die weiße Papierfläche, sie verschwinden also.

Als Schichtträger verwendet man transparente Kunststoffolien oder Glasplatten. Die gewöhnlich leicht eingefärbte Schicht[1]) muß so beschaffen sein, daß sich beim Gravieren der abgehobene Span leicht löst und daß dabei randscharfe Linien entstehen. Die Gravur wird mit besonderen Geräten ausgeführt, von denen in letzter Zeit eine große Anzahl entwickelt worden ist (Abb. 122). Die Vorlage für die zu gravierende Zeichnung wird in der Regel zuvor auf die Schicht kopiert; bei transparenten Schichten kann die Vorlage auch unter die Folien gelegt werden. Ist die Schicht für photographisch wirksames Licht undurchlässig, so ergibt eine gravierte Zeichnung ein kopierfähiges Negativ.

Abb. 122 Graviergerät von Haag-Streit

Beim „*Positiv-Schichtfolien-Ritzverfahren*" nach *Wieneke* (DRP) wird nach beendeter Gravur die Folie eingefärbt, so daß sich die Farbe an den freigelegten Stellen mit dem Schichtträger verbinden kann. Nach Entfernung der Schicht entsteht ein Positiv.

72.3 Hilfsmittel der modernen Verfahren

72.31 Die *Reproduktionsphotographie* ist aus der allgemeinen Photographie hervorgegangen. Sie hat in der Kartenherstellung ein weites und vielseitiges Betätigungsfeld gefunden. Unter den photographischen Arbeiten stehen die Aufnahmen von Strichoriginalen — insbesondere von lichtundurchlässigen Zeichenträgern — an erster Stelle. Solche Aufnahmen liefern kopierfähige Negative oder Positive für die Erstellung der Druckplatten. Bei der Aufnahme können in gewissen Grenzen Maßstabsänderungen und geringfügige Entzerrungen vorgenommen

[1]) Ihre Zusammensetzung ist meist Fabrikationsgeheimnis.

werden. Durch Vorschaltung entsprechender Filter bei der Aufnahme wird eine Farbtrennung mehrfarbiger Vorlagen ermöglicht. Eine wichtige Aufgabe erwächst der Reproduktionsphotographie bei der drucktechnischen Vervielfältigung von Halbtonvorlagen, wie sie die Schummerungen darstellen. Da bei jedem Druckverfahren die druckenden Elemente eine scharfe Begrenzung aufweisen müssen, werden die Halbtöne in einzelne Punkte von verschiedener Größe, aber gleichem Mittelpunktsabstand zerlegt (Abb. 123 b). Das Verhältnis zwischen Punktgröße und Zwischenraum muß dem Tonwert entsprechen *(Autotypie*[1]*)*. Die Punktzerlegung wird bei der photographischen Aufnahme dadurch erzielt, daß in einem bestimmten Abstand vor der lichtempfindlichen Schicht ein *Raster* eingeschaltet wird.

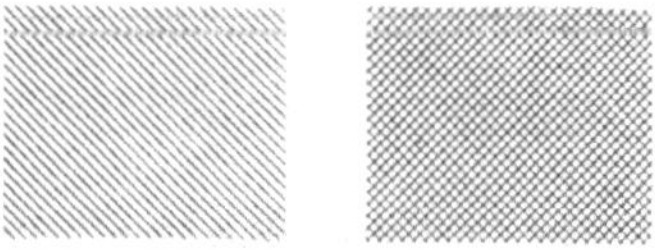

Abb. 123 a Linien- und Kreuzraster (etwa 20er-Raster)

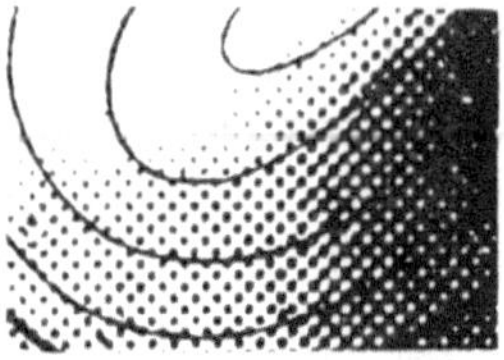

Abb. 123 b Vergrößertes Rasterbild einer Schummerung

Raster haben verschiedene Formen; am verbreitetsten sind die Kreuzraster, die aus zwei um 90° gegeneinander verdrehten Linienrastern bestehen (Abb. 123 a).

Die Raster werden durch die Anzahl der Linien auf 1 cm gekennzeichnet und reichen von etwa 20 bis 120 L/cm. Ist die Rasterweite so gering, daß sie das Auflösungsvermögen des menschlichen Auges ($\approx$ 1 Bogenminute) unterschreitet, so entsteht optisch der Eindruck eines Flächentones. Dazu ist ein Raster von mindestens 50 L/cm erforderlich.

Unter Vorschaltung entsprechender Filter können von farbigen Vorlagen gerasterte Farbauszüge gewonnen werden, die zur Herstellung der Farbdruckplatten dienen.

---

[1]) Die Autotypie wurde 1881 von dem Kupferstecher *Meisenbach* erfunden.

Die Ausführung der photographischen Reproduktionsarbeiten in der Kartographie erfordert Spezialkammern, Spezialemulsionen und einwandfreie Objektive. Die Kammern haben — den Kartengrößen entsprechend — Bildformate von 50×50 cm bis 160×160 cm. Kammerkörper und Originalhalter ruhen entweder auf einem gemeinsamen, stark gefederten Träger (Schwingstative) oder sind in Brückenbauweise ausgeführt (Abb. 124). Die Kammern besitzen Vorrichtungen zur automatischen Scharfeinstellung, Spiegelsysteme für seitenrichtige und seitenverkehrte Aufnahmen u. a. m. Der Originalhalter hält die Vorlagen in der Regel pneumatisch fest und ist zur Durchführung von Entzerrungen kipp- und schwenkbar. Die Beleuchtungseinrichtung muß eine gleichmäßige Ausleuchtung der Originale gewährleisten.

Abb. 124 **Präzisionskamera in Brückenbauweise „Klimsch-Commodore"**

Für Strichzeichnungen werden feinkörnige Emulsionen von äußerster Härte (steiler Gradation) verlangt, für Halbtöne kommen Emulsionen mit normaler Gradation in Frage. Während die hart arbeitenden Schichten früher ausschließlich von Hand auf Glas gegossen wurden (Kollodium- oder nasses Verfahren), benutzt man heute immer mehr konfektionierte Trockenemulsionen auf Film.

Von den in der Reproduktionsphotographie verwendeten Objektiven wird ein großes Auflösungsvermögen, eine hervorragende Schärfe und eine weitgehende Verzeichnungsfreiheit verlangt.

72.32 *Mechanische Kartenbeschriftung*

Die älteste Art der Schriftherstellung ist die durch Zeichnung. Beim Kupferstich und bei der Steingravur werden auch die Namen gestochen bzw. graviert. Den ersten Schritt zur Mechanisierung der Kartenschrift bedeutet das Einstempeln von handgesetzten

Namen in die Kartenoriginale unter Zuhilfenahme von Stempelgeräten (z. B. Wulkow-Stempel). Die wohl einfachste Art mechanischer Kartenbeschriftung stellt der Buchdrucksatz dar. Dabei werden die einzelnen Namen mit Buchdrucklettern gesetzt und auf weißem Kunstdruck- oder Barytpapier abgedruckt. Diese Drucke können — entsprechend zugeschnitten — auf der Zeichnung zu den jeweiligen Objekten geklebt werden; sie können aber auch photographisch auf Film aufgenommen und so zu den einzelnen Namen montiert werden. Schließlich kann der Druck direkt auf transparente Folien erfolgen, mit denen die Montage durchgeführt wird. Werden — wie üblich — bei diesem Verfahren die im Buchdruck eingeführten Typen verwandt, so wirkt die Schrift starr und kartenfremd.

72.321 Der *Lichtsatz* wird neuerdings zur Herstellung von Kartenschriften, Kartenzahlen und Kartenzeichen angewandt. Der Vorgang beim Lichtsatz ähnelt dem bei der Herstellung eines positiven photographischen Bildes in einem Vergrößerungsapparat: Von dem Mutternegativ (Matrize) eines gezeichneten Alphabets werden in einem Lichtsatzgerät die einzelnen Buchstaben eines Namens in fortlaufender Einzelprojektion auf Film belichtet. Die Einstellung der Buchstaben geschieht an einem mit dem Mutternegativ verbundenen Positiv, das beiderseits der Buchstaben entsprechende Einpaßmarken besitzt. Mit dem Hohlux-Typofot-Lichtsatzgerät[1]) sind bis zu 1,5fache Vergrößerungen und bis zu 4,8fache Verkleinerungen der Matrizengröße des Negativs möglich. Aufgenommen wird auf einem Film im Format 13×18 cm. Je nach Einlage des Films in die Kassette können seitenrichtige und seitenverkehrte Filmpositive gewonnen werden. Die Entwicklung des Films erfolgt erst nach Beendigung aller Belichtungen. Die so gewonnenen Schriften werden in das Kartenoriginal montiert. Um die manuelle Filmmontage zu ersparen, wurden neuerdings *Schriftmontagegeräte* (z. B. das Hohlux-Kartolux-Gerät[1])) konstruiert, die eine photographische Übertragung der im Lichtsatz gewonnenen Namen direkt an die richtige Stelle des Kartenbildes gestatten.

---

[1]) Von *H. Meyerhuber*, München, entwickelt.

72.33 *Die Kopie.* In der kartographischen Reproduktion versteht man unter Kopie die Übertragung von mehr oder weniger transparenten Originalen oder sonstigen Vorlagen auf andere Bildträger (Zeichenpapier, Kunststoffolien, Glas- oder Metallplatten u. a.) auf chemisch-technischem Wege. Bei der Herstellung einer Kopie werden die Träger mit einer lichtempfindlichen Schicht versehen und unter Vorschaltung der Vorlagen belichtet. Je nach ihrer chemischen Zusammensetzung zeigen die einzelnen Schichten unter der Einwirkung des Lichtes verschiedene Reaktionen. Bei den in der Praxis am häufigsten angewandten Verfahren wird die Schicht an den vom Licht getroffenen Stellen gehärtet bzw. gegerbt.

Die notwendigen Arbeitsgänge bei der Erstellung einer Kopie sind im wesentlichen bei allen Kopierschichten gleich und bestehen im *Beschichten* der Träger von Hand oder meistens in einer Schleuder, im *Belichten* in einem Kopierrahmen (bzw. bei etwa gewünschten maßstäblichen Veränderungen in einer Kamera), im *Entwickeln*, ferner — soweit notwendig — im *Einfärben* und endlich im *Entschichten*.

Je nachdem das Ausgangsprodukt für die Kopie ein Negativ oder ein Positiv ist, unterscheiden wir zwischen der Negativkopie und der Positivkopie. Als Endprodukt wird in beiden Fällen ein Positiv erhalten.

72.331 Bei der *Negativkopie* erfahren die im Negativ freien Stellen (d. s. die eigentlichen Bildteile) unter der Lichteinwirkung eine Härtung bzw. Gerbung und werden wasserfest. Durch die folgende Entwicklung mit Wasser wird die unbelichtete, wasserlöslich gebliebene Schicht entfernt, und die gehärteten Bildteile bilden die Grundlage für die Aufnahme der Kopierfarbe.

72.332 Bei der *Positivkopie* hingegen wird durch die Belichtung die Schicht an den bildfreien Stellen gehärtet, so daß durch die anschließende Entwicklung mit Wasser die vom Licht nicht getroffenen Stellen (d. s. die Bildteile) herausgelöst und abgeschwemmt werden. An diesen Stellen kann sich nun bei der folgenden Einfärbung die Farbe mit dem Trägerstoff fest verbinden. Schließlich wird die gehärtete Schicht mit schwachen Säuren entfernt. Als Endprodukt steht bei diesem Verfahren lediglich das eingefärbte Bild auf dem Träger; die ursprünglich aufgebrachte Schicht ist vollständig entfernt worden.

72.333 Das *Strip-Mask-Verfahren.* Bei diesem erst in den letzten Jahren entwickelten Verfahren wird eine Kunststoffolie mit einer lichtempfindlichen Schicht überzogen, die sich von glatten Oberflächen leicht lösen läßt. Ein aufkopiertes Bild — in der Regel eine Konturenzeichnung — wird mit Wasser entwickelt. Dabei werden die Konturen freigelegt, so daß sich nun die von den Konturen begrenzten Flächen als Haut abziehen lassen. Bei diesem Verfahren ist die Kopie eigentlich nur Mittel zum Zweck, denn das Endprodukt stellt das Negativ einer Schablone (Maske) zur Herstellung einer meist gerasterten Farbplatte für ein Flächenkolorit dar. Wird — wie in Europa üblich (siehe [73.12]) — bei der Druckplattenherstellung die Positivkopie bevorzugt, so ist von diesem Negativ auf kopiertechnischem Wege ein Positiv herzustellen. Zu diesem Zweck muß die Schicht lichtundurchlässig gefärbt sein, und es müssen die stehengebliebenen Konturen abgedeckt werden.

Die Kopiertechnik findet in der Kartenreproduktion eine vielseitige Anwendung. Die sog. *Anhaltekopien* auf Papier oder Kunststoffolien dienen als Vorlage für die Zeichnung der einzelnen Farbauszüge, solche auf Gravurschichten bilden die Grundlage für die Gravur. Kopien werden insbesondere für die mannigfaltigen Zwischenarbeiten gebraucht wie zu Montagezwecken, zur Herstellung stabiler Originale von empfindlichen Filmmontagen, zur Umkehrung von Positiven in Negative und umgekehrt, zur Erstellung von Duplikaten usw. Vor allem aber werden die für den Flach- und Offsetdruck [73.24] notwendigen Druckplatten durch Kopie gewonnen.

73 Der Kartendruck

73.1 Herstellung der Druckformen

Von gestochenen Kupferplatten können nur in beschränktem Umfange Karten gedruckt werden; die Steingravur erlaubt zwar größere Auflagen, jedoch wird beim Druck das Original gefährdet. Man hat es daher schon seit je vorgezogen, Umdrucke auf Maschinensteine oder Maschinenplatten herzustellen und von diesen den Auflagendruck zu tätigen.

73.11 Beim *Umdruck* wird das Stein- oder Kupferoriginal mit einer fettsäurehaltigen Farbe (Umdruckfarbe) eingefärbt und ein

Abzug auf einem besonderen Umdruckpapier hergestellt. In einer Handpresse wird dieser Umdruckabzug auf die Stein- oder Metallplatte aufgepreßt; dabei verbindet sich die Farbe mit der Platte und bildet nach Ablösung der durchfeuchteten Papiermasse die Grundlage für die Druckfarbe. Das Umdruckverfahren ist veraltet.

73.12 *Die Druckplattenkopie.* Bei dem heute in der Kartenvervielfältigung vorwiegend angewandten Offsetdruck [73.241] werden als Druckträger Metallplatten (Zink, Aluminium) benutzt. Die Übertragung des Bildes auf die Platten erfolgt durch die Kopie, und zwar in den europäischen Ländern fast ausschließlich im Positivkopierverfahren, wie es in [72.332] beschrieben wurde. Bei der Druckplattenkopie wird lediglich nach der Entwicklung die Platte nicht mit der Kopierfarbe, sondern mit einem (leicht ätzenden) Lack überzogen, der an den freigelegten Bildstellen fest auf dem Metallgrund haftet und die Grundlage für die Druckfarbe bildet. In den USA findet vornehmlich das Negativkopierverfahren Anwendung.

Die Druckplatten werden vor der Kopie in einer Körnmaschine aufgerauht. Das dabei erzeugte Korn ist insbesondere für die Feuchthaltung der Platte während des Druckes notwendig. Durch die Korngröße ist der Wiedergabe feinster Linien und Raster eine Grenze gesetzt. Zinkplatten verlangen ein verhältnismäßig grobes Korn; bei Verwendung von Aluminiumplatten ist es möglich, eine feinere Körnung und damit qualitativ bessere Drucke zu erzielen.

Neben den Zink- und Aluminiumplatten kommen in letzter Zeit mehrmetallige Druckplatten zur Anwendung. Bei diesen wird die Eigenschaft einiger Metalle ausgenutzt, entweder fett- oder wasserempfänglich zu sein. So dient z. B. Kupfer als fettfreundliches Metall für die druckenden Bildteile, während Chrom oder Stahl die wasserführenden Freiflächen bilden. Diese Platten werden durch Ätzung gewonnen.

Für die praktische Verwirklichung ergeben sich verschiedene Wege: Bei den *Bimetallplatten* kann die Grundplatte aus Kupfer bestehen, auf die elektrolytisch eine sehr dünne Chrom- oder Stahlschicht aufgebracht wird. Die Druckplattenherstellung besteht nun darin, diese Schicht an den druckenden Bildstellen durch Ätzung zu entfernen und damit das Kupfer freizulegen. Auch sind verkupferte Chrom- oder Stahlplatten möglich, bei denen die dünne Kupferschicht an den bildfreien Stellen zu entfernen ist. *Trimetallplatten* haben als Grundplatte ein geeignetes billiges Metall (Zink), auf das sowohl das fett- als auch das wasserempfängliche Metall als dünne Schichten durch Elektrolyse aufgebracht werden. Das Verfahren steckt noch in der Entwicklung.

73.13 *Druckplatten für mehrfarbige Karten*[1]). Mit der Entwicklung der modernen Reproduktionstechnik setzt sich die mehrfarbige Karte immer stärker durch. Die Erstellung einer solchen Karte erfordert mehrere Druckplatten. Ihre Anzahl richtet sich nach der Zahl der Grundfarben und nach der Art der farbigen Elemente. Für die farbliche Gestaltung kommen neben den kontinuierlich deckenden *Vollfarben* die *Tonfarben*, d. s. aufgehellte Vollfarben, und die durch Mischung entstandenen *gebrochenen Farben* zur Anwendung. Linien werden in der Regel durch Vollfarben wiedergegeben; die bunte Flächenfärbung in gleichmäßiger Tönung erzielt man durch Rasterung und durch Zusammendruck von bestimmten Grundfarben. Für jede Grundfarbe muß wenigstens eine Druckplatte hergestellt werden. Um die zu einer Grundfarbe gehörigen Flächenraster zu erhalten, werden die entsprechenden Flächen heute meist auf Kunststoffolien oder Glasplatten mit schwarzer Farbe ausgedeckt. Diese Zeichnung dient als Maske (Schablone), über die das Einziehen der Raster bei der Belichtung der Druckplatten erfolgt. Bei der üblichen Positivkopie wird zweimal hintereinander, und zwar einmal unter der ausgedeckten Vorlage und dann unter dem Raster belichtet. Durch Anwendung des Strip-Mask-Verfahrens kann bei der Herstellung der Masken eine wesentliche Zeitersparnis erzielt werden. Rasterungen von Halbtonvorlagen werden photographisch erstellt [72.31]. Hochwertige moderne Mehrfarbenkarten erfordern oft zehn und mehr Druckplatten. Um beim Druck ein genaues Einpassen der einzelnen Farbplatten zu gewährleisten, werden alle Farbauszüge mit sog. *Paßkreuzen* versehen.

---

[1]) Beck, W.: Farbe und Karte; in Fortschrittsberichte auf dem Gebiet des Kartendrucks und der Kartenreproduktion, Hamburg 1958.

73.2 Druckverfahren

73.21 Beim *Hochdruck* (Buchdruck) sind die druckenden Elemente erhaben und stehen seitenverkehrt; sie werden für den Druck mit einer zähen Druckfarbe eingewalzt und in einer Druckmaschine auf den Druckträger (das Papier oder einen anderen Stoff) übertragen. Die Druckform ist beim *Flachformdruck* ein Ebene, beim *Rotationsdruck* ein Zylinder. Die ältesten Hochdrucke formen von Bedeutung waren die in Holz geschnittenen Druckplatten des 14. und 15. Jahrhunderts. Heute findet der Hochdruck in der Kartographie bei der Erstellung der Schrift, allgemein jedoch im Buch- und Zeitungsdruck weiteste Anwendung.

73.22 Beim *Tiefdruck* werden die druckenden Elemente in die glatte Druckform aus Metall oder Stein seitenverkehrt gestochen oder geätzt. Für den Druck erhalten nur die vertieften Stellen die Farbe, die im Druckprozeß auf den leicht angefeuchteten Druckträger übertragen wird. Zu diesem Verfahren zählt u. a. der Kupfertiefdruck, der in der Kartographie in Spezialfällen (Seekarten) noch gelegentlich zur Anwendung kommt.

73.23 *Der Siebdruck.* Das auch als *Serigraphie* bezeichnete Druckverfahren ist im Prinzip ein Schablonendruck, bei dem die Farbe mit Hilfe einer Gummiwalze durch die freien Stellen einer Schablone auf den Druckträger gebracht wird. Die Druckform bildet ein feinmaschiges Sieb, das auf einen Holzrahmen gespannt ist und aus Metall-, Seiden- oder Kunststoffäden besteht (50 bis 100 Fäden/cm).

Dieses Druckverfahren kann zur Vervielfältigung von Karten mit einfacher Strichzeichnung (z. B. Grundkarten) in geringer Auflage angewandt werden, wenn keine besondere Qualität gefordert wird. Die Herstellung der Schablone erfolgt dabei auf dem Wege einer Kopie. Das Sieb wird mit einer Kopierlösung beschichtet und unter dem Positiv der Zeichnung belichtet. Durch den Lichteinfluß erfahren die zeichnungsfreien Stellen eine Härtung und werden wasserunlöslich. Bei der folgenden Entwicklung mit Wasser löst sich die Schicht an den durch die Zeichnung gedeckten — vom Licht nicht getroffenen — Stellen heraus und legt die Siebmaschen frei, während die gehärtete Schicht die Siebmaschen verschließt. Damit ist die Druckform erstellt. Der Druck selbst erfolgt von Hand aus. Das Sieb kann nach Gebrauch entschichtet und für weitere Drucke verwendet werden.

73.24 Der *Flachdruck*, bei dem druckende und nichtdruckende Elemente nahezu in derselben Ebene liegen, beruht auf der Unvermischbarkeit und gegenseitigen Abstoßung von Wasser und fetthaltiger Farbe. Die älteste Art des Flachdruckes ist der *Steindruck* oder die *Lithographie*[1]). Bei diesem Verfahren wird die seitenverkehrte Zeichnung entweder unmittelbar mit Fett-Tusche (Fettkreide) oder im Wege des Umdrucks auf eine feingeschliffene Kalksteinplatte (Solnhofer Kalkschiefer) aufgebracht und anschließend leicht geätzt. Beim Druck wird der Stein angefeuchtet; dadurch erreicht man, daß bei der Einfärbung nur die Zeichnung die fette Druckfarbe annimmt, während die feuchten bildfreien Stellen farbfrei bleiben.

73.241 *Der Offsetdruck.* Im Laufe der letzten Jahrzehnte wurde der direkte Flachdruck zum indirekten, dem sog. Offsetdruck[2]), entwickelt. Bei ihm wird das Original seitenrichtig auf eine Metallplatte kopiert und im Druckprozeß zunächst auf einen Zylinder mit Gummituch und von diesem auf das Papier übertragen (Abb. 125). Der Offsetdruck ist heute das wichtigste Druckverfahren bei der Herstellung von Karten. Der Druck selbst erfolgt auf Offsetdruckpressen, von denen die modernsten Zwei- und Vierfarbenmaschinen eine automatisch gesteuerte An- und Auslage besitzen und eine Stundenleistung bis zu 7000 Bogen erzielen.

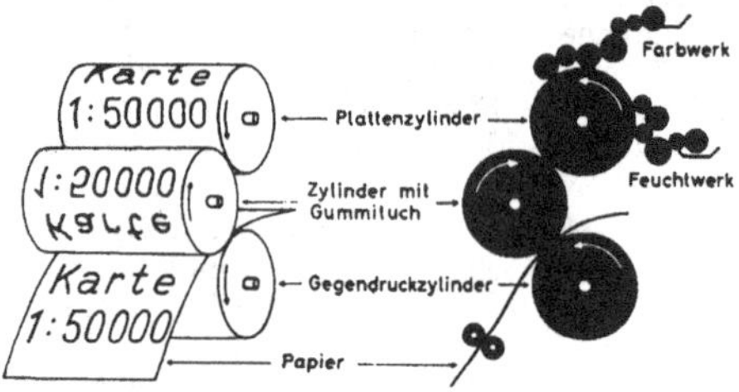

Abb. 125 Offsetdruck (Schema)

---

[1]) Der Steindruck wurde um 1797 von *Alois Senefelder* in München erfunden.

[2]) Die Bezeichnung stammt aus dem englischen *offset* in der Bedeutung von *Abzweigung.*

Literaturverzeichnis

(Auswahl von Lehr- und Handbüchern)

Bormann, W.: Allgemeine Kartenkunde; Lahr 1954 (Penyigey-Szabó).

Bosse, H.: Kartentechnik; Lahr 1954—55 (Penyigey-Szabó)
Bd. I: Zeichenverfahren
Bd. II: Vervielfältigungsverfahren.

Eckert, M.: Die Kartenwissenschaft; Berlin u. Leipzig 1921/25 (de Gruyter).

Fiala, F.: Mathematische Kartographie; Berlin 1957 (Verlag Technik).

Finsterwalder, R.: Photogrammetrie; Berlin 1952 (de Gruyter).

Imhof, E.; Gelände und Karte; Erlenbach-Zürich 1950 (Rentsch).

Jordan-Eggert-Kneißl: Handbuch der Vermessungskunde; Metzlersche Verlagsbuchhandlung, Stuttgart
Bd. Ia: Geländeformen. Reproduktion, Topogr. Karten u. Kartenabbildungen; 1957
Bd. III: Höhenmessung u. Tachymetrie; 1958
Bd. IV: Mathematische Geodäsie; 1958/59.

Kaestner, W.: Einführung i. d. Kartographie; Bad Godesberg, 1957.

Lehmann, G.: Photogrammetrie; Berlin 1959 (Slg. Göschen, Bd. 1188/1188a).

Mühlig, F.: Grundlagen und Beobachtungs-Verfahren der Astronomischen Ortsbestimmung; Berlin 1960 (Sammlung Wichmann, Bd. 20).

Perrier, G.: Wie der Mensch die Erde gemessen und gewogen hat (Kurze Geschichte der Geodäsie); Bamberg 1950.

Wagner, K.: Kartographische Netzentwürfe; Leipzig 1949.

Werkmeister-Großmann: Vermessungskunde; Berlin 1959/62 (Slg. Göschen Bd. 468, 469 und 862).

Sach- und Namenverzeichnis

GESAMTVERZEICHNIS

der

SAMMLUNG GÖSCHEN

Jeder Band DM 3,60 · Doppelband DM 5,80

Sommer 1962

WALTER DE GRUYTER & CO., BERLIN W 30

Inhaltsübersicht

Geisteswissenschaften

Philosophie

Einführung in die Philosophie von *H. Leisegang †*. 4. Auflage. 145 Seiten. 1960. (281)

Hauptprobleme der Philosophie von *G. Simmel †*. 7., unveränderte Auflage. 177 Seiten. 1950. (500)

Geschichte der Philosophie

I: Die griechische Philosophie von *W. Capelle*. 1. Teil. Von Thales bis Leukippos. 2., erweiterte Auflage. 135 Seiten. 1953. (857)

II: Die griechische Philosophie von *W. Capelle*. 2. Teil. Von der Sophistik bis zum Tode Platons. 2., stark erweiterte Auflage. 144 Seiten. 1953. (858)

III: Die griechische Philosophie von *W. Capelle*. 3. Teil. Vom Tode Platons bis zur Alten Stoa. 2., stark erweiterte Auflage. 132 Seiten. 1954. (859)

IV: Die griechische Philosophie von *W. Capelle*. 4. Teil. Von der Alten Stoa bis zum Eklektizismus im 1. Jh. v. Chr. 2., stark erweiterte Auflage. 132 Seiten. 1954. (863)

V: Die Philosophie des Mittelalters von *J. Koch*. In Vorbereitung. (826)

VI: Von der Renaissance bis Kant von *K. Schilling*. 234 Seiten. 1954. (394/394 a)

VII: Immanuel Kant von *G. Lehmann*. In Vorbereitung. (536)

VIII: Die Philosophie des 19. Jahrhunderts von *G. Lehmann*. 1. Teil. 151 Seiten. 1953. (571)

IX: Die Philosophie des 19. Jahrhunderts von *G. Lehmann*. 2. Teil. 168 Seiten. 1953. (709)

X: Die Philosophie im ersten Drittel des 20. Jahrhunderts 1. Teil von *G. Lehmann*. 128 Seiten. 1957. (845)

XI: Die Philosophie im ersten Drittel des 20. Jahrhunderts 2. Teil von *G. Lehmann*. 114 Seiten. 1960. (850)

Die geistige Situation der Zeit (1931) von *K. Jaspers*. 5., unveränderter Abdruck der im Sommer 1932 bearbeiteten 5. Auflage. 211 Seiten. 1960. (1000)

Erkenntnistheorie von *G. Kropp*.
I. Teil: Allgemeine Grundlegung. 143 Seiten. 1950. (807)

Formale Logik von *P. Lorenzen*. 2. Auflage. 165 Seiten. 1962. (1176/1176 a)

Philosophisches Wörterbuch von *M. Apel †*. 5., völlig neubearbeitete Auflage von *P. Ludz*. 315 Seiten. 1958. (1031/1031 a)

Philosophische Anthropologie. Menschliche Selbstdeutung in Geschichte und Gegenwart von *M. Landmann*. 266 Seiten. 1955. (156/156 a)

Pädagogik, Psychologie, Soziologie

Geschichte der Pädagogik von *Herm. Weimer*. 15., neubearbeitete und vermehrte Auflage von *Heinz Weimer*. 184 Seiten. 1962. (145)

Therapeutische Psychologie. Ihr Weg durch die Psychoanalyse von *W. M. Kranefeldt*. Mit einer Einführung von *C. G. Jung*. 3. Auflage. 152 Seiten. 1956. (1034)

Allgemeine Psychologie von *Th. Erismann*. 3 Bände. 2., neubearbeitete Auflage.
I: Grundprobleme. 146 Seiten. 1958. (831)
II: Grundarten des physischen Geschehens. 248 Seiten. 1959. (832/832a)
III: Psychologie der Persönlichkeit. Etwa 306 Seiten, 26 Abbildungen. 1962. (833/833a)

Soziologie. Geschichte und Hauptprobleme von *L. von Wiese*. 6. Auflage. 175 Seiten. 1960. (101)

Ideengeschichte der sozialen Bewegung des 19. und 20. Jh. von *W. Hofmann*. 240 Seiten. 1962. (1205/1205a)

Sozialpsychologie von *P. R. Hofstätter*. 181 Seiten, 15 Abbildungen, 22 Tabellen. 1956. (104/104a)

Psychologie des Berufs- und Wirtschaftslebens von *W. Moede †*. 190 Seiten, 48 Abbildungen. 1958. (851/851a)

Industrie- und Betriebssoziologie von *R. Dahrendorf*. 2., umgearbeitete und erweiterte Auflage. 142 Seiten, 3 Figuren. 1962. (103)

Religion

Jesus von *M. Dibelius †*. 3. Auflage, mit einem Nachtrag von *W. G. Kümmel*. 140 Seiten. 1960. (1130)

Paulus von *M. Dibelius †*. Nach dem Tode des Verfassers herausgegeben und zu Ende geführt von *W. G. Kümmel*. 2., durchgesehene Auflage. 155 Seiten. 1956. (1160)

Luther von *F. Lau*. 151 Seiten. 1959. (1187)

Melanchthon von *R. Stupperich*. 139 Seiten. 1960. (1190)

Einführung in die Konfessionskunde der orthodoxen Kirchen von *K. Onasch*. 291 Seiten. 1962. (1197/1197a)

Geschichte des christlichen Gottesdienstes von *W. Nagel*. In Vorbereitung. (1202/1202a)

Geschichte Israels. Von den Anfängen bis zur Zerstörung des Tempels (70 n. Chr.) von *E. L. Ehrlich*. 158 Seiten, 1 Tafel. 1958. (231/231a)

Römische Religionsgeschichte von *F. Altheim*. 2 Bände. 2., umgearbeitete Auflage.
I: Grundlagen und Grundbegriffe. 116 Seiten. 1956. (1035)
II: Der geschichtliche Ablauf. 164 Seiten. 1956. (1052)

Die Religion des Buddhismus von *D. Schlingloff*. 2 Bände.
I: Der Heilsweg des Mönchtums. In Vorbereitung. (174)

Musik

Musikästhetik von *H. J. Moser*. 180 Seiten. Mit zahlreichen Notenbeispielen. 1953. (344)

Systematische Modulation von *R. Hernried*. 2. Auflage. 136 Seiten. Mit zahlreichen Notenbeispielen. 1950. (1094)

Der polyphone Satz von *E. Pepping*. 2 Bände.
I: Der cantus-firmus-Satz. 2. Auflage. 223 Seiten. Mit zahlreichen Notenbeispielen. 1950. (1148)
II: Übungen im doppelten Kontrapunkt und im Kanon. 137 Seiten. Mit zahlreichen Notenbeispielen. 1957. (1164/1164a)

Allgemeine Musiklehre von *H. J. Moser*. 2., durchgesehene Auflage. 155 Seiten. Mit zahlreichen Notenbeispielen. 1955. (220/220a)

Harmonielehre von *H. J. Moser*. 2 Bände.
I: 109 Seiten. Mit 120 Notenbeispielen. 1954. (809)

Die Musik des 19. Jahrhunderts von *W. Oehlmann*. 180 Seiten. 1953. (170)

Die Musik des 20. Jahrhunderts von *W. Oehlmann*. 312 Seiten. 1961. (171/171a)

Technik der deutschen Gesangskunst von *H. J. Moser*. 3., durchgesehene und verbesserte Auflage. 144 Seiten, 5 Figuren sowie Tabellen und Notenbeispiele. 1954. (576/576a)

Die Kunst des Dirigierens von *H. W. von Waltershausen* †. 2., vermehrte Auflage. 138 Seiten. Mit 19 Notenbeispielen. 1954. (1147)

Die Technik des Klavierspiels aus dem Geiste des musikalischen Kunstwerkes von *K. Schubert* †. 3. Auflage. 110 Seiten. Mit Notenbeispielen. 1954. (1045)

Kunst

Stilkunde von *H. Weigert*. 2 Bände. 3., durchgesehene und ergänzte Auflage.
I: Vorzeit, Antike, Mittelalter. 136 Seiten, 94 Abbildungen. 1958. (80)
II: Spätmittelalter und Neuzeit. 150 Seiten, 88 Abbildungen. 1958. (781)

Archäologie von *A. Rumpf*. 2 Bände.
I: Einleitung, historischer Überblick. 143 Seiten, 6 Abbildungen, 12 Tafeln. 1953. (538)
II: Die Archäologensprache. Die antiken Reproduktionen. 136 Seiten, 7 Abbildungen, 12 Tafeln. 1956. (539)

Geschichte

Einführung in die Geschichtswissenschaft von *P. Kirn*. 3., durchgesehene Auflage. 128 Seiten. 1959. (270)

Einführung in die Zeitgeschichte von *B. Scheurig*. 101 Seiten. 1962. (1204)

Zeitrechnung der römischen Kaiserzeit, des Mittelalters und der Neuzeit für die Jahre 1—2000 n. Chr. von *H. Lietzmann* †. 3. Auflage, durchgesehen von *K. Aland*. 130 Seiten. 1956. (1085)

Kultur der Urzeit von *F. Behn*. 3 Bände. 4. Auflage der Kultur der Urzeit Bd. 1—3 von *M. Hoernes*.
I: Die vormetallischen Kulturen. (Die Steinzeiten Europas. Gleichartige Kulturen in anderen Erdteilen.) 172 Seiten, 48 Abbildungen. 1950. (564)
II: Die älteren Metallkulturen. (Der Beginn der Metallbenutzung. Kupfer- und Bronzezeit in Europa, im Orient und in Amerika.) 160 Seiten, 67 Abbildungen. 1950. (565)
III: Die jüngeren Metallkulturen. (Das Eisen als Kulturmetall, Hallstatt-Latène-Kultur in Europa. Das erste Auftreten des Eisens in den anderen Weltteilen.) 149 Seiten, 60 Abbildungen. 1950. (566)

Vorgeschichte Europas von *F. Behn*. Völlig neue Bearbeitung der 7. Auflage der „Urgeschichte der Menschheit" von *M. Hoernes*. 125 Seiten, 47 Abbildungen. 1949. (42)

Der Eintritt der Germanen in die Geschichte von *J. Haller* †. 3. Auflage, durchgesehen von *H. Dannenbauer*. 120 Seiten, 6 Kartenskizzen. 1957. (1117)

Von den Karolingern zu den Staufern. Die altdeutsche Kaiserzeit (900—1250) von *J. Haller* †. 4., durchgesehene Auflage von *H. Dannenbauer*. 142 Seiten, 4 Karten. 1958. (1065)

Von den Staufern zu den Habsburgern. Auflösung des Reichs und Emporkommen der Landesstaaten (1250—1519) von *J. Haller* †. 2., durchgesehene Auflage von *H. Dannenbauer*. 118 Seiten, 6 Kartenskizzen. 1960. (1077)

Deutsche Geschichte im Zeitalter der Reformation, der Gegenreformation und des dreißigjährigen Krieges von *F. Hartung*. 129 Seiten. 1951. (1105)

Deutsche Geschichte von 1648—1740. Politischer und geistiger Wiederaufbau von *W. Treue*. 120 Seiten. 1956. (35)

Deutsche Geschichte von 1713 – 1806. Von der Schaffung des europäischen Gleichgewichts bis zu Napoleons Herrschaft von *W. Treue*. 168 Seiten. 1957. (39)

Deutsche Geschichte von 1806 – 1890. Vom Ende des alten bis zur Höhe des neuen Reiches von *W. Treue*. 128 Seiten. 1961. (893)

Deutsche Geschichte von 1890 bis zur Gegenwart von *W. Treue*. In Vorbereitung. (894)

Quellenkunde der Deutschen Geschichte im Mittelalter (bis zur Mitte des 15. Jahrhunderts) von *K. Jacob* †. 3 Bände.
I: Einleitung. Allgemeiner Teil. Die Zeit der Karolinger. 6. Auflage, bearbeitet von *H. Hohenleutner*. 127 Seiten. 1959. (279)
II: Die Kaiserzeit (911—1250). 5. Auflage, neubearbeitet von *H. Hohenleutner*. 141 Seiten. 1961. (280)
III: Das Spätmittelalter (vom Interregnum bis 1500). Herausgegeben von *F. Weden*. 152 Seiten. 1952. (284)

Geschichte Englands von *H. Preller*. 2 Bände.
I: bis 1815. 3., stark umgearbeitete Auflage. 135 Seiten, 7 Stammtafeln, 2 Karten. 1952. (375)
II: Von 1815 bis 1910. 2., völlig umgearbeitete Auflage. 118 Seiten, 1 Stammtafel, 7 Karten. 1954. (1088)

Römische Geschichte von *F. Altheim*. 4 Bände. 2., verbesserte Auflage.
I: Bis zur Schlacht bei Pydna (168 v. Chr.). 124 Seiten. 1956. (19)
II: Bis zur Schlacht bei Actium (31 v. Chr.). 129 Seiten. 1956. (677)
III: Bis zur Schlacht an der Milvischen Brücke (312 n. Chr.). 148 Seiten. 1958. (679)
IV: Bis zur Schlacht am Yarmuk (636 n. Chr.). In Vorbereitung. (684)

Geschichte der Vereinigten Staaten von Amerika von *O. Graf zu Stolberg-Wernigerode*. 192 Seiten, 10 Karten. 1956. (1051/1051 a)

Deutsche Sprache und Literatur

Geschichte der Deutschen Sprache von *H. Sperber*. 3. Auflage, besorgt von *W. Fleischhauer*. 128 Seiten. 1958. (915)

Deutsches Rechtschreibungswörterbuch von *M. Gottschald* †. 2., verbesserte Auflage. 219 Seiten. 1953. (200/200 a)

Deutsche Wortkunde. Kulturgeschichte des deutschen Wortschatzes von *A. Schirmer*. 4. Auflage von *W. Mitzka*. 123 Seiten. 1960. (929)

Deutsche Sprachlehre von *W. Hofstaetter*. 10. Auflage. Völlige Umarbeitung der 8. Auflage. 150 Seiten. 1960. (20)

Stimmkunde für Beruf, Kunst und Heilzwecke von *H. Biehle*. 111 Seiten. 1955. (60)

Redetechnik. Einführung in die Rhetorik von *H. Biehle*. 2., erweiterte Auflage. 151 Seiten. 1961. (61)

Sprechen und Sprachpflege (Die Kunst des Sprechens) von *H. Feist*. 2., verbesserte Auflage. 99 Seiten, 25 Abbildungen. 1952. (1122)

Deutsches Dichten und Denken von der germanischen bis zur staufischen Zeit von *H. Naumann* †. (Deutsche Literaturgeschichte vom 5.—13. Jahrhundert.) 2., verbesserte Auflage. 166 Seiten. 1952. (1121)

Deutsches Dichten und Denken vom Mittelalter zur Neuzeit von *G. Müller* (1270 bis 1700). 2., durchgesehene Auflage. 159 Seiten. 1949. (1086)

Deutsches Dichten und Denken von der Aufklärung bis zum Realismus (Deutsche Literaturgeschichte von 1700—1890) von *K. Viëtor †*. 3., durchgesehene Auflage. 159 Seiten. 1958. (1096)

Der Nibelunge Nôt in Auswahl mit kurzem Wörterbuch von *K. Langosch*. 10., durchgesehene Auflage. 164 Seiten. 1956. (1)

Kudrun und Dietrich-Epen in Auswahl mit Wörterbuch von *O. L. Jiriczek*. 6. Auflage, bearbeitet von *R. Wisniewski*. 173 Seiten. 1957. (10)

Wolfram von Eschenbach. Parzival. Eine Auswahl mit Anmerkungen und Wörterbuch von *H. Jantzen*. 2. Auflage, bearbeitet von *H. Kolb*. 128 Seiten. 1957. (921)

Hartmann von Aue. Der arme Heinrich nebst einer Auswahl aus der „Klage", dem „Gregorius" und den Liedern (mit einem Wörterverzeichnis) herausgegeben von *F. Maurer*. 96 Seiten. 1958. (18)

Gottfried von Strassburg in Auswahl herausgegeben von *F. Maurer*. 142 Seiten. 1959. (22)

Die deutschen Personennamen von *M. Gottschald †*. 2., verbesserte Auflage. 151 Seiten. 1955. (422)

Althochdeutsches Elementarbuch. Grammatik und Texte. 3., verbesserte und vermehrte Auflage von *W. Betz*. 1962. In Vorbereitung. (1111)

Mittelhochdeutsche Grammatik von *H. de Boor* und *R. Wisniewski*. 2., verbesserte und ergänzte Auflage. 142 Seiten. 1960. (1108)

Indogermanisch, Germanisch

Indogermanische Sprachwissenschaft von *H. Krahe*. 2 Bände.
I: Einleitung und Lautlehre. 4. Auflage. 110 Seiten. 1962. (59)
II: Formenlehre. 3., neubearbeitete Auflage. 124 Seiten. 1959. (64)

Gotisches Elementarbuch. Grammatik, Texte mit Übersetzung und Erläuterungen von *H. Hempel*. 3., umgearbeitete Auflage. 166 Seiten. 1962. (79/79a)

Germanische Sprachwissenschaft von *H. Krahe*. 2 Bände. 4., überarbeitete Auflage.
I: Einleitung und Lautlehre. 147 Seiten. 1960. (238)
II: Formenlehre. 149 Seiten. 1961. (780)

Altnordisches Elementarbuch. Schrift, Sprache, Texte mit Übersetzung und Wörterbuch von *F. Ranke*. 2., durchgesehene Auflage. 146 Seiten. 1949. (1115)

Englisch, Romanisch

Altenglisches Elementarbuch von *M. Lehnert*. Einführung, Grammatik, Texte mit Übersetzung und Wörterbuch. 5., verbesserte Auflage. 178 Seiten. 1962. (1125)

Historische neuenglische Laut- und Formenlehre von *E. Ekwall*. 3., durchgesehene Auflage. 150 Seiten. 1956. (735)

Englische Phonetik von *H. Mutschmann †*. 117 Seiten. 1956. (601)

Englische Literaturgeschichte von *F. Schubel*. 4 Bände.
I: Die alt- und mittelenglische Periode. 163 Seiten. 1954. (1114)
II: Von der Renaissance bis zur Aufklärung. 160 Seiten. 1956. (1116)
III: Romantik und Viktorianismus. 160 Seiten. 1960. (1124)

Beowulf von *M. Lehnert*. Eine Auswahl mit Einführung, teilweiser Übersetzung, Anmerkungen und etymologischem Wörterbuch. 3., verbesserte Auflage. 135 Seiten. 1959. (1135)

Shakespeare von *P. Meißner †*. 2. Auflage, neubearbeitet von *M. Lehnert*. 136 Seiten. 1954. (1142)

Italienische Literaturgeschichte von *K. Voßler †*. 5. Auflage, neubearbeitet von *A. Noyer-Weidner*. In Vorbereitung. (125)

Romanische Sprachwissenschaft von *H. Lausberg*. 4 Bände.
I: Einleitung und Vokalismus. 160 Seiten. 1956. (128/128a)
II: Konsonantismus. 95 Seiten. 1956. (250)
III: Formenlehre. Etwa 260 Seiten. 1962. (1199/1199a)
IV: Wortlehre. In Vorbereitung. (1200)

Griechisch, Lateinisch

Griechische Sprachwissenschaft von *W. Brandenstein*. 2 Bände.
I: Einleitung, Lautsystem, Etymologie. 160 Seiten. 1954. (117)
II: Wortbildung und Formenlehre. 192 Seiten. 1959. (118/118a)

Geschichte der griechischen Sprache. 2 Bände.
I: Bis zum Ausgang der klassischen Zeit von *O. Hoffmann †*. 3. Auflage, bearbeitet von *A. Debrunner †*. 156 Seiten. 1953. (111)
II: Grundfragen und Grundzüge des nachklassischen Griechisch von *A. Debrunner †*. 144 Seiten. 1954. (114)

Geschichte der griechischen Literatur von *W. Nestle*. 2 Bände. 3. Auflage, bearbeitet von *W. Liebich*.
I: 144 Seiten. 1961. (70) II: In Vorbereitung. (557)

Grammatik der neugriechischen Volkssprache von *J. Kalitsunakis*. 3., völlig neubearbeitete und erweiterte Auflage. Etwa 195 Seiten. 1962. (756/756a)

Neugriechisch-deutsches Gesprächsbuch von *J. Kalitsunakis*. 2. Auflage, bearbeitet von *A. Steinmetz*. 99 Seiten. 1960. (587)

Geschichte der lateinischen Sprache von *F. Stolz*. 4. Auflage von *A. Debrunner †*. In Vorbereitung. (492)

Geschichte der römischen Literatur von *L. Bieler*. 2 Bände.
I: Die Literatur der Republik. 160 Seiten. 1961. (52)
II: Die Literatur der Kaiserzeit. 133 Seiten. 1961. (866)

Hebräisch, Sanskrit, Russisch

Hebräische Grammatik von *G. Beer †*. 2 Bände. 2., völlig neubearbeitete Auflage von *R. Meyer*.
I: Schrift-, Laut- und Formenlehre I. 3. Auflage. 157 Seiten. In Vorbereitung (763/763a)
II: Formenlehre II. Syntax und Flexionstabellen. 195 Seiten. 1955. (764/764a)

Hebräisches Textbuch zu *G. Beer-R. Meyer*, Hebräische Grammatik von *R. Meyer*. 170 Seiten. 1960. (769/769a)

Sanskrit-Grammatik von *M. Mayrhofer*. 89 Seiten. 1953. (1158)

Russische Grammatik von *E. Berneker †*. 6., verbesserte Auflage von *M. Vasmer*. 155 Seiten. 1961. (66)

Slavische Sprachwissenschaft von *H. Bräuer*. 2 Bände.
I: Einleitung, Lautlehre. 221 Seiten. 1961. (1191/1191a)

Erd- und Länderkunde, Kartographie

Afrika von *F. Jaeger*. Ein geographischer Überblick. 2 Bände. 2., umgearbeitete Auflage.
I: Der Lebensraum. 179 Seiten, 18 Abbildungen. 1954. (910)
II: Mensch und Kultur. 155 Seiten, 6 Abbildungen. 1954. (911)
Australien und Ozeanien von *H. J. Krug*. 176 Seiten, 46 Skizzen. 1953. (319)
Kartographie von *V. Heissler*. Etwa 215 Seiten, 125 Abb., 8 Kartenanlagen. 1962. Im Druck. (30/30a)

Volkswirtschaft, Statistik, Publizistik

Allgemeine Betriebswirtschaftslehre von *K. Mellerowicz*. 4 Bände. 10., erweiterte und veränderte Auflage. (Bd. I und II: 11., durchgesehene Auflage)
I: 224 Seiten. 1961. (1008/1008a) II: 188 Seiten. 1962. (1153/1153a)
III: 260 Seiten. 1959. (1154/1154a) IV: 209 Seiten. 1959. (1186/1186a)
Geschichte der Volkswirtschaftslehre von *S. Wendt*. 182 Seiten. 1961. (1194)
Allgemeine Volkswirtschaftslehre von *A. Paulsen*. 4 Bände.
I: Grundlegung, Wirtschaftskreislauf. 4., durchgesehene und ergänzte Auflage. 148 Seiten. 1962. In Vorbereitung. (1169)
II: Haushalte, Unternehmungen, Marktformen. 4., neubearbeitete Auflage. 166 Seiten, 32 Abbildungen. 1962. In Vorbereitung. (1170)
III: Produktionsfaktoren. 2., neubearbeitete und ergänzte Auflage. 200 Seiten. 1961. (1171)
IV: Gesamtbeschäftigung, Konjunkturen, Wachstum. 2. Auflage. 174 Seiten. 1962. (1172)
Allgemeine Volkswirtschaftspolitik von *H. Ohm*. 2 Bände.
I: Systematisch-Theoretische Grundlegung. 137 Seiten, 6 Abbildungen. 1962. (1195)
II: Der volkswirtschaftliche Gesamtorganismus als Objekt der Wirtschaftspolitik. In Vorbereitung. (1196)
Finanzwissenschaft von *H. Kolms*. 4 Bände.
I: Grundlegung, Öffentliche Ausgaben. 160 Seiten. 1959. (148)
II: Erwerbseinkünfte, Gebühren und Beiträge; Allgemeine Steuerlehre. 148 Seiten. 1960. (391)
III: Besondere Steuerlehre. 178 Seiten. 1962. (776)
IV: Öffentlicher Kredit. Haushaltswesen. Finanzausgleich. In Vorbereitung. (782)
Finanzmathematik von *M. Nicolas*. 192 Seiten, 11 Tafeln, 8 Tabellen und 72 Beispiele. 1959. (1183/1183a)
Industrie- und Betriebssoziologie von *R. Dahrendorf*. 2., umgearbeitete und erweiterte Auflage. 142 Seiten, 3 Figuren. 1962. (103)
Wirtschaftssoziologie von *F. Fürstenberg*. 122 Seiten. 1961. (1193)
Psychologie des Berufs- und Wirtschaftslebens von *W. Moede †*. 190 Seiten, 48 Abbildungen. 1958. (851/851a)
Allgemeine Methodenlehre der Statistik von *J. Pfanzagl*. 2 Bände.
I: Elementare Methoden unter besonderer Berücksichtigung der Anwendungen in den Wirtschafts- und Sozialwissenschaften. 205 Seiten, 35 Abbildungen. 1960. (746/746a)
II: Höhere Methoden unter besonderer Berücksichtigung der Anwendungen in Naturwissenschaft, Medizin und Technik. 295 Seiten, 39 Abbildungen. 1962. (747/747a)

Zeitungslehre von *E. Dovifat*. 2 Bände. 4., neubearbeitete Auflage.
I: Theoretische und rechtliche Grundlagen — Nachricht und Meinung — Sprache und Form. 148 Seiten. 1962. (1039)
II: Redaktion — Die Sparten: Verlag und Vertrieb, Wirtschaft und Technik, Sicherung der öffentlichen Aufgabe. 168 Seiten. 1962. (1040)

Naturwissenschaften

Mathematik

Geschichte der Mathematik von *J. E. Hofmann*. 4 Bände.
I: Von den Anfängen bis zum Auftreten von Fermat und Descartes. 2. Auflage. 200 Seiten. 1962. In Vorbereitung. (226/226a)
II: Von Fermat und Descartes bis zur Erfindung des Calculus und bis zum Ausbau der neuen Methoden. 109 Seiten. 1957. (875)
III: Von den Auseinandersetzungen um den Calculus bis zur französischen Revolution. 107 Seiten. 1957. (882)
IV: Geschichte der Mathematik der neuesten Zeit von *N. Stuloff*. In Vorbereitung. (883)

Mathematische Formelsammlung von *F. O. Ringleb*. 7., erweiterte Auflage. 320 Seiten, 40 Figuren. 1960. (51/51a)

Vierstellige Tafeln und Gegentafeln für logarithmisches und trigonometrisches Rechnen in zwei Farben zusammengestellt von *H. Schubert* und *R. Haussner*. 3., neubearbeitete Auflage von *J. Erlebach*. 158 Seiten. 1960. (81)

Fünfstellige Logarithmen von *A. Adler*. Mit mehreren graphischen Rechentafeln und häufig vorkommenden Zahlenwerten. 4. Auflage, überarbeitet von *J. Erlebach*. 127 Seiten, 1 Tafel. In Vorbereitung. (423)

Arithmetik von *P. B. Fischer* †. 3. Auflage von *H. Rohrbach*. 152 Seiten, 19 Abbildungen. 1958. (47)

Höhere Algebra von *H. Hasse*. 2 Bände. 4., durchgesehene Auflage.
I: Lineare Gleichungen. 152 Seiten. 1957. (931)
II: Gleichungen höheren Grades. 158 Seiten, 5 Figuren. 1958. (932)

Aufgabensammlung zur höheren Algebra von *H. Hasse* und *W. Klobe*. 3., verbesserte Auflage. 183 Seiten. 1961. (1082)

Elementare und klassische Algebra vom modernen Standpunkt von *W. Krull*. 2 Bände.
I: 2., erweiterte Auflage. 136 Seiten. 1952. (930)
II: 132 Seiten. 1959. (933)

Algebraische Kurven und Flächen von *W. Burau*. 2 Bände.
I: Algebraische Kurven der Ebene. 153 Seiten, 28 Figuren. 1962. (435)
II: Algebraische Flächen 3. Grades und Raumkurven 3. und 4. Grades. 1962. In Vorbereitung. (436)

Einführung in die Zahlentheorie von *A. Scholz* †. Überarbeitet und herausgegeben von *B. Schoeneberg*. 3. Auflage. 128 Seiten. 1961. (1131)

Formale Logik von *P. Lorenzen*. 2. Auflage. 165 Seiten. 1962. (1176/1176a)

Topologie von *W. Franz*. 2 Bände.
I: Allgemeine Topologie. 144 Seiten, 9 Figuren. 1960. (1181)

Elemente der Funktionentheorie von *K. Knopp* †. 5. Auflage. 144 Seiten, 23 Fig. 1959. (1109)

Funktionentheorie von *K. Knopp †*. 2 Bände. 10. Auflage.
I: Grundlagen der allgemeinen Theorie der analytischen Funktionen. 144 Seiten, 8 Figuren. 1961. (668)
II: Anwendungen und Weiterführung der allgemeinen Theorie. 130 Seiten, 7 Figuren. 1962. (703)

Aufgabensammlung zur Funktionentheorie von *K. Knopp †*. 2 Bände.
I: Aufgaben zur elementaren Funktionentheorie. 6. Auflage. 135 Seiten. In Vorbereitung. (877)
II: Aufgaben zur höheren Funktionentheorie. 5. Auflage. 151 Seiten. 1959. (878)

Differential- und Integralrechnung von *M. Barner*. (Früher *Witting*). 4 Bände.
I: Grenzwertbegriff, Differentialrechnung. 176 Seiten. 1961. (86/86 a)

Gewöhnliche Differentialgleichungen von *G. Hoheisel*. 6., neubearbeitete und erweiterte Auflage. 128 Seiten. 1960. (920)

Partielle Differentialgleichungen von *G. Hoheisel*. 4., durchgesehene Auflage. 128 Seiten. 1960. (1003)

Aufgabensammlung zu den gewöhnlichen und partiellen Differentialgleichungen von *G. Hoheisel*. 4., durchgesehene und verbesserte Auflage. 124 Seiten. 1958. (1059)

Integralgleichungen von *G. Hoheisel*. 2., durchgesehene Auflage. 1962. In Vorbereitung. (1099)

Mengenlehre von *E. Kamke*. 4., verbesserte Auflage. 194 Seiten, 6 Figuren. 1962. (999/999 a)

Gruppentheorie von *L. Baumgartner*. 3., neubearbeitete Auflage. 110 Seiten, 3 Tafeln. 1958. (837)

Ebene und sphärische Trigonometrie von *G. Hessenberg †*. 5. Auflage, durchgesehen von *H. Kneser*. 172 Seiten, 60 Figuren. 1957. (99)

Darstellende Geometrie von *W. Haack*. 3 Bände.
I: Die wichtigsten Darstellungsmethoden. Grund- und Aufriß ebenflächiger Körper. 3., durchgesehene und ergänzte Auflage. 113 Seiten, 120 Abbildungen. 1960. (142)
II: Körper mit krummen Begrenzungsflächen. Kotierte Projektionen. 3., durchgesehene Auflage. 129 Seiten, 86 Abbildungen. 1962. (143)
III: Axonometrie und Perspektive. 2., durchgesehene und ergänzte Auflage. 129 Seiten, 100 Abbildungen. 1962. (144)

Analytische Geometrie von *K. P. Grotemeyer*. 2., erweiterte Auflage. 218 Seiten, 73 Abbildungen. 1962. (65/65 a)

Nichteuklidische Geometrie. Hyperbolische Geometrie der Ebene von *R. Baldus †*. Durchgesehen und herausgegeben von *F. Löbell*. 3., verbesserte Auflage. 140 Seiten, 70 Figuren. 1953. (970)

Differentialgeometrie von *K. Strubecker* (früher *Rothe*). 3 Bände.
I: Kurventheorie der Ebene und des Raumes. 150 Seiten, 18 Figuren. 1955. (1113/1113 a)
II: Theorie der Flächenmetrik. 195 Seiten, 14 Figuren. 1958. (1179/1179 a)
III: Theorie der Flächenkrümmung. 254 Seiten, 38 Figuren. 1959. (1180/1180 a)

Variationsrechnung von *L. Koschmieder*. 2 Bände. 2., neubearbeitete Auflage.
I: Das freie und gebundene Extrem einfacher Grundintegrale. 128 Seiten, 23 Figuren. 1962. (1074)

Einführung in die konforme Abbildung von *L. Bieberbach*. 5., erweiterte Auflage. 180 Seiten, 42 Figuren. 1956. (768/768 a)

Vektoren und Matrizen von *S. Valentiner*. 2. Auflage. (9., erweiterte Auflage der „Vektoranalysis"). Mit Anhang: Aufgaben zur Vektorrechnung von *H. König*. 202 Seiten, 35 Figuren. 1960. (354/354a)

Versicherungsmathematik von *F. Böhm*. 2 Bände.

I: Elemente der Versicherungsrechnung. 3., vermehrte und verbesserte Auflage. Durchgesehener Neudruck. 151 Seiten. 1953. (180)

II: Lebensversicherungsmathematik. Einführung in die technischen Grundlagen der Sozialversicherung. 2., verbesserte und vermehrte Auflage. 205 Seiten. 1953. (917/917a)

Finanzmathematik von *M. Nicolas*. 192 Seiten, 11 Tafeln, 8 Tabellen und 72 Beispiele. 1959. (1183/1183a)

Physik

Einführung in die theoretische Physik von *W. Döring*. 5 Bände.

I: Mechanik. 2., verbesserte Auflage. 123 Seiten, 25 Abbildungen. 1960. (76)

II: Das elektromagnetische Feld. 2., verbesserte Auflage. 132 Seiten, 15 Abbildungen. 1962. (77)

III: Optik. 117 Seiten, 32 Abbildungen. 1956. (78)

IV: Thermodynamik. 107 Seiten, 9 Abbildungen. 1956. (374)

V: Statistische Mechanik. 114 Seiten, 12 Abbildungen. 1957. (1017)

Mechanik deformierbarer Körper von *M. Päsler*. 199 Seiten, 48 Abbildungen. 1960. (1189/1189a)

Atomphysik von *K. Bechert* und *Ch. Gerthsen* †. 7 Bände.

I: Allgemeine Grundlagen. 1. Teil. 4., durchgesehene Auflage von *A. Flammersfeld*. 124 Seiten, 35 Abbildungen. 1959. (1009)

II: Allgemeine Grundlagen. 2. Teil. 4. Auflage. 1962. In Vorber. (1033)

III: Theorie des Atombaus. 1. Teil. 4., umgearbeitete Auflage. 148 Seiten, 16 Abbildungen. 1962. In Vorbereitung (1123/1123a)

IV: Theorie des Atombaus. 2. Teil. 3., umgearbeitete Auflage. 170 Seiten, 14 Abbildungen. 1954. (1165/1165a)

Differentialgleichungen der Physik von *F. Sauter*. 3., durchgesehene und ergänzte Auflage. 148 Seiten, 16 Figuren. 1958. (1070)

Physikalische Formelsammlung von *G. Mahler* †. Neubearbeitet von *K. Mahler*. 10., durchgesehene Auflage. 153 Seiten, 69 Figuren. 1959. (136)

Physikalische Aufgabensammlung von *G. Mahler* †. Neu bearbeitet von *K. Mahler*. Mit den Ergebnissen. 11. Auflage. 127 Seiten. 1961. (243)

Chemie

Geschichte der Chemie in kurzgefaßter Darstellung von *G. Lockemann*. 2 Bände.

I: Vom Altertum bis zur Entdeckung des Sauerstoffs. 142 Seiten, 8 Bildnisse. 1950. (264)

II: Von der Entdeckung des Sauerstoffs bis zur Gegenwart. 151 Seiten, 16 Bildnisse. 1955. (265/265a)

Anorganische Chemie von *W. Klemm*. 12., neubearbeitete und erweiterte Auflage. 255 Seiten, 34 Abbildungen. 1962. (37/37a)

Organische Chemie von *W. Schlenk*. 8., erweiterte Auflage. 272 Seiten, 16 Abbildungen. 1960. (38/38a)

Physikalische Methoden der Organischen Chemie von *G. Kresze*. Etwa 280 Seiten, 65 Abbildungen 1962. (44/44a)

Allgemeine und physikalische Chemie von *W. Schulze*. 2 Bände.

I: 5., durchgesehene Auflage. 139 Seiten, 10 Figuren. 1960. (71)

II: 5., verbesserte Auflage. 178 Seiten, 37 Figuren. 1961. (698/698a).

Einfache Versuche zur allgemeinen und physikalischen Chemie von *E. Dehn.* 371 Versuche mit 40 Abbildungen. 272 Seiten. 1962. (1201/1201 a)

Molekülbau. Theoretische Grundlagen und Methoden der Strukturermittlung von *W. Schulze.* 123 Seiten, 43 Figuren. 1958. (786)

Physikalisch-chemische Rechenaufgaben von *E. Asmus.* 3., verbesserte Auflage. 96 Seiten. 1958. (445)

Maßanalyse. Theorie und Praxis der klassischen und der elektrochemischen Titrierverfahren von *G. Jander* und *K. F. Jahr.* 9., durchgesehene Auflage. 313 Seiten, 49 Figuren. 1961. (221/221 a)

Qualitative Analyse von *H. Hofmann* u. *G. Jander.* 308 Seiten, 5 Abbildungen. 1960. (247/247 a)

Thermochemie von *W. A. Roth †.* 2., verbesserte Auflage. 109 Seiten, 16 Figuren. 1952. (1057)

Stöchiometrische Aufgabensammlung von *W. Bahrdt †* und *R. Scheer.* Mit den Ergebnissen. 7., durchgesehene Auflage. 119 Seiten. 1960. (452)

Elektrochemie und ihre physikalisch-chemischen Grundlagen von *A. Dassler.* 2 Bände.
II: 178 Seiten, 17 Abbildungen. 1950. (253)

Technologie

Die Chemie der Kunststoffe von *K. Hamann,* unter Mitarbeit von *W. Funke* und *H. D. Hermann.* 143 Seiten. 1960. (1173)

Warenkunde von *K. Hassak* und *E. Beutel †.* 2 Bände.
I: Anorganische Waren sowie Kohle und Erdöl. 8. Auflage. Neubearbeitet von *A. Kutzelnigg.* 119 Seiten, 18 Figuren. 1958. (222)
II: Organische Waren. 8. Auflage. Vollständig neubearbeitet von *A. Kutzelnigg.* 157 Seiten, 32 Figuren. 1959. (223)

Die Fette und Öle von *Th. Klug.* 6., verbesserte Auflage. 143 Seiten. 1961. (335)

Die Seifenfabrikation von *K. Braun †.* 3., neubearbeitete und verbesserte Auflage von *Th. Klug.* 116 Seiten, 18 Abbildungen. 1953. (336)

Textilindustrie von *A. Blümcke.*
I: Spinnerei und Zwirnerei. 111 Seiten, 43 Abbildungen. 1954. (184)

Biologie

Einführung in die allgemeine Biologie und ihre philosophischen Grund- und Grenzfragen von *M. Hartmann.* 132 Seiten, 2 Abbildungen. 1956. (96)

Hormone von *G. Koller.* 2., neubearbeitete und erweiterte Auflage. 187 Seiten, 60 Abbildungen, 19 Tabellen. 1949. (1141)

Fortpflanzung im Tier- und Pflanzenreich von *J. Hämmerling.* 2., ergänzte Auflage. 135 Seiten, 101 Abbildungen. 1951. (1138)

Geschlecht und Geschlechtsbestimmung im Tier- und Pflanzenreich von *M. Hartmann.* 2., verbesserte Auflage. 116 Seiten, 61 Abbildungen, 7 Tabellen. 1951. (1127)

Symbiose der Tiere mit pflanzlichen Mikroorganismen von *P. Buchner.* 2., verbesserte und vermehrte Auflage. 130 Seiten, 121 Abbildungen. 1949. (1128)

Grundriß der Allgemeinen Mikrobiologie von *W.* u. *A. Schwartz.* 2 Bände. 2., verbesserte und ergänzte Auflage.
I: 147 Seiten, 25 Abbildungen. 1960. (1155)
II: 142 Seiten, 29 Abbildungen. 1961. (1157)

Botanik

Entwicklungsgeschichte des Pflanzenreiches von *H. Heil*. 2. Auflage. 138 Seiten, 94 Abbildungen, 1 Tabelle. 1950. (1137)

Morphologie der Pflanzen von *L. Geitler*. 3., umgearbeitete Auflage. 126 Seiten, 114 Abbildungen. 1953. (141)

Pflanzengeographie von *L. Diels* †. 5., völlig neubearbeitete Auflage von *F. Mattick*. 195 Seiten, 2 Karten. 1958. (389/389 a)

Die Laubhölzer. Kurzgefaßte Beschreibung der in Mitteleuropa gedeihenden Laubbäume und Sträucher von *F. W. Neger* † und *E. Münch* †. 3., durchgesehene Auflage, herausgegeben von *B. Huber*. 143 Seiten, 63 Figuren, 7 Tabellen. 1950. (718)

Die Nadelhölzer (Koniferen) und übrigen Gymnospermen von *F. W. Neger* † und *E. Münch* †. 4. Auflage, durchgesehen und ergänzt von *B. Huber*. 140 Seiten, 75 Figuren, 4 Tabellen, 3 Karten. 1952. (355)

Pflanzenzüchtung von *H. Kuckuck*. 2 Bände.

I: Grundzüge der Pflanzenzüchtung. 3., völlig umgearbeitete und erweiterte Auflage. 132 Seiten, 22 Abbildungen. 1952. (1134)

II: Spezielle gartenbauliche Pflanzenzüchtung (Züchtung von Gemüse, Obst und Blumen). 178 Seiten, 27 Abbildungen. 1957. (1178/1178 a)

Zoologie

Entwicklungsphysiologie der Tiere von *F. Seidel*. 2 Bände.

I: Ei und Furchung. 126 Seiten, 29 Abbildungen. 1953. (1162)

II: Körpergrundgestalt und Organbildung. 159 Seiten, 42 Abbildungen. 1953. (1163)

Das Tierreich

I: Einzeller, Protozoen von *E. Reichenow*. 115 Seiten, 59 Abbildungen. 1956. (444)

II: Schwämme und Hohltiere von *H. J. Hannemann*. 95 Seiten, 80 Abbildungen. 1956. (442)

III: Würmer. Platt-, Hohl-, Schnurwürmer, Kamptozoen, Ringelwürmer, Protracheaten, Bärtierchen, Zungenwürmer von *S. Jaeckel*. 114 Seiten, 36 Abbildungen. 1955. (439)

IV, 1: Krebse von *H. E. Gruner* und *K. Deckert*. 114 Seiten, 43 Abbildungen. 1956. (443)

IV, 2: Spinnentiere (Trilobitomorphen, Fühlerlose) und Tausendfüßler von *A. Kaestner*. 96 Seiten, 55 Abbildungen. 1955. (1161)

IV, 3: Insekten von *H. von Lengerken*. 128 Seiten, 58 Abbildungen. 1953. (594)

V: Weichtiere. Urmollusken, Schnecken, Muscheln und Kopffüßer von *S. Jaeckel*. 92 Seiten, 34 Abbildungen. 1954. (440)

VI: Stachelhäuter. Tentakulaten, Binnenatmer und Pfeilwürmer von *S. Jaeckel*. 100 Seiten, 46 Abbildungen. 1955. (441)

VII, 1: Manteltiere, Schädellose, Rundmäuler von *Th. Haltenorth*. In Vorbereitung. (448)

VII, 2: Fische von *D. Lüdemann*. 130 Seiten, 65 Abbildungen. 1955. (356)

VII, 3: Lurche (Chordatiere) von *K. Herter*. 143 S., 129 Abb. 1955. (847)

VII, 4: Kriechtiere (Chordatiere) von *K. Herter*. 200 Seiten, 142 Abbildungen. 1960. (447/447 a)

VII, 5: Vögel (Chordatiere) von *H.-A. Freye*. 156 S., 69 Fig. 1960. (869)

VII, 6: Säugetiere (Chordatiere) von *Th. Haltenorth*. In Vorbereitung. (282)

Land- und Forstwirtschaft

Landwirtschaftliche Tierzucht. Die Züchtung und Haltung der landwirtschaftlichen Nutztiere von *H. Vogel*. 139 Seiten, 11 Abbildungen. 1952. (228)

Kulturtechnische Bodenverbesserungen von *O. Fauser*. 2 Bände. 5., verbesserte und vermehrte Auflage.

I: Allgemeines, Entwässerung. 127 Seiten, 49 Abbildungen. 1959. (691)

II: Bewässerung, Ödlandkultur, Flurbereinigung. 159 Seiten, 71 Abbildungen. 1961. (692)

Agrikulturchemie von *K. Scharrer*. 2 Bände.

I: Pflanzenernährung. 143 Seiten. 1953. (329)

II: Futtermittelkunde. 192 Seiten. 1956. (330/330 a)

Geologie, Mineralogie, Kristallographie

Geologie von *F. Lotze*. 2., verbesserte Auflage. 178 Seiten, 80 Abbildungen. 1961. (13)

Erzkunde von *H. von Philipsborn*. In Vorbereitung. (1207)

Mineral- und Erzlagerstättenkunde von *H. Huttenlocher †*. 2 Bände.

I: 2. Auflage. 128 Seiten, 34 Abbildungen. In Vorbereitung. (1014)

II: 156 Seiten, 48 Abbildungen. 1954. (1015/1015 a)

Allgemeine Mineralogie. 11., erweiterte Auflage der „Mineralogie" von *R. Brauns †*, bearbeitet von *K. F. Chudoba*. 120 Seiten, 120 Figuren, 1 Tafel, 3 Tabellen. 1962. Im Druck. (29/29 a)

Spezielle Mineralogie. 10., erweiterte Auflage der „Mineralogie" von *R. Brauns †*, bearbeitet von *K. F. Chudoba*. 170 Seiten, 125 Figuren, 4 Tabellen. 1959. (31/31 a)

Petrographie (Gesteinskunde) von *W. Bruhns †*. Neubearbeitet von *P. Ramdohr*. 5., erweiterte Auflage. 141 Seiten, 10 Figuren. 1960. (173)

Kristallographie von *W. Bruhns †*. 5. Auflage, neubearbeitet von *P. Ramdohr*. 109 Seiten, 164 Abbildungen. 1958. (210)

Einführung in die Kristalloptik von *E. Buchwald*. 4., verbesserte Auflage. 138 Seiten. 121 Figuren. 1952. (619)

Lötrohrprobierkunde. Mineraldiagnose mit Lötrohr- und Tüpfelreaktion von *M. Henglein*. 4., durchgesehene und erweiterte Auflage. 108 Seiten, 12 Figuren. 1962. (483)

Technik

Graphische Darstellung in Wissenschaft und Technik von *M. Pirani*. 3., erweiterte Auflage bearbeitet von *J. Fischer* unter Benutzung der von *I. Runge* besorgten 2. Auflage. 216 Seiten, 104 Abbildungen. 1957. (728/728 a)

Technische Tabellen und Formeln von *W. Müller*. 5., verbesserte und erweiterte Auflage von *E. Schulze*. 165 Seiten, 114 Abbildungen, 99 Tafeln. 1962. (579)

Grundlagen der Straßenverkehrstechnik. Theorie der Leistungsfähigkeit von *E. Engel*. 101 Seiten, 55 Abbildungen. 1962. (1198)

Elektrotechnik

Grundlagen der allgemeinen Elektrotechnik von *O. Mohr*. 2., durchgesehene Auflage. 260 Seiten, 136 Bilder, 14 Tafeln. 1961. (196/196 a)

Die Gleichstrommaschine von *K. Humburg*. 2 Bände. 2., durchgesehene Auflage.

I: 102 Seiten, 59 Abbildungen. 1956. (257)

II: 101 Seiten, 38 Abbildungen. 1956. (881)

Die Synchronmaschine von *W. Putz*. 92 Seiten, 64 Bilder. 1962. (1146)
Induktionsmaschinen von *F. Unger*. 2., erweiterte Auflage. 142 Seiten, 49 Abbildungen. 1954. (1140)
Die komplexe Berechnung von Wechselstromschaltungen von *H. H. Meinke*. 2. Auflage. 180 Seiten, 120 Abbildungen. 1957. (1156/1156 a)
Theoretische Grundlagen zur Berechnung der Schaltgeräte von *F. Kesselring*. 3. Auflage. 144 Seiten, 92 Abbildungen. 1950. (711)
Einführung in die Technik selbsttätiger Regelungen von *W. zur Megede*. 2., durchgesehene Auflage. 180 Seiten, 86 Abbildungen. 1961. (714/714 a)
Elektromotorische Antriebe (Grundlagen für die Berechnung) von *A. Schwaiger*. 3., neubearbeitete Auflage. 96 Seiten, 34 Abbildungen. 1952. (827)
Überspannungen und Überspannungsschutz von *G. Frühauf*. Durchgesehener Neudruck. 122 Seiten, 98 Abbildungen. 1950. (1132)
Transformatoren von *W. Schäfer*. 4., überarbeitete und ergänzte Auflage. 136 Seiten, 73 Abbildungen. 1962. (952)

Maschinenbau

Metallkunde von *H. Borchers*. 3 Bände.
I: Aufbau der Metalle und Legierungen. 5. Auflage. 120 Seiten, 90 Abbildungen, 2 Tabellen. 1962. (432)
II: Eigenschaften, Grundzüge der Form- und Zustandsgebung. 3. und 4. Auflage. 179 Seiten, 107 Abbildungen, 10 Tabellen. 1959. (433/433 a)
III: Die metallkundlichen Untersuchungsmethoden von *E. Hanke* In Vorbereitung. (434)
Die Werkstoffe des Maschinenbaues von *A. Thum †* und *C. M. v. Meysenbug*. 2 Bände.
I: Einführung in die Werkstoffprüfung. 2., neubearbeitete Auflage. 100 Seiten, 7 Tabellen, 56 Abbildungen. 1956. (476)
II: Die Konstruktionswerkstoffe. 132 Seiten, 40 Abbildungen. 1959. (936)
Dynamik von *W. Müller*. 2 Bände. 2., verbesserte Auflage.
I: Dynamik des Einzelkörpers. 128 Seiten, 48 Figuren. 1952. (902)
II: Systeme von starren Körpern. 102 Seiten, 41 Figuren. 1952. (903)
Technische Schwingungslehre von *L. Zipperer*. 2 Bände. 2., neubearbeitete Auflage.
I: Allgemeine Schwingungsgleichungen, einfache Schwinger. 120 Seiten, 101 Abbildungen. 1953. (953)
II: Torsionsschwingungen in Maschinenanlagen. 102 Seiten, 59 Abbildungen. 1955. (961/961 a)
Werkzeugmaschinen für Metallbearbeitung von *K. P. Matthes*. 2 Bände.
I: 100 Seiten, 27 Abbildungen, 11 Zahlentafeln, 1 Tafelanhang. 1954. (561)
II: Fertigungstechnische Grundlagen der neuzeitlichen Metallbearbeitung. 101 Seiten, 30 Abbildungen, 5 Tafeln. 1955. (562)
Das Maschinenzeichnen mit Einführung in das Konstruieren von *W. Tochtermann*. 2 Bände. 4. Auflage.
I: Das Maschinenzeichnen. 156 Seiten, 75 Tafeln. 1950. (589)
II: Ausgeführte Konstruktionsbeispiele. 130 Seiten, 58 Tafeln. 1950. (590)
Die Maschinenelemente von *E. A. vom Ende*. 4., überarbeitete Auflage. Etwa 166 Seiten 175 Figuren, 9 Tafeln. In Vorbereitung. (3/3 a)

Die Maschinen der Eisenhüttenwerke von *L. Engel*. 156 Seiten, 95 Abbildungen. 1957. (583/583a)

Walzwerke von *H. Sedlaczek †* unter Mitarbeit von *F. Fischer* und *M. Buch*. 232 Seiten, 157 Abbildungen. 1958. (580/580a)

Getriebelehre von *P. Grodzinski †*. 2 Bände. 3., neubearbeitete Auflage von *G. Lechner*.
I: Geometrische Grundlagen. 164 Seiten, 131 Figuren. 1960. (1061)
II: Angewandte Getriebelehre. In Vorbereitung. (1062)

Kinematik von *H. R. Müller*. 1962. In Vorbereitung. (1206/1206a)

Gießereitechnik von *H. Jungbluth*. 2 Bände.
I: Eisengießerei. 126 Seiten, 44 Abbildungen. 1951. (1159)

Die Dampfturbinen. Ihre Wirkungsweise, Berechnung und Konstruktion von *C. Zietemann*. 3 Bände. 3., verbesserte Auflage.
I: Theorie der Dampfturbinen. 139 Seiten, 48 Abbildungen. 1955. (274)
II: Die Berechnung der Dampfturbinen und die Konstruktion der Einzelteile. 132 Seiten, 111 Abbildungen. 1956. (715)
III: Die Regelung der Dampfturbinen, die Bauarten, Turbinen für Sonderzwecke, Kondensationsanlagen. 126 Seiten, 90 Abbildungen. 1956. (716)

Verbrennungsmotoren von *W. Endres*. 3 Bände.
I: Überblick. Motor-Brennstoffe. Verbrennung im Motor allgemein, im Otto- und Diesel-Motor. 153 Seiten, 57 Abbildungen. 1958. (1076/1076a)
II: Die heutigen Typen der Verbrennungskraftmaschine. In Vorbereitung. (1184)
III: Die Einzelteile des Verbrennungsmotors. In Vorbereitung. (1185)

Autogenes Schweißen und Schneiden von *H. Niese*. 5. Auflage, neubearbeitet von *A. Küchler*. 136 Seiten, 71 Figuren. 1953. (499)

Die elektrischen Schweißverfahren von *H. Niese*. 2. Auflage, neubearbeitet von *H. Dienst*. 136 Seiten, 58 Abbildungen. 1955. (1020)

Die Hebezeuge. Entwurf von Winden und Kranen von *G. Tafel*. 2., verbesserte Auflage. 176 Seiten, 230 Figuren. 1954. (414/414a)

Wasserbau

Wasserkraftanlagen von *A. Ludin* unter Mitarbeit von *W. Borkenstein*. 2 Bände.
I: Planung, Grundlagen und Grundzüge. 124 Seiten, 60 Abbildungen. 1955. (665)
II: Anordnung und Ausbildung der Hauptbauwerke. 184 Seiten, 91 Abbildungen. 1958. (666/666a)

Verkehrswasserbau von *H. Dehnert*. 3 Bände.
I: Entwurfsgrundlagen, Flußregelungen. 103 Seiten, 52 Abbildungen. 1950. (585)
II: Flußkanalisierung und Schiffahrtskanäle. 94 Seiten, 60 Abbildungen. 1950. (597)
III: Schleusen und Hebewerke. 98 Seiten, 70 Abbildungen. 1950. (1152)

Wehr- und Stauanlagen von *H. Dehnert*. 134 Seiten, 90 Abbildungen. 1952. (965)

Talsperren von *F. Tölke*. 122 Seiten, 70 Abbildungen. 1953. (1044)

Hoch- und Tiefbau

Die wichtigsten Baustoffe des Hoch- und Tiefbaus von *O. Graf †*. 4., verbesserte Auflage. 131 Seiten, 63 Abbildungen. 1953. (984)

Baustoffverarbeitung und Baustellenprüfung des Betons von *A. Kleinlogel*. 2., neubearbeitete und erweiterte Auflage. 126 Seiten, 35 Abbildungen. 1951. (978)

Festigkeitslehre. 2 Bände.
I: Elastizität, Plastizität und Festigkeit der Baustoffe und Bauteile von *W. Gehler †* und *W. Herberg*. Durchgesehener und erweiterter Neudruck. 159 Seiten, 118 Abbildungen. 1952. (1144)
II: Formänderung, Platten, Stabilität und Bruchhypothesen von *W. Herberg* und *N. Dimitrov*. 187 Seiten, 94 Abbildungen. 1955. (1145/1145a)

Grundlagen des Stahlbetonbaus von *A. Troche*. 2., neubearbeitete und erweiterte Auflage. 208 Seiten, 75 Abbildungen, 17 Bemessungstafeln, 20 Rechenbeispiele. 1953. (1078)

Statik der Baukonstruktionen von *A. Teichmann*. 3 Bände.
I: Grundlagen. 101 Seiten, 51 Abbildungen, 8 Formeltafeln. 1956. (119)
II: Statisch bestimmte Stabwerke. 107 Seiten, 52 Abbildungen, 7 Tafeln. 1957. (120)
III: Statisch unbestimmte Systeme. 112 Seiten, 34 Abbildungen, 7 Formeltafeln. 1958. (122)

Fenster, Türen, Tore aus Holz und Metall. Eine Anleitung zu ihrer guten Gestaltung, wirtschaftlichen Bemessung und handwerksgerechten Konstruktion von *W. Wickop †*. 4., überarbeitete und ergänzte Auflage. 155 Seiten, 95 Abbildungen. 1955. (1092)

Heizung und Lüftung von *W. Körting*. 2 Bände. 9., neubearbeitete Auflage.
I: Das Wesen und die Berechnung der Heizungs- und Lüftungsanlagen. 172 Seiten, 29 Abbildungen, 36 Zahlentafeln. 1962. (342/342a)
II: Die Ausführung der Heizungs- und Lüftungsanlagen. 1962. In Vorbereitung. (343)

Industrielle Kraft- und Wärmewirtschaft von *F. A. F. Schmidt* und *A. Beckers*. 167 Seiten, 73 Abbildungen. 1957. (318/318a)

Vermessungswesen

Vermessungskunde von *P. Werkmeister*. 3 Bände.
I: Stückvermessung und Nivellieren. 11., verbesserte Auflage von *W. Grossmann*. 144 Seiten, 117 Figuren. 1962. (468)
II: Horizontalaufnahmen und ebene Rechnungen. 8., völlig neubearbeitete Auflage von *W. Grossmann*. 133 Seiten, 97 Figuren. 1959. (469)
III: Trigonometrische und barometrische Höhenmessung. Tachymetrie und Absteckungen. 7., völlig neubearbeitete Auflage von *W. Grossmann*. 136 Seiten, 97 Figuren. 1960. (862)

Kartographie von *V. Heissler*. Etwa 215 Seiten, 125 Abbildungen, 8 Kartenanlagen. 1962. (30/30a)

Photogrammetrie von *G. Lehmann*. 189 Seiten, 132 Abbildungen. 1959. (1188/1188a)

Sammlung Göschen / Bandnummernfolge

1 Langosch, Der Nibelunge Nôt
3/3a v. Ende, Maschinenelemente
10 Jiriczek-Wisniewski, Kudrun-und Dietrich-Epen
13 Lotze, Geologie
18 Maurer, Hartmann von Aue. Der arme Heinrich
19 Altheim, Römische Geschichte I
20 Hofstaetter, Dt. Sprachlehre
22 Maurer, Gottfried von Strassburg
29/29a Brauns-Chudoba, Allg. Mineralog.
30/30a Heissler, Kartographie
31/31a Brauns-Chudoba, Spez. Mineralogie
35 Treue, Dt. Geschichte von 1648 bis 1740
37/37a Klemm, Anorganische Chemie
38/38a Schlenk, Organische Chemie
39 Treue, Dt. Geschichte von 1713 bis 1806
42 Behn-Hoernes, Vorgesch. Europas
44/44a Kresze, Physikalische Methoden der organischen Chemie
47 Fischer-Rohrbach, Arithmetik
51/51a Ringleb, Mathem. Formelslg.
52 Bieler, Röm. Literaturgesch. I
59 Krahe, Indog. Sprachwiss. I
60 Biehle, Stimmkunde
61 Biehle, Redetechnik
64 Krahe, Indog. Sprachwiss. II
65/65a Grotemeyer, Analyt. Geomet.
66 Berneker-Vasmer, Russische Grammatik
70 Nestle-Liebich, Gesch. d. griech. Literatur I
71 Schulze, Allgemeine und physikalische Chemie I
76 Döring, Einf. i. d. th. Physik I
77 Döring, Einf. i. d. th. Physik II
78 Döring, Einf. i. d. th. Physik III
79/79a Hempel, Got. Elementarbuch
80 Weigert, Stilkunde I
81 Schubert-Haussner-Erlebach, Vierstell. Logarithmentafeln
86/86a Barner, Differential- u. Integralrechnung I
96 Hartmann, Einf. in die allgem. Biologie
99 Hessenberg-Kneser, Ebene und sphär. Trigonometrie
101 v. Wiese, Soziologie
103 Dahrendorf, Industrie- und Betriebssoziologie
104/104a Hofstätter, Sozialpsycholog.
111 Hoffmann-Debrunner, Gesch. der griechischen Sprache I
114 Debrunner, Gesch. der griechisch. Sprache II
117 Brandenstein, Griechische Sprachwissenschaft I
118/118a Brandenstein, Griechische Sprachwissenschaft II
119 Teichmann, Statik der Baukonstruktionen I
120 Teichmann, Statik der Baukonstruktionen II
122 Teichmann, Statik der Baukonstruktionen III
125 Vossler-Noyer-Weidner, Ital. Literaturgeschichte
128/128a Lausberg, Romanische Sprachwissenschaft I
136 Mahler, Physikal. Formelslg.
141 Geitler, Morphologie der Pflanzen
142 Haack, Darstellende Geometrie I
143 Haack, Darstellende Geometrie II
144 Haack, Darstellende Geometrie III
145 Weimer, Gesch. der Pädagogik
148 Kolms, Finanzwissenschaft I
156/156a Landmann, Philosophische Anthropologie
170 Oehlmann, Musik des 19. Jhs.
171/171a Oehlmann, Musik des 20. Jhs.
173 Bruhns-Ramdohr, Petrographie
174 Schlingloff, Religion des Buddhismus I
180 Böhm, Versicherungsmathem. I
184 Blümcke, Textilindustrie I
196/196a Mohr, Grundlagen der Elektrotechnik
200/200a Gottschald, Dt. Rechtschreibungswörterbuch
210 Bruhns-Ramdohr, Kristallogr.
220/220a Moser, Allg. Musiklehre
221/221a Jander-Jahr, Maßanalyse
222 Hassak-Beutel-Kutzelnigg, Warenkunde I
223 Hassak-Beutel-Kutzelnigg, Warenkunde II
226/226a Hofmann, Gesch. d. Mathematik I
228 Vogel, Landw. Tierzucht

231/231a Ehrlich, Geschichte Israels
238 Krahe, German. Sprachwiss. I
243 Mahler, Physikal. Aufgabenslg.
247/247a Hofmann-Jander, Qualitative Analyse
250 Lausberg, Romanische Sprachwissenschaft II
253 Dassler, Elektrochemie II
257 Humburg, Gleichstrommaschine I
264 Lockemann, Gesch. d. Chemie I
265/265a Lockemann, Geschichte der Chemie II
270 Kirn, Einführung in die Geschichtswissenschaft
274 Zietemann, Dampfturbinen I
279 Jacob-Hohenleutner, Quellenkde. der deutschen Geschichte I
280 Jacob-Hohenleutner, Quellenkde. der deutschen Geschichte II
281 Leisegang, Einführung in die Philosophie
282 Haltenorth, Säugetiere
284 Jacob-Weden, Quellenkunde der deutschen Geschichte III
318/318a Schmidt-Beckers, Industrielle Kraft- u. Wärmewirtschaft
319 Krug, Australien und Ozeanien
329 Scharrer, Agrikulturchemie I
330/330a Scharrer, Agrikulturchem. II
335 Klug, Fette und Öle
336 Braun-Klug, Seifenfabrikation
342/342a Körting, Heizung und Lüftung I
343 Körting, Heizung und Lüftung II
344 Moser, Musikästhetik
354/354a Valentiner-König, Vektoren und Matrizen
355 Neger-Münch-Huber, Nadelhölzer
356 Lüdemann, Fische
374 Döring, Einführung in die theoret. Physik IV
375 Preller, Geschichte Englands I
389/389a Diels-Mattick, Pflanzengeographie
391 Kolms, Finanzwissenschaft II
394/394a Schilling, Von der Renaissance bis Kant
414/414a Tafel, Hebezeuge
422 Gottschald, Dt. Personennamen
423 Adler-Erlebach, Fünfstellige Logarithmen
432 Borchers, Metallkunde I
433/433a Borchers, Metallkunde II
434 Borchers-Hanke, Metallkunde III
435 Burau, Algebr. Kurven u. Flächen I
436 Burau, Algebr. Kurven und Flächen II
439 Jaeckel, Würmer
440 Jaeckel, Weichtiere
441 Jaeckel, Stachelhäuter
442 Hannemann, Schwämme und Hohltiere
443 Gruner-Deckert, Krebse
444 Reichenow, Einzeller
445 Asmus, Physikal.-chem. Rechenaufgaben
447/447a Herter, Kriechtiere
448 Haltenorth, Manteltiere
452 Bahrdt-Scheer, Stöchiometrische Aufgabensammlung
468 Werkmeister-Grossmann, Vermessungskunde I
469 Werkmeister-Grossmann, Vermessungskunde II
476 Thum-Meysenbug, Die Werkstoffe des Maschinenbaues I
483 Henglein, Lötrohrprobierkunde
492 Stolz-Debrunner, Geschichte der latein. Sprache
499 Niese-Küchler, Autogenes Schweißen
500 Simmel, Hauptprobleme der Philosophie
536 Lehmann, Kant
538 Rumpf, Archäologie I
539 Rumpf, Archäologie II
557 Nestle-Liebich, Gesch. d. griech. Literatur II
561 Matthes, Werkzeugmaschinen I
562 Matthes, Werkzeugmaschinen II
564 Behn-Hoernes, Kultur der Urzeit I
565 Behn-Hoernes, Kultur d. Urzeit II
566 Behn-Hoernes, Kultur d. Urzeit III
571 Lehmann, Philosophie d. 19. Jh. I
576/576a Moser, Gesangskunst
579 Müller-Schulze, Techn. Tabellen
580/580a Sedlaczek-Fischer-Buch, Walzwerke
583/583a Engel, Maschinen der Eisenhüttenwerke
585 Dehnert, Verkehrswasserbau I
587 Kalitsunakis-Steinmetz, Neugriech.-dt. Gesprächsbuch
589 Tochtermann, Maschinenzeichnen I
590 Tochtermann, Masch.-Zeichnen II
594 v. Lengerken, Insekten
597 Dehnert, Verkehrswasserbau II

601 Mutschmann, Engl. Phonetik
619 Buchwald, Kristalloptik
665 Ludin-Borkenstein, Wasserkraftanlagen I
666/666a Ludin-Borkenstein, Wasserkraftanlagen II
668 Knopp, Funktionentheorie I
677 Altheim, Röm. Geschichte II
679 Altheim, Röm. Geschichte III
684 Altheim, Röm. Geschichte IV
691 Fauser, Kulturtechn. Bodenverbesserungen I
692 Fauser, Kulturtechn. Bodenverbesserungen II
698/698a Schulze, Allgemeine und physikalische Chemie II
703 Knopp, Funktionentheorie II
709 Lehmann, Philosophie d. 19. Jh. II
711 Kesselring, Berechnung der Schaltgeräte
714/714a zur Megede, Technik selbsttätiger Regelungen
715 Zietemann, Dampfturbinen II
716 Zietemann, Dampfturbinen III
718 Neger-Münch-Huber, Laubhölzer
728/728a Pirani-Fischer-Runge, Graph. Darstellg. in Wissensch. u. Technik
735 Ekwall, Historische neuengl. Laut- und Formenlehre
746/746a Pfanzagl, Allg. Methodenlehre der Statistik I
747/747a Pfanzagl, Allg. Methodenlehre der Statistik II
756/756a Kalitsunakis, Grammatik der Neugriechischen Volkssprache
763/763a Beer-Meyer, Hebräische Grammatik I
764/764a Beer-Meyer, Hebräische Grammatik II
768/768a Bieberbach, Einführung in die konforme Abbildung
769/769a Beer-Meyer, Hebr. Textbuch
776 Kolms, Finanzwissenschaft III
780 Krahe, German. Sprachwiss. II
781 Weigert, Stilkunde II
782 Kolms, Finanzwissenschaft IV
786 Schulze, Molekülbau
807 Kropp, Erkenntnistheorie
809 Moser, Harmonielehre I
826 Koch, Philosophie des Mittelalters
827 Schwaiger, Elektromotorische Antriebe
831 Erismann, Allg. Psychologie I
832/832a Erismann, Allg. Psychologie II
833/833a Erismann, Allg. Psychologie III
837 Baumgartner, Gruppentheorie
845 Lehmann, Philosophie im ersten Drittel des 20. Jahrhunderts I
847 Herter, Lurche
850 Lehmann, Philosophie im ersten Drittel des 20. Jahrhunderts II
851/851a Moede, Psychologie des Berufs- und Wirtschaftslebens
857 Capelle, Griech. Philosophie I
858 Capelle, Griech. Philosophie II
859 Capelle, Griech. Philosophie III
862 Werkmeister-Grossmann, Vermessungskunde III
863 Capelle, Griech. Philosophie IV
866 Bieler, Röm. Literaturgesch. II
869 Freye, Vögel
875 Hofmann, Geschichte der Mathematik II
877 Knopp, Aufgabensammlung zur Funktionentheorie I
878 Knopp, Aufgabensammlung zur Funktionentheorie II
881 Humburg, Gleichstrommasch. II
882 Hofmann, Gesch. d. Mathematik III
883 Stuloff, Mathematik der neuesten Zeit
893 Treue, Dt. Geschichte von 1806 bis 1890
894 Treue, Dt. Geschichte von 1890 bis zur Gegenwart
902 Müller, Dynamik I
903 Müller, Dynamik II
910 Jaeger, Afrika I
911 Jaeger, Afrika II
915 Sperber-Fleischhauer, Geschichte der Deutschen Sprache
917/917a Böhm, Versicherungsmathematik II
920 Hoheisel, Gewöhnliche Differentialgleichungen
921 Jantzen-Kolb, W. v. Eschenbach. Parzival
929 Schirmer-Mitzka, Dt. Wortkunde
930 Krull, Elementare und klassische Algebra I
931 Hasse, Höhere Algebra I
932 Hasse, Höhere Algebra II
933 Krull, Elementare und klassische Algebra II

936 Thum-Meysenbug, Werkstoffe des Maschinenbaues II
952 Schäfer, Transformatoren
953 Zipperer, Techn. Schwingungsl. I
961/961a Zipperer, Techn. Schwingungslehre II
965 Dehnert, Wehr- und Stauanlagen
970 Baldus-Löbell, Nichteuklidische Geometrie
978 Kleinlogel, Baustoffverarbeitung und Baustellenprüfung d. Betons
984 Graf, Baustoffe des Hoch- und Tiefbaues
999/999a Kamke, Mengenlehre
1000 Jaspers, Geistige Situat. der Zeit
1003 Hoheisel, Partielle Differentialgl.
1008/1008a Mellerowicz, Allgemeine Betriebswirtschaftslehre I
1009 Bechert-Gerthsen-Flammersfeld, Atomphysik I
1014 Huttenlocher, Mineral- und Erzlagerstättenkunde I
1015/1015a Huttenlocher, Mineral- u. Erzlagerstättenkunde II
1017 Döring, Einführung in die theoret. Physik V
1020 Niese-Dienst, Elektrische Schweißverfahren
1031/1031a Apel-Ludz, Philosophisches Wörterbuch
1033 Bechert-Gerthsen, Atomphys. II
1034 Kranefeldt-Jung, Therapeutische Psychologie
1035 Altheim, Röm. Religionsgeschichte I
1039 Dovifat, Zeitungslehre I
1040 Dovifat, Zeitungslehre II
1044 Tölke, Talsperren
1045 Schubert, Technik des Klavierspiels
1051/1051a Stolberg-Wernigerode, Gesch. d. Verein. Staaten
1052 Altheim, Röm. Religionsgesch. II
1057 Roth, Thermochemie
1059 Hoheisel, Aufgabenslg. z. d. gew. u. part. Differentialgl.
1061 Grodzinski-Lechner, Getriebel. I
1062 Grodzinski-Lechner, Getriebel. II
1065 Haller-Dannenbauer, Von den Karolingern zu den Staufern
1070 Sauter, Differentialgleichungen der Physik
1074 Koschmieder, Variationsrechnung I
1076/1076a Endres, Verbrennungsmotoren I
1077 Haller-Dannenbauer, Von den Staufern zu den Habsburgern
1078 Troche, Stahlbetonbau
1082 Hasse-Klobe, Aufgabensammlung zur höheren Algebra
1085 Lietzmann-Aland, Zeitrechnung
1086 Müller, Dt. Dichten u. Denken
1088 Preller, Gesch. Englands II
1092 Wickop, Fenster, Türen, Tore
1094 Hernried, System. Modulation
1096 Viëtor, Dt. Dichten und Denken
1099 Hoheisel, Integralgleichungen
1105 Hartung, Dt. Geschichte im Zeitalter der Reformation
1108 de Boor-Wisniewski, Mittelhochdeutsche Grammatik
1109 Knopp, Elemente der Funktionentheorie
1111 Betz, Althochdt. Elementarbuch
1113/1113a Strubecker, Differentialgeometrie I
1114 Schubel, Engl. Literaturgesch. I
1115 Ranke, Altnord. Elementarb.
1116 Schubel, Engl. Literaturgesch. II
1117 Haller-Dannenbauer, Eintritt der Germanen in die Geschichte
1121 Naumann, Dt. Dichten u. Denken
1122 Feist, Sprechen u. Sprachpflege
1123/1123a Bechert-Gerthsen, Atomphysik III
1124 Schubel, Engl. Literaturgesch. III
1125 Lehnert, Altengl. Elementarbuch
1127 Hartmann, Geschlecht und Geschlechtsbestimmung im Tier- und Pflanzenreich
1128 Buchner, Symbiose der Tiere
1130 Dibelius-Kümmel, Jesus
1131 Scholz-Schöneberg, Einführung in die Zahlentheorie
1132 Frühauf, Überspannungen
1134 Kuckuck, Pflanzenzüchtung I
1135 Lehnert, Beowulf
1137 Heil, Entwicklungsgeschichte des Pflanzenreiches
1138 Hämmerling, Fortpflanzung im Tier- und Pflanzenreich
1140 Unger, Induktionsmaschinen
1141 Koller, Hormone
1142 Meissner-Lehnert, Shakespeare
1144 Gehler-Herberg, Festigkeitslehre I
1145/1145a Herberg-Dimitrov, Festigkeitslehre II

1146 Putz, Synchronmaschine
1147 v. Waltershausen, Kunst des Dirigierens
1148 Pepping, Der polyphone Satz I
1152 Dehnert, Verkehrswasserbau III
1153/1153a Mellerowicz, Allgemeine Betriebswirtschaftslehre II
1154/1154a Mellerowicz, Allgemeine Betriebswirtschaftslehre III
1155 Schwartz, Mikrobiologie I
1156/1156a Meinke, Komplexe Berechn. v. Wechselstromschalt.
1157 Schwartz, Mikrobiologie II
1158 Mayrhofer, Sanskrit-Grammatik
1159 Jungbluth, Gießereitechnik I
1160 Dibelius-Kümmel, Paulus
1161 Kaestner, Spinnentiere
1162 Seidel, Entwicklungsphysiologie der Tiere I
1163 Seidel, Entwicklungsphysiologie der Tiere II
1164/1164a Pepping, Der polyphone Satz II
1165/1165a Bechert-Gerthsen, Atomphysik IV
1169 Paulsen, Allgemeine Volkswirtschaftslehre I
1170 Paulsen, II
1171 Paulsen, III
1172 Paulsen, IV
1173 Hamann-Funke-Hermann, Chemie der Kunststoffe
1176/1176a Lorenzen, Formale Logik
1178/1178a Kuckuck, Pflanzenzüchtung II
1179/1179a Strubecker, Differentialgeometrie II
1180/1180a Strubecker, Differentialgeometrie III
1181 Franz, Topologie I
1183/1183a Nicolas, Finanzmathem.
1184 Endres, Verbrennungsmot. II
1185 Endres, Verbrennungsmot. III
1186/1186a Mellerowicz, Allgemeine Betriebswirtschaftslehre IV
1187 Lau, Luther
1188/1188a Lehmann, Photogramm.
1189/1189a Päsler, Mechanik
1190 Stupperich, Melanchthon
1191/1191a Bräuer, Slav. Sprachwissenschaft I
1193 Fürstenberg, Wirtschaftssoziologie
1194 Wendt, Gesch. d. Volkswirtschaftslehre
1195 Ohm, Allgem. Volkswirtschaftspolitik I
1196 Ohm, II
1197/1197a Onasch, Einf. in die Konfessionskunde der orthod. Kirchen
1198 Engel, Straßenverkehrstechnik
1199/1199a Lausberg, Romanische Sprachwissenschaft III
1200 Lausberg, Romanische Sprachwissenschaft IV
1201/1201a Dehn, Versuche zur allgem. u. phys. Chemie
1202/1202a Nagel, Gesch. des christl. Gottesdienstes
1204 Scheurig, Zeitgeschichte
1205/1205a Hofmann, Ideengesch. d. soz. Bewegung
1206/1206a Müller, Kinematik
1207 Philipsborn, Erzkunde

Autorenregister

100. X. /62

Anlage 1

Ausschnitt aus der Deutschen Grundkarte 1:5000

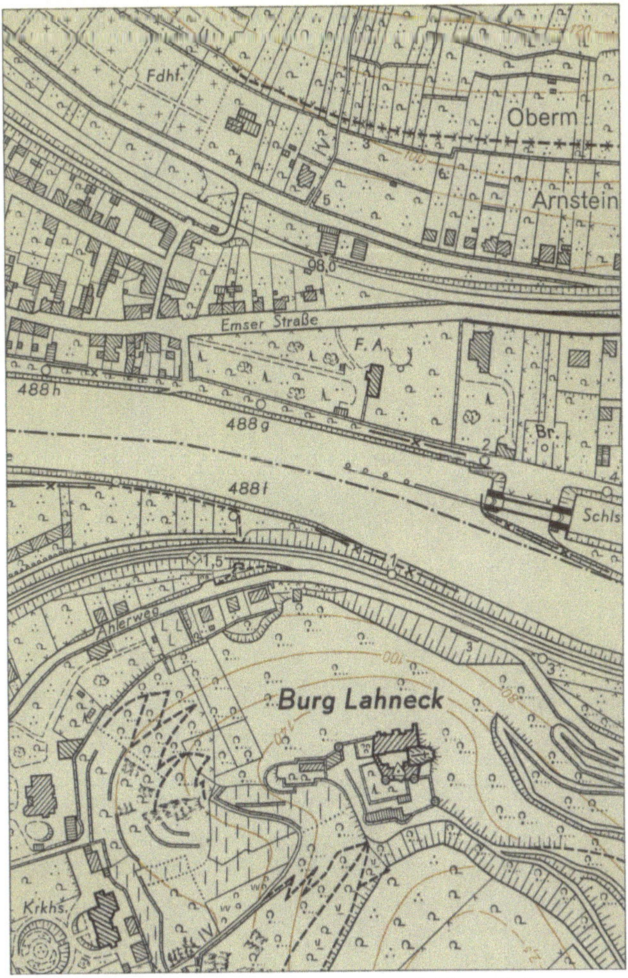

Herstellung und Druck:
Landesvermessungsamt Rheinland-Pfalz

Anlage 2

Ausschnitt aus der Topographischen Karte 1:25000

Herstellung und Druck:
Landesvermessungsamt Rheinland-Pfalz

Anlage 3

Ausschnitt aus der Topographischen Karte 1:50000

Herstellung und Druck:
Landesvermessungsamt Rheinland-Pfalz

Anlage 4

Ausschnitt aus der Karte des Deutschen Reiches 1:100000

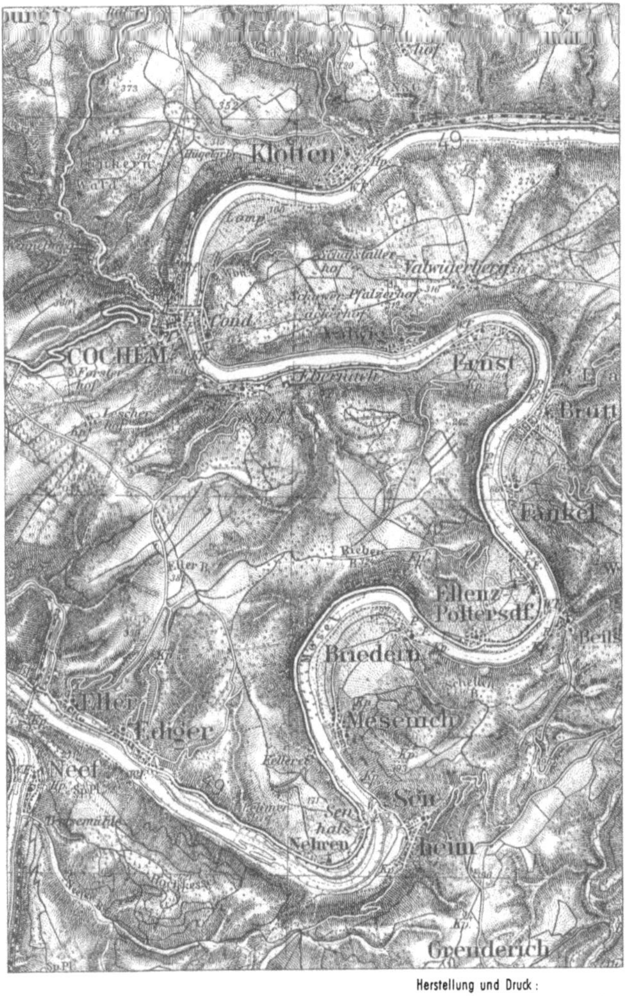

Herstellung und Druck:
Landesvermessungsamt Rheinland-Pfalz

Anlage 5

Ausschnitt aus der Topographischen Karte 1:100000

Herstellung und Druck:
Landesvermessungsamt Rheinland-Pfalz

Genehmigter Nachdruck eines Ausschnittes aus der amtlichen Topographischen Übersichtskarte 1 : 200 000 Blatt CC 7934 München

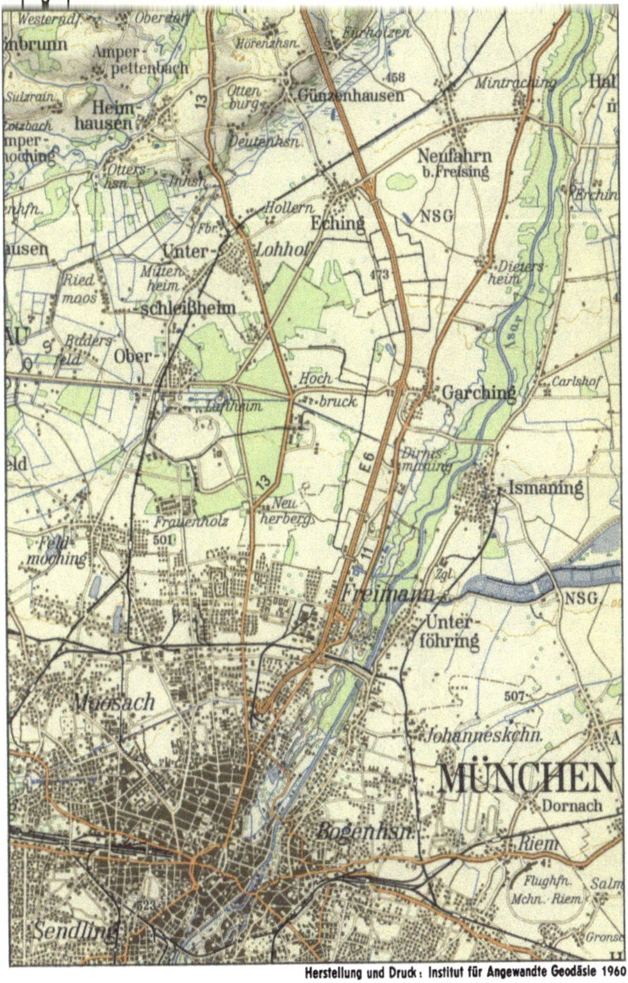

Herstellung und Druck: Institut für Angewandte Geodäsie 1960

Anlage 7

Ausschnitt aus der Internationalen Weltkarte 1:1000000
Bl. Nr. N. N-32, Hamburg

Herstellung und Druck: Institut für Angewandte Geodäsie 1960

Anlage 8

Ausschnitt aus einer Geographischen Karte 1 : 30 000 000
(schwedische Beschriftung)

Kartographisches Institut Bertelsmann, Gütersloh

FSC
www.fsc.org
MIX
Papier | Fördert gute Waldnutzung
FSC® C083411

Kolibri 360 GmbH
Ferdinand-Jühlke-Straße 7
99095 Erfurt, Deutschland
produktsicherheit@kolibri360.de